B. I.-Hochschultaschenbücher
Band 773

D1671389

Feldtheorie II

von
Gerhard Piefke
o. Prof. an der Technischen Hochschule Darmstadt

Bibliographisches Institut Mannheim/Wien/Zürich
B. I.-Wissenschaftsverlag

Alle Rechte, auch die der Übersetzung in fremde Sprachen, vorbehalten. Kein Teil dieses Werkes darf ohne schriftliche Einwilligung des Verlages in irgendeiner Form (Fotokopie, Mikrofilm oder ein anderes Verfahren), auch nicht für Zwecke der Unterrichtsgestaltung, reproduziert oder unter Verwendung elektronischer Systeme verarbeitet, vervielfältigt oder verbreitet werden.
© Bibliographisches Institut AG, Mannheim 1973
Druck und Bindearbeit: Hain-Druck GmbH, Meisenheim/Glan
Printed in Germany
ISBN 3-411-00773-7

Vorwort

Dieses Skriptum ist der zweite Band einer auf drei Bände geplanten Niederschrift der Vorlesung Feldtheorie, die für Studierende der Elektrotechnik an der T.H. Darmstadt im 5. bis 8. Semester gehalten wird. Voraussetzung zum Verständnis sind Beherrschung der Grundlagen aus dem ersten Band. Die Numerierung der Kapitel, Bilder und Formeln schließt an die des ersten Bandes an. Es ist das Ziel dieses Skriptums, exakte mathematische Methoden für die Wellenausbreitung längs homogener isotroper Medien zu bringen und exakte Gleichungen zur Berechnung der komplexen Ausbreitungskonstante aufzustellen. Bei Näherungen geht deren Gültigkeitsbereich aus den mathematischen Voraussetzungen hervor.

Demnach bringt der zweite Band unter exakter Erfüllung der Stetigkeit zunächst die Wellenausbreitung längs ebener und koaxial angeordneter Schichten. Als Beispiele werden hierbei die Bandleitung, die dielektrische Platte, der Hohlleiter, die koaxiale Leitung und der Sommerfelddraht behandelt. Wenn bei der Ausbreitungskonstante für Phase und Dämpfung Näherungen angegeben werden, ist deren Gültigkeitsbereich und deren Fehler aus den mathematischen Voraussetzungen ersichtlich. Es wird gezeigt, daß bei der Berechnung der Dämpfung aus dem Strom der verlustlosen Leitung (engl. Power-Loss-Method) eine Entartung von Wellentypen der Grund für vollkommen falsche Ergebnisse sein kann. Bei der koaxialen Leitung werden für die Ausbreitungskonstante einfache Formeln angegeben, die insbesondere für ein praktisches Kabel genügend genau sind. Die Grundlagen der Antennenabstrahlung werden mit Hilfe des einfachen Kugelwellen, d.h. Wellen schwingender Dipole, behandelt. Nach Herleitung des Reziprozitätstheorems wird dieses auf Antennen angewandt. Nach Herleitung des

Fourierschen Integrals und der wichtigsten Gesetze der Funktionentheorie wird der Einschwingvorgang auf einer Leitung mit endlicher Leitfähigkeit incl. Berücksichtigung des Skineffekts berechnet.

Die Niederschrift eignet sich für Studierende der Elektrotechnik und Physik und auch für die in Forschung und Entwicklung tätigen Ingenieure zur Einarbeitung in die Anfänge der mathematischen Methoden der Feldtheorie.

Für die Mithilfe bei der Überarbeitung der Manuskripte und die Übernahme der organisatorischen Arbeiten bei der Herstellung des Skriptums danke ich Herrn Dipl.-Ing. H. Henke. Herrn cand.-ing. K.H. Oehlmann danke ich für die Anfertigung der Abbildungen, Herrn cand.-ing. F. Raudszus für die Berechnung der Feldbilder. Beim Lesen der Korrektur unterstützte mich Herr cand.-ing. R. Winz. Frau S. Pauly danke ich für die Reinschrift des Skriptums. Dem Bibliographischen Institut danke ich für die Aufnahme meiner Niederschrift in seine Taschenbuchreihe.

Darmstadt, im Dezember 1972 G. Piefke

INHALTSVERZEICHNIS

8. DAS MEHRSCHICHTENPROBLEM. DÄMPFUNG 13

8.1 Ebene Schicht zwischen zwei Halbräumen. . . . 13

8.1.1 E-Wellen unabhängig von x (x-Koordinate senkrecht zur Ausbreitunsrichtung und parallel zur Leitung) 13

8.1.1.1 Die Gleichung zur Bestimmung der Eigenwerte. 13

8.1.1.2 Die Dämpfung der L-Welle auf der Bandleitung 17

8.1.1.3 Wellen längs einer dielektrischen Platte (Oberflächenwellen). 19

8.1.2 Allgemeiner Fall (Wellen abhängig von x,y,z). 32

8.1.2.1 Aufstellung der Gleichung zur Bestimmung der Eigenwerte 32

8.1.2.2 Beweis, daß Wellen bei einer ebenen Schicht zwischen zwei Halbräumen E_y- oder H_y-Wellen (Längsschnittwellen) sind. 40

8.1.2.3 Berechnung der Dämpfung der Wellentypen auf der Bandleitung 43

8.1.2.4 Falsche Ergebnisse bei der Dämpfungsberechnung aus Strom und Leistung (Power-Loss-Methode) der E_z- und H_z-Wellen der verlustlosen Leitung . . . 49

8.1.2.5 Die Berechnung der Dämpfung aus Strom und Leistung (Power-Loss-Methode) der Längsschnittwellen der verlustlosen Leitung 54

8.2 Dämpfung der H_{mo}- und H_{on}-Wellen im Rechteckhohlleiter. 60

8.3 Das kreiszylindrische Zweischichtenproblem. . 63

8.3.1 Die Gleichung zur Bestimmung der Eigenwerte 63

8.3.2 Dämpfung der H_{mn}- und E_{mn}-Wellen im runden Hohlleiter 69

8.3.2.1 Berechnung mit Hilfe der Stetigkeit . 69

8.3.2.2 Berechnung der Dämpfung mit Hilfe der Felder der verlustlosen Leitung . . . 78

8.3.3 Die Oberflächenwelle auf dem gut leitenden zylindrischen Stab (Sommerfelddraht) 82

8.3.3.1 Die Gleichung zur Bestimmung der Eigenwerte. 82

8.3.3.2 Die Ausbreitungseigenschaften der rotationssymmetrischen Oberflächenwelle 84

8.4 Das koaxiale Vierschichten-Problem für die rotationssymmetrische E-Welle. Die Ausbreitungskonstante der Leitungswelle der koaxialen Leitung. 90

8.4.1 Die allgemeine Gleichung zur Bestimmung der Eigenwerte (Eigenwertgleichung) für das Vierschichten-Problem 90

8.4.2 Die Ausbreitungskonstante der Leitungswelle auf der koaxialen Leitung 94

8.4.2.1 Die für alle praktischen Fälle gültige Näherung der Eigenwertgleichung. . 94

8.4.2.2 Untersuchung der Wandimpedanzen Z_a und Z_b für niedrige und hohe Frequenzen 95

8.4.2.3 Untersuchungen für den Fall eines dünnen Außenleiters ($D/b \ll 1$). . . . 99

8.4.2.4 Zusammenstellung der Formeln für die Ausbreitungskonstante und Vergleich mit der Leitungstheorie 100

8.4.2.5 Die einfachsten Formeln für die Ausbreitungskonstante bei niedrigen und hohen Frequenzen und verlustlosem Dielektrikum (Medium 2) 103
8.4.2.6 Stromverteilung im Innenleiter. . . . 105
8.4.2.7 Numerisches Beispiel. 107
8.4.2.8 Fehler der Näherungen 110
8.4.3 Die allgemeine Gleichung zur Bestimmung der Eigenwerte bei sehr großem b/λ_o. Folgerungen 112
8.4.3.1 Die allgemeine Gleichung. 112
8.4.3.2 Die Gleichung bei Feldführung durch das Medium 1. Sommerfelddraht 112

9. DIE EINFACHSTEN KUGELWELLEN. ANTENNENABSTRAHLUNG 115

9.1 Das retardierte Potential 115
9.2 Die E-Welle (elektrischer Punkt-Dipol) und die H-Welle (magnetischer Punkt-Dipol). 117
9.2.1 Die Felder der E- und H-Welle 117
9.2.2 Der Zusammenhang zwischen dem elektrischen und magnetischen Punkt-Dipol und dem retardierten Potential. 122
9.3 Beispiele für Antennen. 126
9.3.1 Allgemeine Grundlagen 126
9.3.2 Der elektrische Punkt-Dipol 129
9.3.3 Der elektrische $\lambda/2$-Dipol 131
9.3.4 Das Äquivalenztheorem und seine Anwendung zur Berechnung des Strahlungsdiagramms des offenen Rechteckhohlleiters. 136
9.3.4.1 Das Äquivalenztheorem 136
9.3.4.2 Das Strahlungsdiagramm der H_{10}-Welle des offenen Rechteckhohlleiters . . . 140

10. DAS REZIPROZITÄTSTHEOREM 145

10.1 Herleitung des Theorems 145

10.2 Erweiterung des Poyntingschen Satzes. . . . 146

10.3 Anwendung des Reziprozitätstheorems auf Antennen. 147

11. DER EINSCHWINGVORGANG. 151

11.1 Das Fouriersche Integral. 151

11.1.1 Die komplexe Darstellung der Fourier-Reihe. 151

11.1.2 Die Herleitung des Fourier-Integrals 153

11.1.3 Beispiele zum Fourier-Integral, Sprungfunktion, Stoßfunktion 159

11.2 Übertragungsfaktor, Stammfunktion 166

11.3 Mathematische Methoden zur Berechnung von Fourier-Integralen. 170

11.3.1 Der Verschiebungssatz. 170

11.3.2 Die Berechnug des Fourier-Integrals mit Hilfe der Residuen 171

11.3.2.1 Der Integralsatz von Cauchy. . . . 171

11.3.2.2 Die Integralformel von Cauchy. . . 173

11.3.2.3 Die Laurent-Reihe. 177

11.3.2.4 Der Residuensatz 180

11.3.3 Integration bei Verzweigungsschnitten 195

11.4 Formel von O. Heaviside für Schaltvorgänge. 197

11.4.1 Die Herleitung der Formel von Heaviside 197

11.4.2 Anwendungsbeispiele der Formel von Heaviside. 203

11.5 Ausbreitung des Schaltvorganges bei einem mit seinem Leitungswellenwiderstand abgeschlossenen Kabel 206

11.5.1 Widerstand der Leitung konstant. . . 206

11.5.2 Einfluß des Skineffekts auf die Wellenfront 219
11.5.3 Die Lösung des Integrals Gleichung (11.5,43). 222

Sachregister 229

8. DAS MEHRSCHICHTENPROBLEM. DÄMPFUNG

8.1 EBENE SCHICHT ZWISCHEN ZWEI HALBRÄUMEN

8.1.1 E-Wellen unabhängig von x (x Koordinate senkrecht zur Ausbreitungsrichtung und parallel zur Leitung)

8.1.1.1 Die Gleichungen zur Bestimmung der Eigenwerte

Entsprechend den Gln. (7.1,1) und (7.1,3) lautet das Vektorpotential in kartesischen Koordinaten

$$\vec{A} = 0,\ 0,\ A_z$$

$$A_z = A = C \begin{Bmatrix} \sin k_x x \\ \cos k_x x \end{Bmatrix} \begin{Bmatrix} \sin k_y y \\ \cos k_y y \end{Bmatrix} e^{\pm j(k_z z \pm \omega t)}$$

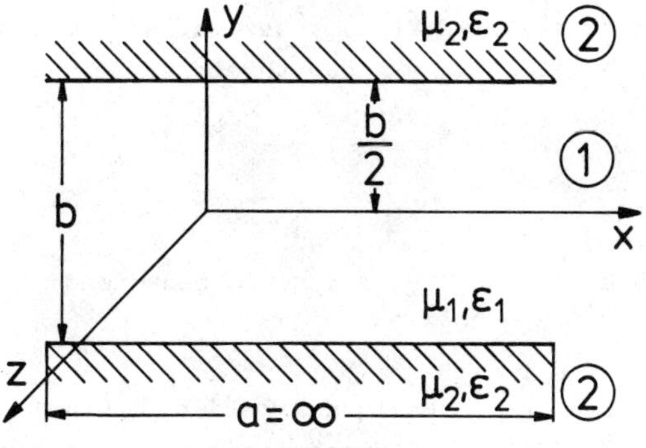

Bild 8.1: Das mehrfach geschichtete Medium

Wegen der Unabhängigkeit von x ist $\frac{\partial}{\partial x} = 0$ und es wird $k_x = 0$ gesetzt. Für eine E-Welle in Richtung +z ergibt sich demnach aus den Gln. (7.1,3), (7.1,7), (7.1,9), (7.1,11) im Medium 1

$$A_1 = C_1 \begin{Bmatrix} \sin k_{y1}y \\ \cos k_{y1}y \end{Bmatrix} e^{-j(k_z z - \omega t)} \qquad (8.1,1)$$

und bei Weglassen des Faktors $e^{-j(k_z z - \omega t)}$

$$H_{x1} = \frac{\partial A_1}{\partial y} = \pm k_{y1} C_1 \begin{Bmatrix} \cos k_{y1}y \\ \sin k_{y1}y \end{Bmatrix} \qquad (8.1,2)$$

$$E_{y1} = \frac{1}{j\omega\varepsilon_1} \frac{\partial H_{x1}}{\partial z} = \mp \frac{k_z k_{y1}}{\omega\varepsilon_1} C_1 \begin{Bmatrix} \cos k_{y1}y \\ \sin k_{y1}y \end{Bmatrix} \qquad (8.1,3)$$

$$E_{z1} = \frac{1}{j\omega\varepsilon_1} \left(\frac{\partial^2 A_1}{\partial z^2} + k_1^2 A_1\right) = \frac{k_1^2 - k_z^2}{j\omega\varepsilon_1} C_1 \begin{Bmatrix} \sin k_{y1}y \\ \cos k_{y1}y \end{Bmatrix} \qquad (8.1,4)$$

In den Gln.(8.1,2) und (8.1,3) bezieht sich das obere Vorzeichen auf $\cos k_{y1}y$, das untere Vorzeichen auf $\sin k_{y1}y$.

im Medium 2

Der Ausdruck $\begin{Bmatrix} \sin k_{y2}y \\ \cos k_{y2}y \end{Bmatrix}$ ist gleichbedeutend mit

$K_1 e^{jk_{y2}y} + K_2 e^{-jk_{y2}y}$. Damit das Feld für $y = +\infty$ nicht anwächst (Ausstrahlungsbedingung), kann man ohne Einschränkung der Allgemeinheit die Annahme

$\text{Im}(k_{y2}) < 0$ treffen.

Dann muß $K_1 = 0$ sein und es wird

$$A_2 = C_2 e^{-jk_{y2}y} e^{-j(k_z z - \omega t)} \qquad (8.1,5)$$

und bei Weglassung des Faktors $e^{-j(k_z z - \omega t)}$

$$H_{x2} = \frac{\partial A_2}{\partial y} = -jk_{y2}C_2 e^{-jk_{y2}y} \qquad (8.1,6)$$

$$E_{y2} = \frac{1}{j\omega\varepsilon_2}\frac{\partial H_{x2}}{\partial z} = j\frac{k_z k_{y2}}{\omega\varepsilon_2} C_2 e^{-jk_{y2}y} \qquad (8.1,7)$$

$$E_{z2} = \frac{1}{j\omega\varepsilon_2}\left(\frac{\partial^2 A_2}{\partial z^2} + k_2^2 A_2\right) = \frac{k_2^2 - k_z^2}{j\omega\varepsilon_2} C_2 e^{-jk_{y2}y} \qquad (8.1,8)$$

Aus Gl.(7.1,4) folgt mit $k_x = 0$

$$\begin{aligned} k_1^2 &= \omega^2\mu_1\varepsilon_1 = k_{y1}^2 + k_z^2 \\ k_2^2 &= \omega^2\mu_2\varepsilon_2 = k_{y2}^2 + k_z^2. \end{aligned} \qquad (8.1,9)$$

Bei $y = \frac{b}{2}$ muß gelten

$$H_{x1} = H_{x2}, \quad E_{z1} = E_{z2}. \qquad (8.1,10)$$

Einsetzen der Gln.(8.1,2), (8.1,4), (8.1,6), (8.1,8) in die Gln.(8.1,10) ergibt bei Verwendung von Gl.(8.1,9)

$$\pm k_{y1}C_1 \begin{Bmatrix} \cos k_{y1}\frac{b}{2} \\ \sin k_{y1}\frac{b}{2} \end{Bmatrix} = -jk_{y2}C_2 e^{-jk_{y2}\frac{b}{2}} \qquad (8.1,11)$$

$$\frac{k_{y1}^2}{j\omega\varepsilon_1} C_1 \begin{Bmatrix} \sin k_{y1}\frac{b}{2} \\ \cos k_{y1}\frac{b}{2} \end{Bmatrix} = \frac{k_{y2}^2}{j\omega\varepsilon_2} C_2 e^{-jk_{y2}\frac{b}{2}}. \qquad (8.1,12)$$

Wegen der Symmetrie der Anordnung und des dementsprechenden symmetrisch gelegenen Koordinatensystems genügt es $A_1 \sim \sin k_{y1}y$ oder $A_1 \sim \cos k_{y1}y$ zu setzen, also nur eine ungerade oder eine gerade E-Welle mitzunehmen. Die Division von Gl.(8.1,12) durch Gl.(8.1,11) ergibt daher entweder

$$\tan k_{y1} \frac{b}{2} = j \frac{\varepsilon_1}{\varepsilon_2} \frac{k_{y2}}{k_{y1}} \quad \text{oder}$$

$$\cot k_{y1} \frac{b}{2} = -j \frac{\varepsilon_1}{\varepsilon_2} \frac{k_{y2}}{k_{y1}}$$

d.h. mit $Z_i = \sqrt{\frac{\mu_i}{\varepsilon_i}}, \; k_i = \omega\sqrt{\mu_i \varepsilon_i}, \quad i = 1,2$

$$(k_{y1} \tfrac{b}{2}) \tan k_{y1} \frac{b}{2} = j \frac{Z_2}{Z_1} \frac{k_1}{k_2} (k_{y2} \tfrac{b}{2}) \tag{8.1,13}$$

$$(k_{y1} \tfrac{b}{2}) \cot k_{y1} \frac{b}{2} = -j \frac{Z_2}{Z_1} \frac{k_1}{k_2} (k_{y2} \tfrac{b}{2}). \tag{8.1,14}$$

Dieselben Gln. (8.1,13), (8.1,14) würden sich natürlich auch aus den Stetigkeitsbedingungen bei $y = -\frac{b}{2}$ ergeben, da man wegen $\mathrm{Im}(k_{y2}) < 0$ das Vektorpotential $A_2 \sim e^{jk_{y2}y}$ für $y < 0$ schreiben müßte.

Die Gln. (8.1,13), (8.1,14) dienen zur Bestimmung der Eigenwerte k_{y1} und gelten für beliebige Medien 1 und 2:

a) Bei $\varepsilon_2 = \varepsilon_0$ und reellem ε_1 erhält man z.B. die Eigenwerte der Wellen für eine verlustlose dielektrische Platte.

b) Bei $\varepsilon_2 = \varepsilon_0$ und $\varepsilon_1 = \kappa/j\omega$ erhält man die Eigenwerte der Wellen für eine leitende Platte.

c) Bei $\varepsilon_2 = \kappa/j\omega$ und reellem ε_1 erhält man die Eigenwerte der Wellen zwischen der Bandleitung mit der Dicke ∞ und einem verlustlosen Dielektrikum mit der Dielektrizitätskonstante ε_1. Dieser Fall soll zunächst behandelt werden.

8.1.1.2 Die Dämpfung der L-Welle auf der Bandleitung

Das Medium 2 ist jetzt ein Leiter mit der Leitfähigkeit κ, d.h. mit

$$\varepsilon_2 = \frac{\kappa}{j\omega}. \tag{8.1,15}$$

Bei der L-Welle muß E_{y1} = const sein, d.h. es gilt der Kosinus in Gl.(8.1,3) mit $k_{y1} = 0$ und damit Gl. (8.1,13), da $Z_2 = \sqrt{\mu_2/\varepsilon_2} \to 0$ für $\kappa \to \infty$.
Bei großer Leitfähigkeit κ wird

$$|\omega^2 \mu_2 \varepsilon_2| = \omega^2 \mu_2 \frac{\kappa}{\omega} >> |k_z^2|$$

und daher nach Gl.(8.1,9)

$$k_{y2} \simeq k_2 \tag{8.1,16}$$

sein. Wegen $k_{y1} = 0$ bei $\kappa = \infty$ wird bei großem κ und bei nicht allzu großem Leiterabstand b

$$k_{y1} \frac{b}{2} << 1 \tag{8.1,17}$$

sein. Einsetzen von Gl.(8.1,16) und (8.1,17) in Gl.(8.1,13) ergibt dann

$$k_{y1}^2 \frac{b}{2} \simeq j \frac{Z_2}{Z_1} k_1$$

oder $$k_z = \sqrt{k_1^2 - k_{y1}^2} \simeq k_1 \sqrt{1 - j \frac{2}{k_1 b} \frac{Z_2}{Z_1}}. \tag{8.1,18}$$

Setzt man hier die Größen $k_1 = \omega\sqrt{\mu_1 \varepsilon_1}$, $Z_1 = \sqrt{\frac{\mu_1}{\varepsilon_1}}$, $Z_2 = \sqrt{\frac{\mu_2}{\varepsilon_2}}$, $\varepsilon_2 = \frac{\kappa}{j\omega}$ ein, so ergibt sich

$$k_z = \beta - j\alpha \simeq \omega\sqrt{\mu_1\varepsilon_1}\;\sqrt{1 + (1-j)\,\frac{2}{\omega\sqrt{\mu_1\varepsilon_1}\,b}\,\sqrt{\frac{\mu_2\omega}{2\kappa}}\,\sqrt{\frac{\varepsilon_1}{\mu_1}}}$$

$$\simeq \omega\sqrt{\mu_1\varepsilon_1}\;\sqrt{1 + (1-j)\,\frac{2}{b}\,\sqrt{\frac{\mu_2\omega}{2\kappa}}\,\frac{1}{\omega\mu_1}}. \qquad (8.1,19)$$

Nach Abschnitt (7.1.2) ist für die Bandleitung der Leitungswellenwiderstand

$$Z_L = Z_1\,\frac{b}{a} = \sqrt{\frac{L}{C}}. \qquad (8.1,20)$$

Hierbei ist $L = \frac{\mu_1 b}{a}$

die Induktivität je cm Leitungslänge und

$$C = \varepsilon_1\,\frac{a}{b}$$

die Kapazität je cm Leitungslänge, wenn μ_1 bzw. ε_1 reell sind. Entsprechend Abschnitt (5.3.2) ist der Hochfrequenzwiderstand je cm Leitungslänge:

$$R_H = \frac{2}{a}\,\sqrt{\frac{\mu_2\omega}{2\kappa}}. \qquad (8.1,21)$$

Mit diesen Beziehungen wird aus Gl.(8.1,19)

$$k_z = \beta - j\alpha \simeq \omega\sqrt{LC}\;\sqrt{1 + (1-j)\,\frac{R_H}{\omega L}}. \qquad (8.1,22)$$

Für $\omega L \gg \sqrt{2}\,R_H$ gilt

$$k_z = \beta - j\alpha \simeq \omega\sqrt{\mu_1\varepsilon_1} + \frac{R_H}{2Z_L} - j\,\frac{R_H}{2Z_L}$$

d.h.

$$\beta \simeq \omega\sqrt{\mu_1\varepsilon_1} + \frac{R_H}{2Z_L} = \omega\sqrt{LC} + \frac{R_H}{2Z_L} \simeq \omega\sqrt{LC} \qquad (8.1,23)$$

$$\alpha \simeq \frac{R_H}{2Z_L}. \qquad (8.1,24)$$

Demnach ist die Phasengeschwindigkeit

$$v_p = \frac{\omega}{\beta} = \frac{\omega}{\omega\sqrt{\mu_1 \varepsilon_1} + \frac{R_H}{2Z_L}} < c_1 \qquad (8.1,25)$$

c_1 Lichtgeschwindigkeit im Medium 1.

Gl.(8.1,24) stimmt mit der Dämpfungskonstante im Abschnitt (5.6.2) überein. D.h., das Feld der L-Welle in der verlustlosen Bandleitung wird durch die endliche Leitfähigkeit κ praktisch nicht geändert. Man kann hier bei hohen Frequenzen die Dämpfung aus der magnetischen Feldstärke auf der Oberfläche und damit aus dem Leitungsstrom der verlustlosen Leitung und dem Hochfrequenzwiderstand berechnen.
Es ist nämlich entsprechend Abschnitt (5.6.2)

$$\alpha = \frac{V}{2N}, \quad V = I^2 R_H, \quad N = UI = I^2 Z_L, \qquad (8.1,26)$$

I Strom der verlustlosen Leitung.
Man erhält

$$\alpha = \frac{I^2 R_H}{2I^2 Z_L} = \frac{R_H}{2Z_L}, \quad \text{d.h. Gl.(8.1,24).}$$

8.1.1.3 Wellen längs einer dielektrischen Platte (Oberflächenwellen)

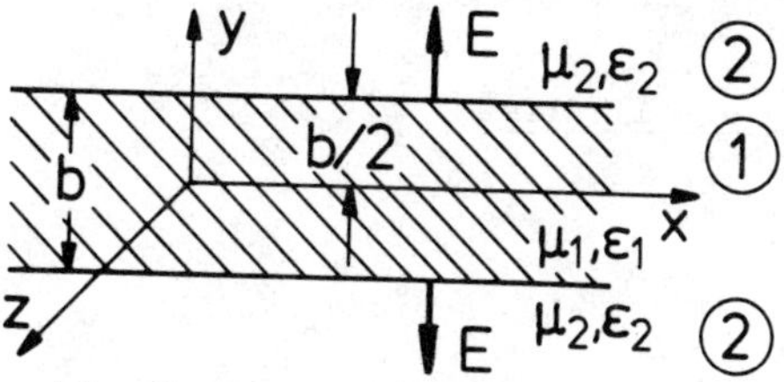

Bild 8.2: Die dielektrische Platte

Es sei E ungerade bezüglich der x-Achse (s.Bild 8.2), d.h. $E_y \sim \sin k_{y1} y$.
Es gelten somit die unteren Funktionen in den Gln. (8.1,1) bis (8.1,4) und damit auch die Gl.(8.1,14), d.h. es gilt

$$\cot k_{y1} \frac{b}{2} = -j \frac{\varepsilon_1}{\varepsilon_2} \frac{k_{y2}}{k_{y1}} \quad \text{oder}$$

$$\tan k_{y1} \frac{b}{2} = j \frac{\varepsilon_2}{\varepsilon_1} \frac{k_{y1}}{k_{y2}}. \tag{8.1,27}$$

Hierin ist nach Gl.(8.1,9)

$$k_{y1} = \sqrt{k_1^2 - k_z^2}, \qquad k_{y2} = \sqrt{k_2^2 - k_z^2}. \tag{8.1,28}$$

Bei reellem $\varepsilon_1, \varepsilon_2, \mu_1, \mu_2$ lassen sich in Gl.(8.1,27) zwei Fälle unterscheiden

<u>1. Fall:</u> k_{y1} = reell ergibt k_{y2} = imaginär

<u>2. Fall:</u> k_{y1} = imaginär ergibt wegen $\tan jx = j \tanh x$ ebenfalls k_{y2} = imaginär

D.h. es gilt wegen Gl.(8.1,28) für beide Fälle

$$k_z^2 > k_2^2 = \omega^2 \mu_2 \varepsilon_2 \tag{8.1,29}$$

und wegen $\mathrm{Im}(k_{y2}) < 0$ setzt man

$$k_{y2} \frac{b}{2} = -j\eta, \quad \eta > 0, \quad \text{reell} \tag{8.1,30}$$

<u>Untersuchung des 1.Falles</u>

Da k_{y1} reell ist, setzt man

$$k_{y1} \frac{b}{2} = \xi. \tag{8.1,31}$$

Einsetzen von Gl. (8.1,30) und (8.1,31) in Gl. (8.1,27) ergibt dann

$$\eta = -\frac{\varepsilon_2}{\varepsilon_1}\,\xi\,\cot\xi . \qquad (8.1,32)$$

Wegen des reellem k_{y1} ist wegen Gl. (8.1,28) und (8.1,29)

$$k_1^2 \geq k_z^2 > k_2^2, \qquad \text{d.h.} \qquad \mu_1\varepsilon_1 > \mu_2\varepsilon_2$$

und damit

$$k_{y1}^2 - k_{y2}^2 = k_1^2 - k_2^2 > 0$$

und mit den Gln. (8.1,30), (8.1,31)

$$\xi^2 + \eta^2 = (k_1^2 - k_2^2)\,\frac{b^2}{4} = (\omega^2\mu_1\varepsilon_1 - \omega^2\mu_2\varepsilon_2)\,\frac{b^2}{4} =$$

$$= \left(\frac{\mu_1\varepsilon_1}{\mu_0\varepsilon_0} - \frac{\mu_2\varepsilon_2}{\mu_0\varepsilon_0}\right)\left(\frac{\pi b}{\lambda_0}\right)^2 = R^2. \qquad (8.1,33)$$

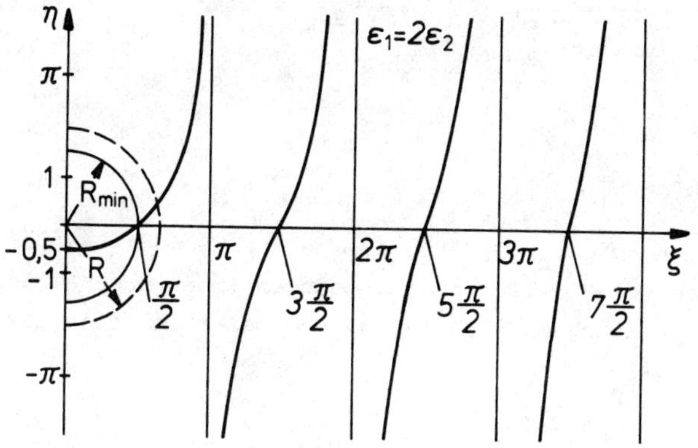

Bild 8.3: Kurven zur Bestimmung der Eigenwerte bei der Wellenausbreitung längs einer dielektrischen Platte.

Gl. (8.1,33) ergibt einen Kreis mit dem Radius R im ξ, η-Koordinatensystem. Die Schnittpunkte der Kurven aus Gl. (8.1,32) und Gl. (8.1,33) ergeben die gesuchten Werte ξ und η (s. Bild 8.3). Sind $\xi = \xi_o$ und $\eta = \eta_o$ die Lösungen, so folgt aus Gl. (8.1,33)

$$b = 2 \sqrt{\frac{\xi_o^2 + \eta_o^2}{k_1^2 - k_2^2}}. \qquad (8.1,34)$$

Aus Gl. (8.1,28) ergibt sich bei Benutzung von Gl. (8.1,31) und (8.1,34)

$$k_z^2 = k_1^2 - k_{y1}^2 = k_1^2 - 4\,\xi_o^2/b^2$$

$$= k_1^2 - \frac{\xi_o^2 (k_1^2 - k_2^2)}{\xi_o^2 + \eta_o^2} = \frac{k_1^2\,\eta_o^2 + k_2^2\,\xi_o^2}{\xi_o^2 + \eta_o^2}. \qquad (8.1,35)$$

Aus Gl. (8.1,34) und (8.1,35) folgt für $\eta_o \to 0$

$$b = \frac{2\,\xi_o}{\sqrt{k_1^2 - k_2^2}}, \qquad k_z^2 = k_2^2 \qquad (8.1,36)$$

und für $\eta_o \to \infty$

$$k_z^2 = k_1^2, \qquad (8.1,37)$$

d.h. nach Gl. (8.1,33) $b \to \infty$ oder $\omega \to \infty$ ($\lambda_o \to 0$). Wegen $\eta > 0$ liegen die Lösungen immer oberhalb der Abszissenachse (s. Bild 8.3) und es ergibt sich aus Gl. (8.1,33)

$$R_{min} = \frac{\pi}{2} = \left(\sqrt{k_1^2 - k_2^2}\,\frac{b}{2}\right)_{min} \qquad (8.1,38)$$

oder ebenfalls aus Gl. (8.1,33) die Grenzfrequenz

$$\omega_c = \omega_{min} = \frac{\pi}{b} \frac{1}{\sqrt{\mu_1\varepsilon_1 - \mu_2\varepsilon_2}} \tag{8.1,39}$$

oder die Grenzwellenlänge

$$\lambda_c = \lambda_{max} = 2b \sqrt{\frac{\mu_2\varepsilon_2}{\mu_o\varepsilon_o}} \sqrt{\frac{\mu_1\varepsilon_1}{\mu_2\varepsilon_2} - 1}. \tag{8.1,40}$$

Für $\omega < \omega_c$ oder $\lambda_o > \lambda_c$ sind keine Wellen möglich. Mit wachsender Frequenz wächst R und es treten schließlich Schnitte mit weiteren cot-Kurven auf. Wie beim Hohlleiter nimmt daher die Anzahl der existenzfähigen Wellentypen mit der Frequenz zu. Bei der Grundwelle, d.h. bei dem ersten existenzfähigen Wellentyp, wird für $\omega \to \infty$ die Größe $\xi_o = \pi$ und $\eta_o = \infty$.

Betrachtung von Grenzfällen bei reellem k_{y1}

1. Grenzfall: $\eta_o = 0,$ (8.1,41)

d.h. nach Gl.(8.1,28) und Gl.(8.1,30)

$$k_{y2} = \sqrt{k_2^2 - k_z^2} = 0, \tag{8.1,42}$$

$$k_2 = k_z. \tag{8.1,43}$$

Wegen $\xi_o^2 > 0$ folgt jetzt aus Gl.(8.1,33)

$$k_1^2 > k_2^2 \tag{8.1,44}$$

$$\sqrt{k_1^2 - k_2^2}\,\frac{b}{2} = k_{y1}\,\frac{b}{2} = \xi_o = (2n + 1)\,\frac{\pi}{2} \tag{8.1,45}$$

$$n = 0,1,2,...$$

Medium 1

Aus Gl.(8.1,2) bis (8.1,4) ergibt sich mit der unteren Funktion

$$H_{x1} = - k_{y1}\, C_1 \sin k_{y1} y$$

$$E_{y1} = \frac{k_z k_{y1}}{\omega\varepsilon_1}\, C_1 \sin k_{y1} y \qquad (8.1,46)$$

$$E_{z1} = \frac{k_1^2 - k_z^2}{j\omega\varepsilon_1}\, C_1 \cos k_{y1} y .$$

Mit $k_{y1}\,\frac{b}{2} = \xi_o = (2n + 1)\,\frac{\pi}{2}$ geht $E_{z1} \to 0$ für $y = \pm\,\frac{b}{2}$.

<u>Medium 2</u>

Wegen Gl.(8.1,11) ist $k_{y2}\; C_2 \neq 0$, d.h.

$$k_{y2}\; C_2 = K_2 . \qquad (8.1,47)$$

Somit ergibt sich aus Gl.(8.1,6) bis (8.1,8)

$$H_{x2} = - j\, K_2$$

$$E_{y2} = + j\, \frac{k_z}{\omega\varepsilon_2}\, K_2 = j\, \frac{k_2}{\omega\varepsilon_2}\, K_2 = j\, \sqrt{\frac{\mu_2}{\varepsilon_2}}\, K_2 \qquad (8.1,48)$$

$$E_{z2} = 0$$

D.h. im Medium 2 ist das Feld rein transversal (nur H_x und E_y). Im Medium 1 ist E_z vorhanden, verschwindet aber am Rand.

Die Phasengeschwindigkeit ist jetzt

$$v_{pz} = \frac{\omega}{k_z} = \frac{\omega}{k_2} = \frac{1}{\sqrt{\mu_2 \varepsilon_2}} \qquad (8.1,49)$$

und damit identisch mit der Lichtgeschwindigkeit im Medium außerhalb der Platte. Wirkleistung fließt nur in Richtung z, also parallel zur Platte.

Da H_{x1} und E_{z1} um 90° in der Phase verschoben sind, gibt es in der Platte in Richtung y nur eine Energiepulsation, die einer stehenden Welle zwischen den Plattenwänden entspricht.

Da E_{z1} und E_{y1} ebenfalls um 90° in der Phase verschoben sind, hat man in der Platte elliptische Drehfelder, wobei die Achsen der Ellipsen parallel und senkrecht zur Plattenoberfläche liegen.

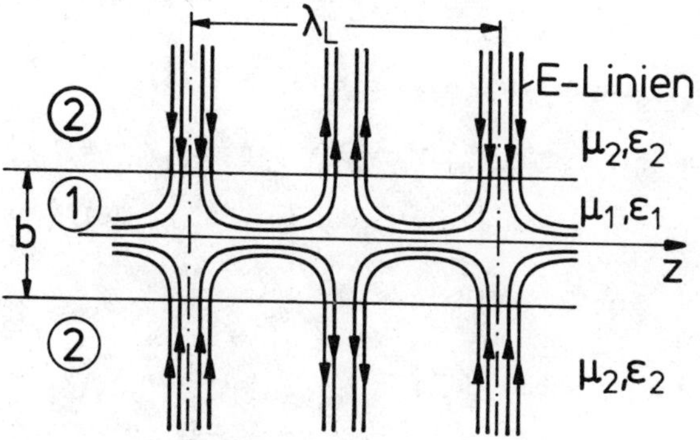

Bild 8.4: Elektrische Feldlinien für den Grenzfall $k_z = k_2$.

Dieser erste Grenzfall $\eta_o = 0$ und damit $k_2 = k_z$ ist gleichbedeutend mit dem Grenzfall der totalen Reflexion beim Einfall einer ebenen Welle aus einem optisch dichteren in ein optisch dünneres Medium nach Abschnitt 5.4.3, wo dann in Gl.(5.4,30) $\phi_d = \frac{\pi}{2}$ zu setzen ist.

Beweis:

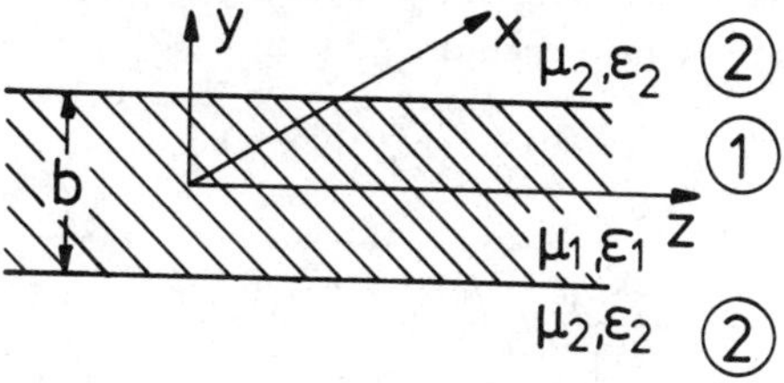

Bild 8.5: Zur Erklärung des Grenzfalles $\eta_o = 0$ oder $k_2 = k_z$ durch Totalreflexion.

Entsprechend der Lage von x, y, z im Bild 5.23 des Abschnitts 5.4.3 "Reflexion und Durchgang ebener Wellen bei schiefem Einfall auf eine Grenzfläche" wird in den Gln. (8.1,46)

$$y = y' - \frac{b}{2}$$
$$x = -z' \qquad (8.1,50)$$
$$z = x'$$

gesetzt. Damit wird dann mit Gl. (8.1,45)

$$\sin k_{y1} y = \sin k_{y1}\left(y' - \frac{b}{2}\right) = \sin\left(k_{y1} y' - \xi_o\right)$$
$$= \sin\left[k_{y1} y' - (2n+1)\frac{\pi}{2}\right] = -(-1)^n \cos k_{y1} y'$$
$$= -(-1)^n \frac{1}{2}\left(e^{jk_{y1}y'} + e^{-jk_{y1}y'}\right) \qquad (8.1,51)$$
$$\cos k_{y1} y = \cos\left(k_{y1} y' - \xi_o\right) = (-1)^n \sin k_{y1} y'$$
$$= -(-1)^n \frac{j}{2}\left(e^{jk_{y1}y'} - e^{-jk_{y1}y'}\right).$$

Es werden dann die Gln. (8.1,51) in die Gln. (8.1,46) unter Benutzung von

$$k_{y1} = \sqrt{k_1^2 - k_z^2} = \sqrt{k_1^2 - k_2^2}$$

eingesetzt, der Faktor $e^{-jk_z z} = e^{-jk_2 z} = e^{-jk_2 x'}$ hinzugefügt und der gemeinsame Faktor $\frac{(-1)^n}{2}$ fortgelassen. Bei Beachtung von Gl. (8.1,50) und $k_z = k_2$ erhält man dann folgendes Ergebnis

$$H_{x1} = -H_{z'1} = k_{y1} C_1 \left(e^{j\sqrt{k_1^2 - k_2^2}\,y'} + e^{-j\sqrt{k_1^2 - k_2^2}\,y'}\right) e^{-jk_2 x'}$$
$$E_{y1} = E_{y'1} = -\frac{k_2 k_{y1}}{\omega\varepsilon_1} C_1 \left(e^{j\sqrt{k_1^2 - k_2^2}\,y'} + e^{-j\sqrt{k_1^2 - k_2^2}\,y'}\right) e^{-jk_2 x'}$$
$$(8.1,52)$$

$$E_{z1} = E_{x'1} = -\frac{k_{y1}^2}{\omega\varepsilon_1} C_1 \left(e^{j\sqrt{k_1^2-k_2^2}y'} - e^{-j\sqrt{k_1^2-k_2^2}y'}\right) e^{-jk_2x'} . \qquad (8.1,52)$$

Mit $\frac{k_2}{k_1} = \sqrt{\frac{\mu_2\varepsilon_2}{\mu_1\varepsilon_1}} = \sin\phi$ (8.1,53)

wird

$$\frac{k_2}{\omega\varepsilon_1} = \frac{\omega\sqrt{\mu_2\varepsilon_2}}{\omega\varepsilon_1} \frac{\sqrt{\mu_1\varepsilon_1}}{\sqrt{\mu_1\varepsilon_1}} = \sqrt{\frac{\mu_1}{\varepsilon_1}} \sin\phi = Z_1 \sin\phi$$

$$\frac{k_{y1}}{\omega\varepsilon_1} = \frac{\sqrt{k_1^2 - k_2^2}}{\omega\varepsilon_1} = \frac{k_1 \sqrt{1 - k_2^2/k_1^2}}{\omega\varepsilon_1} = Z_1 \cos\phi \qquad (8.1,54)$$

Einsetzen der Gln.(8.1,53), (8.1,54) in die Gl.(8.1,52) und Division mit $-k_{y1}C_1Z_1$ ergibt dann

$$H_{z'1} = \frac{1}{Z_1}\left[e^{-jk_1(x'\sin\phi-y'\cos\phi)} + e^{-jk_1(x'\sin\phi+y'\cos\phi)}\right]$$

$$H_{y'1} = \sin\phi\left[e^{-jk_1(x'\sin\phi-y'\cos\phi)} + e^{-jk_1(x'\sin\phi+y'\cos\phi)}\right]$$

$$E_{x'1} = \cos\phi\left[e^{-jk_1(x'\sin\phi-y'\cos\phi)} - e^{-jk_1(x'\sin\phi+y'\cos\phi)}\right] \qquad (8.1,55)$$

Andererseits ergab sich in Kapitel 5.4.3 (Reflexion und Durchgang ebener Wellen bei schiefem Einfall auf eine Grenzfläche) für das Feld im Medium 1 aus Gl.(5.4,28) und (5.4,29) mit $\phi_e = \phi_r$ nach Gl.(5.4,31)

$$H_{z1} = H_{ze} + H_{zr} =$$

$$= \frac{1}{Z_1}\left[e^{-\gamma_1(x\sin\phi_e-y\cos\phi_e)} - r_p e^{-\gamma_1(x\sin\phi_e+y\cos\phi_e)}\right] \qquad (8.1,56)$$

$$E_{y1} = E_{ye} + E_{yr} =$$
$$= \sin\phi_e \left(e^{-\gamma_1 (x \sin\phi_e - y \cos\phi_e)} - r_p e^{-\gamma_1 (x \sin\phi_e + y \cos\phi_e)} \right). \qquad (8.1,56)$$

Nach Gl. (5.4,27) ist hierbei

$$\gamma_1 = j\omega\sqrt{\mu_1\varepsilon_1} = jk_1, \; Z_1 = \sqrt{\frac{\mu_1}{\varepsilon_1}} = \frac{\omega\sqrt{\mu_1\varepsilon_1}}{\omega\varepsilon_1} = \frac{k_1}{\omega\varepsilon_1}. \qquad (8.1,57)$$

Bei $\phi_d = \frac{\pi}{2}$ ist nach Abschnitt 5.4.3.4 Punkt 2)b)

$$\sin\phi_e = \sqrt{\frac{\mu_2\varepsilon_2}{\mu_1\varepsilon_1}} \qquad (8.1,58)$$

und nach Gl. (5.4,66) die Größe $\delta = 0$ und somit nach Gl. (5.4,67)

$$r_p = -1. \qquad (8.1,59)$$

Dies bedeutet den Grenzfall der totalen Reflexion. Setzt man nun in Gl. (8.1,56) $r_p = -1$, $\gamma_1 = jk_1$, außerdem $x = x'$, $y = y'$, $z = z'$, so ergibt sich die Gl. (8.1,55) was zu beweisen war.

<u>2.Grenzfall:</u> $\eta_0 \to \infty$, (8.1,60)

d.h. nach Gl. (8.1,33)

$$b \to \infty \quad \text{oder} \quad \omega \to \infty \qquad (8.1,61)$$

und nach Gl. (8.1,37)

$$k_z \to k_1. \qquad (8.1,62)$$

Der Fall $b \to \infty$ ist trivial (Welle im unendlich ausgedehnten Medium 1). Es wird weiterhin nur der Fall $\omega \to \infty$, d.h. der Fall der hohen Frequenzen betrachtet.

Wegen Gl.(8.1,30) ist jetzt

$$\eta = \eta_o = jk_{y2}\frac{b}{2} \to \infty \qquad (8.1,63)$$

und nach Bild 8.3

$$k_{y1}\frac{b}{2} = \sqrt{k_1^2 - k_z^2}\,\frac{b}{2} = \xi_o \to n\pi, \qquad n = 1,2,3,\ \dots$$

und damit

$$k_{y1} = \sqrt{k_1^2 - k_z^2} = \frac{2n\pi}{b} \qquad (8.1,64)$$

mit $n = 1,2,3, \dots$ und k_1, $k_z \to \infty$ wegen $\omega \to \infty$

oder

$$\sqrt{1 - \frac{k_z^2}{k_1^2}} = \frac{2n\pi}{bk_1} = \frac{2n\pi}{b\omega\sqrt{\mu_1\varepsilon_1}}\ . \qquad (8.1,65)$$

Aus Gl.(8.1,65) ergibt sich bei $\omega \to \infty$ wieder $k_z = k_1$, also Gl.(8.1,62). Aus Gl.(8.1,63) ergibt sich bei endlichem b für $\omega \to \infty$

$$k_{y2} = -j\infty \qquad (8.1,66)$$

und damit nach Gl.(8.1,6) bis (8.1,8) im Medium 2 wegen der e-Funktionen (Skineffekt im Medium 2)

$$H_{x2} = E_{y2} = E_{z2} = 0 \qquad (8.1,67)$$

d.h. kein Feld außerhalb der Platte. Im Medium 1, d.h. in der Platte ergaben sich die Felder aus den Gl. (8.1,2) bis (8.1,4) bei Benutzung der unteren Funktionen, mit $k_{y1}C_1 = K_1$, mit Gl.(8.1,65) und mit $k_z = k_1 = \omega\sqrt{\mu_1\varepsilon_1}$ zu

$$H_{x1} = -K_1 \sin \frac{2n\pi}{b} y$$

$$E_{y1} = \sqrt{\frac{\mu_1}{\varepsilon_1}} K_1 \sin \frac{2n\pi}{b} y$$

$$E_{z1} = \frac{2n\pi}{jb\omega\varepsilon_1} K_1 \cos \frac{2n\pi}{b} y, \quad n = 1,2,3, \ldots$$

$$H_{x1} = E_{y1} = 0 \quad \text{für} \quad y = \pm \frac{b}{2} \qquad (8.1,68)$$

$$V_{pz} = \frac{1}{\sqrt{\mu_1 \varepsilon_1}} \qquad (8.1,69)$$

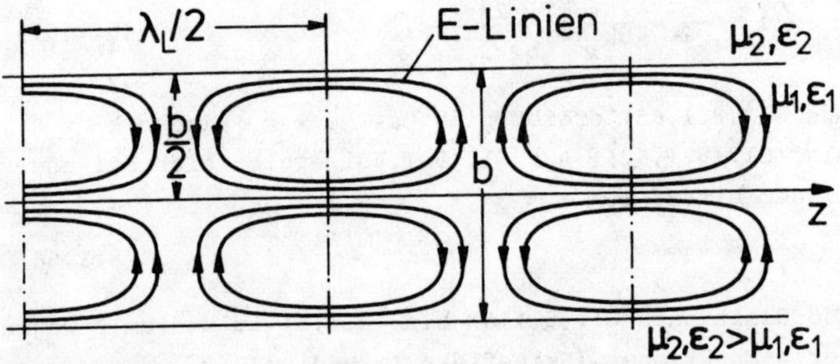

Bild 8.6: E-Feld in der dielektrischen Platte (E-Linien bei $\omega \to \infty$)

Angefangen von ω_{min}, wo E senkrecht auf der Platte steht, geht das Feld mit wachsender Frequenz immer mehr in die Platte hinein, so daß schließlich bei $\omega = \infty$ außen kein Feld mehr vorhanden ist. Hierbei ist wegen Gl.(8.1,29) und (8.1,44) immer $\mu_1\varepsilon_1 > \mu_2\varepsilon_2$.

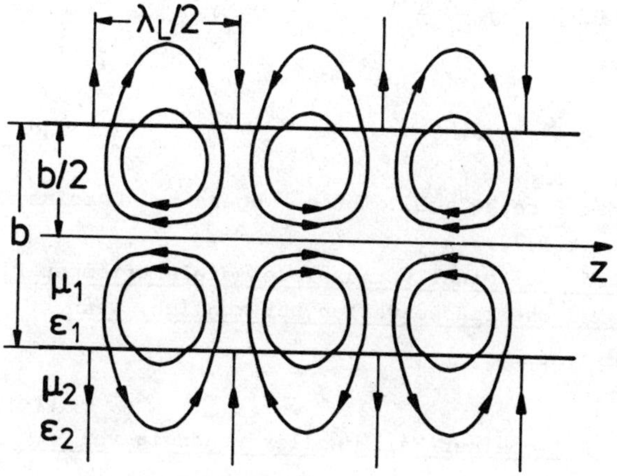

Bild 8.7: E-Linien bei $\omega_{min} < \omega < \infty$

Untersuchung des 2.Falles

Es ist jetzt k_{y1} imaginär, d.h. nach Gl.(8.1,28) $k_1^2 < k_z^2$. Da nach Gl.(8.1,29) immer $k_z^2 > k_2^2$ ist, gilt bei $k_1^2 < k_2^2$, d.h. $\mu_1\varepsilon_1 < \mu_2\varepsilon_2$ immer $k_1^2 < k_z^2$ und somit k_{y1} = imaginär.

Auch hier ist, wie schon oben gezeigt, k_{y2} imaginär und es gilt, da das Feld im Unendlichen verschwinden muß, wieder Gl.(8.1,30), d.h.

$$k_{y2}\,\frac{b}{2} = -j\eta, \qquad \eta > 0, \quad \text{reell.} \tag{8.1,70}$$

Setzt man

$$k_{y1}\,\frac{b}{2} = j\xi, \qquad \xi \text{ reell} \tag{8.1,71}$$

so wird aus Gl.(8.1,27)

$$j \tanh\xi = -j \frac{\varepsilon_2}{\varepsilon_1} \frac{\xi}{\eta}$$

oder

$$\eta = - \frac{\varepsilon_2}{\varepsilon_1} \xi \coth\xi . \qquad (8.1,72)$$

Da immer $\xi \coth\xi > 0$, gibt es wegen $\eta > 0$ keine Lösung der Gl.(8.1,72).

D.h. auf einer verlustlosen dielektrischen Platte sind Oberflächenwellen nur möglich, wenn $\mu_1\varepsilon_1 > \mu_2\varepsilon_2$

8.1.2 Allgemeiner Fall (Wellen abhängig von x, y, z)

8.1.2.1 Aufstellung der Gleichung zur Bestimmung der Eigenwerte

Es gilt wieder die Anordnung Bild 8.1. Bei $k_x, k_y \neq 0$ hat man sowohl bei E_z-Wellen ($H_z = 0$) als auch bei H_z-Wellen ($E_z = 0$) jeweils 5 Feldkomponenten, wie die Gln. (7.1,13) bis (7.1,18) zeigen.
Nun erzeugt z.B. bei einer Bandleitung mit Verlusten die Komponente H_x der H_z-Welle bei $y = \frac{b}{2}$ einen Strom in Richtung z und damit wegen $\kappa \neq \infty$ eine Komponente E_z, d.h. eine E_z-Welle. Umgekehrt erzeugt die Komponente E_x der E_z-Welle bei $y = \frac{b}{2}$ einen Strom in Richtung x und damit eine Komponente H_z, d.h. eine H_z-Welle. Zur Erfüllung der Stetigkeit bei $y = \pm \frac{b}{2}$ wird man also bei $k_x, k_y \neq 0$ immer eine E_z- mit einer H_z-Welle kombinieren müssen. Man erhält dann sogenannte hybride Wellen, die hier mit <u>EH-Wellen</u> (E_z-Welle überwiegt) oder mit <u>HE-Wellen</u> (H_z-Welle überwiegt) bezeichnet werden sollen. Wenn die Medien 1 und 2 Dielektrika sind,

ist der Ansatz der hybriden Wellen zur Erfüllung der Stetigkeit ebenfalls notwendig. Eine Ausnahme bildet nur die verlustlose Bandleitung (s. Abschnitt 7.1). Es soll hier nur der Fall $E_y \sim \cos k_{y1}y$ betrachtet werden. Der Fall $E_y \sim \sin k_{y1}y$ verläuft analog. Demnach lauten bei Weglassen des Faktors $e^{j\omega t}$ für eine Welle in Richtung +z die Vektorpotentiale

im Medium 1

$$A_{E1} = C_{E1} \cos k_x x \sin k_{y1} y \; e^{-jk_z z} \tag{8.1,73}$$

$$A_{H1} = C_{H1} \sin k_x x \cos k_{y1} y \; e^{-jk_z z} \tag{8.1,74}$$

im Medium 2

$$A_{E2} = C_{E2} \cos k_x x \; e^{-jk_{y2} y} \, e^{-jk_z z} \tag{8.1,75}$$

$$A_{H2} = C_{H2} \sin k_x x \; e^{-jk_{y2} y} \, e^{-jk_z z} \tag{8.1,76}$$

$A_{E1,2} \sim \cos k_x x$ und $A_{H1,2} \sim \sin k_x x$ ergibt sich aus der Forderung nach gleicher x-Abhängigkeit der Felder im Medium 1 und 2.
Die Gln.(7.1,7) bis (7.1,12) liefern dann bei Weglassung des Faktors $e^{-jk_z z}$

im Medium 1

$$H_{xE}^{(1)} = \frac{\partial A_{E1}}{\partial y} = k_{y1} C_{E1} \cos k_x x \cos k_{y1} y$$

$$H_{yE}^{(1)} = -\frac{\partial A_{E1}}{\partial x} = k_x C_{E1} \sin k_x x \sin k_{y1} y$$

$$E_{xE}^{(1)} = -\frac{1}{j\omega\varepsilon_1} \frac{\partial H_{yE}^{(1)}}{\partial z} = \frac{k_z}{\omega\varepsilon_1} k_x C_{E1} \sin k_x x \sin k_{y1} y \tag{8.1,77}$$

$$E_{yE}^{(1)} = \frac{1}{j\omega\varepsilon_1} \frac{\partial H_{xE}^{(1)}}{\partial z} = - \frac{k_z}{\omega\varepsilon_1} k_{y1} C_{E1} \cos k_x x \cos k_{y1} y$$

$$E_{zE}^{(1)} = \frac{1}{j\omega\varepsilon_1} \left(\frac{\partial^2 A_{E1}}{\partial z^2} + k_1^2 A_{E1}\right) = \frac{k_1^2 - k_z^2}{j\omega\varepsilon_1} C_{E1} \cos k_x x \sin k_{y1} y$$

(8.1,77)

$$E_{xH}^{(1)} = \frac{\partial A_{H1}}{\partial y} = - k_{y1} C_{H1} \sin k_x x \sin k_{y1} y$$

$$E_{yH}^{(1)} = - \frac{\partial A_{H1}}{\partial x} = - k_x C_{H1} \cos k_x x \cos k_{y1} y$$

$$H_{xH}^{(1)} = \frac{1}{j\omega\mu_1} \frac{\partial E_{yH}^{(1)}}{\partial z} = + \frac{k_z k_x}{\omega\mu_1} C_{H1} \cos k_x x \cos k_{y1} y$$

$$H_{yH}^{(1)} = - \frac{1}{j\omega\mu_1} \frac{\partial E_{xH}^{(1)}}{\partial z} = - \frac{k_z k_{y1}}{\omega\mu_1} C_{H1} \sin k_x x \sin k_{y1} y$$

$$H_{zH}^{(1)} = \frac{-1}{j\omega\mu_1} \left(\frac{\partial^2 A_{H1}}{\partial z^2} + k_1^2 A_{H1}\right) = - \frac{k_1^2 - k_z^2}{j\omega\mu_1} C_{H1} \sin k_x x \cos k_{y1} y$$

(8.1,78)

<u>im Medium 2, y > O</u>

$$H_{xE}^{(2)} = -j\, k_{y2} C_{E2} \cos k_x x\, e^{-jk_{y2} y}$$

$$H_{yE}^{(2)} = k_x C_{E2} \sin k_x x\, e^{-jk_{y2} y}$$

$$E_{xE}^{(2)} = \frac{k_z}{\omega\varepsilon_2} k_x C_{E2} \sin k_x x\, e^{-jk_{y2} y}$$

$$E_{yE}^{(2)} = j \frac{k_z k_{y2}}{\omega\varepsilon_2} C_{E2} \cos k_x x\, e^{-jk_{y2} y}$$

$$E_{zE}^{(2)} = \frac{k_2^2 - k_z^2}{j\omega\varepsilon_2} C_{E2} \cos k_x x\, e^{-jk_{y2} y} \qquad (8.1,79)$$

$$E_{xH}^{(2)} = -j\, k_{y2} C_{H2} \sin k_x x\, e^{-jk_{y2}y}$$

$$E_{yH}^{(2)} = -k_x C_{H2} \cos k_x x\, e^{-jk_{y2}y}$$

$$H_{xH}^{(2)} = \frac{k_z k_x}{\omega\mu_2} C_{H2} \cos k_x x\, e^{-jk_{y2}y}$$

$$H_{yH}^{(2)} = -j\, \frac{k_z k_{y2}}{\omega\mu_2} C_{H2} \sin k_x x\, e^{-jk_{y2}y}$$

$$H_{zH}^{(2)} = -\frac{k_2^2 - k_z^2}{j\omega\mu_2} C_{H2} \sin k_x x\, e^{-jk_{y2}y} \qquad (8.1,80)$$

$$k_1^2 = \omega^2\mu_1\varepsilon_1 = k_x^2 + k_{y1}^2 + k_z^2$$
$$k_2^2 = \omega^2\mu_2\varepsilon_2 = k_x^2 + k_{y2}^2 + k_z^2 \qquad (8.1,81)$$

In den Gln.(8.1,77) bis (8.1,80) bezieht sich der Index E auf die E_z-Wellen, der Index H auf die H_z-Wellen. Der Index 1 bezieht sich auf Medium 1, der Index 2 auf Medium 2. Eine Feldkomponente im Medium 1 und 2 ist die Summe der Feldkomponenten der E_z- und H_z-Welle im Medium 1 bzw. 2. D.h.

$$H_\xi^{(i)} = H_{\xi E}^{(i)} + H_{\xi H}^{(i)}, \quad E_\xi^{(i)} = E_{\xi E}^{(i)} + E_{\xi H}^{(i)} \qquad (8.1,82)$$

$$i = 1, 2; \qquad \xi = x, y, z$$

So ist z.B. $H_x^{(1)} = H_{xE}^{(1)} + H_{xH}^{(1)}$.

Bei $y = \frac{b}{2}$ muß gelten

$$H_x^{(1)} = H_x^{(2)}, \quad H_z^{(1)} = H_z^{(2)}$$
$$E_x^{(1)} = E_x^{(2)}, \quad E_z^{(1)} = E_z^{(2)}. \qquad (8.1,83)$$

Einsetzen von Gl.(8.1,77) bis (8.1,80) in die Gl. (8.1,83) ergibt bei Beachtung von Gl.(8.1,82)

$$(k_{y1}C_{E1} + \frac{k_z k_x}{\omega\mu_1} C_{H1}) \cos k_{y1} \frac{b}{2} =$$

$$= (-jk_{y2}C_{E2} + \frac{k_z k_x}{\omega\mu_2} C_{H2})\, e^{-jk_{y2} \frac{b}{2}} \qquad (8.1,84)$$

$$(\frac{k_z k_x}{\omega\varepsilon_1} C_{E1} - k_{y1}C_{H1}) \sin k_{y1} \frac{b}{2} =$$

$$= (\frac{k_z k_x}{\omega\varepsilon_2} C_{E2} - j\, k_{y2}C_{H2})\, e^{-jk_{y2} \frac{b}{2}} \qquad (8.1,85)$$

$$\frac{k_1^2 - k_z^2}{j\omega\varepsilon_1} C_{E1} \sin k_{y1} \frac{b}{2} = \frac{k_2^2 - k_z^2}{j\omega\varepsilon_2} C_{E2} e^{-jk_{y2} \frac{b}{2}} \qquad (8.1,86)$$

$$\frac{k_1^2 - k_z^2}{j\omega\mu_1} C_{H1} \cos k_{y1} \frac{b}{2} = \frac{k_2^2 - k_z^2}{j\omega\mu_2} C_{H2} e^{-jk_{y2} \frac{b}{2}} . \qquad (8.1,87)$$

Aus Gl.(8.1,86) und (8.1,87) folgt

$$C_{E1} = C_{E2} \frac{\varepsilon_1}{\varepsilon_2} \frac{k_2^2 - k_z^2}{k_1^2 - k_z^2} \frac{e^{-jk_{y2} \frac{b}{2}}}{\sin k_{y1} \frac{b}{2}}$$

$$C_{H1} = C_{H2} \frac{\mu_1}{\mu_2} \frac{k_2^2 - k_z^2}{k_1^2 - k_z^2} \frac{e^{-jk_{y2} \frac{b}{2}}}{\cos k_{y1} \frac{b}{2}} . \qquad (8.1,88)$$

Der Abkürzung wegen sei

$$\frac{k_2^2 - k_z^2}{k_1^2 - k_z^2} = K \qquad (8.1,89)$$

gesetzt.

Einsetzen der Gln.(8.1,88) und (8.1,89) in die Gln. (8.1,84) und (8.1,85) ergibt

$$(k_{y1} C_{E2} \frac{\varepsilon_1}{\varepsilon_2} \frac{K}{\sin k_{y1} \frac{b}{2}} + \frac{k_z k_x}{\omega\mu_2} C_{H2} \frac{K}{\cos k_{y1} \frac{b}{2}}) \cos k_{y1} \frac{b}{2} =$$

$$= (-j\, k_{y2} C_{E2} + \frac{k_z k_x}{\omega\mu_2} C_{H2})$$

$$(\frac{k_z k_x}{\omega\varepsilon_2} C_{E2} \frac{K}{\sin k_{y1} \frac{b}{2}} - k_{y1} C_{H2} \frac{\mu_1}{\mu_2} \frac{K}{\cos k_{y1} \frac{b}{2}}) \sin k_{y2} \frac{b}{2} =$$

$$= (\frac{k_z k_x}{\omega\varepsilon_2} C_{E2} - j\, k_{y2} C_{H2})$$

oder anders geschrieben

$$C_{E2} (k_{y1} \frac{\varepsilon_1}{\varepsilon_2} K \cot k_{y1} \frac{b}{2} + j\, k_{y2}) = C_{H2} \frac{k_z k_x}{\omega\mu_2} (1 - K) \tag{8.1,90}$$

$$C_{E2} \frac{k_z k_x}{\omega\varepsilon_2} (K - 1) = C_{H2} (k_{y1} \frac{\mu_1}{\mu_2} K \tan k_{y1} \frac{b}{2} - j\, k_{y2}). \tag{8.1,91}$$

Hieraus ergibt sich

$$\frac{k_{y1} \frac{\varepsilon_1}{\varepsilon_2} K \cot k_{y1} \frac{b}{2} + j\, k_{y2}}{\frac{k_z k_x}{\omega\varepsilon_2} (K - 1)} = \frac{\frac{k_z k_x}{\omega\mu_2} (1 - K)}{k_{y1} \frac{\mu_1}{\mu_2} K \tan k_{y1} \frac{b}{2} - j\, k_{y2}}$$

oder anders geschrieben

$$(k_{y1} \frac{\varepsilon_1}{\varepsilon_2} K \cot k_{y1} \frac{b}{2} + j\, k_{y2}) \times$$

$$\times (k_{y1} \frac{\mu_1}{\mu_2} K \tan k_{y1} \frac{b}{2} - j\, k_{y2}) = - \frac{k_z^2 k_x^2}{\omega^2 \mu_2 \varepsilon_2} (1 - K)^2. \tag{8.1,92}$$

Es sei $Z_1 = \sqrt{\frac{\mu_1}{\varepsilon_1}}$, $Z_2 = \sqrt{\frac{\mu_2}{\varepsilon_2}}$.

Dividiert man Gl.(8.1,92) durch k_{y2}^2, multipliziert darauf die erste Klammer mit Z_1/Z_2, die zweite Klammer mit Z_2/Z_1, und benutzt die Gl.(8.1,81), so erhält man

$$\left(\frac{k_{y1}k_1}{k_{y2}k_2} K \cot k_{y1} \frac{b}{2} + j \frac{Z_1}{Z_2}\right)\left(\frac{k_{y1}k_1}{k_{y2}k_2} K \tan k_{y1} \frac{b}{2} - j \frac{Z_2}{Z_1}\right) =$$

$$= - \frac{k_z^2 \, k_x^2}{k_2^2 \, k_{y2}^2} (1 - K)^2. \qquad (8.1,93)$$

Die Auflösung des Klammerproduktes ergibt

$$F + \frac{k_{y1}k_1}{k_{y2}k_2} K\left(j \frac{Z_1}{Z_2} \tan k_{y1} \frac{b}{2} - j \frac{Z_2}{Z_1} \cot k_{y1} \frac{b}{2}\right) = 0 \qquad (8.1,94)$$

$$F = \left(\frac{k_{y1}k_1}{k_{y2}k_2}\right)^2 K^2 + \left(\frac{k_z k_x}{k_2 k_{y2}}\right)^2 (1 - K)^2 + 1.$$

Einsetzen von Gl.(8.1,89) ergibt

$$F = \frac{1}{(k_2 k_{y2})^2 (k_1^2 - k_z^2)^2} \Big((k_{y1}k_1)^2 (k_2^2 - k_z^2)^2 +$$

$$+ (k_z k_x)^2 (k_1^2 - k_2^2)^2 + (k_2 k_{y2})^2 (k_1^2 - k_z^2)^2 \Big). \qquad (8.1,95)$$

Einsetzen von $k_x^2 = k_2^2 - k_z^2 - k_{y2}^2$ aus Gl.(8.1,81) liefert

$$F = \frac{k_2^2 - k_z^2}{(k_2 k_{y2})^2 (k_1^2 - k_z^2)^2} \Big\{ k_{y1}^2 k_1^2 (k_2^2 - k_z^2) + k_z^2 (k_1^2 - k_2^2)^2$$

$$+ k_{y2}^2 k_1^4 - k_{y2}^2 k_z^2 k_2^2 \Big\}. \qquad (8.1,96)$$

Einsetzen von $k_{y2}^2 = k_2^2 + k_{y1}^2 - k_1^2$ aus den Gln. (8.1,81) liefert

$$F = \frac{(k_2^2 - k_z^2)(k_2^2\, k_{y1}^2 + k_1^2\, k_{y2}^2)}{k_2^2\, k_{y2}^2 (k_1^2 - k_z^2)} \,. \tag{8.1,97}$$

Einsetzen von Gl.(8.1,97) und Gl.(8.1,89) in Gl. (8.1,94) ergibt

$$\frac{k_2^2 - k_z^2}{k_2^2\, k_{y2}^2 (k_1^2 - k_z^2)} (k_2^2\, k_{y1}^2 + k_1^2\, k_{y2}^2) +$$

$$+ \frac{k_{y1} k_1}{k_{y2}^2 k_2^2} \frac{k_2^2 - k_z^2}{k_1^2 - k_z^2} (j \frac{Z_1}{Z_2} \tan k_{y1} \frac{b}{2} - j \frac{Z_2}{Z_1} \cot k_{y1} \frac{b}{2}) = 0.$$

Division mit $k_1^2\, k_{y2}^2$ ergibt

$$\frac{k_2^2\, k_{y1}^2}{k_1^2\, k_{y2}^2} + 1 + \frac{k_2 k_{y1}}{k_1 k_{y2}} (j \frac{Z_1}{Z_2} \tan k_{y1} \frac{b}{2} - j \frac{Z_2}{Z_1} \cot k_{y1} \frac{b}{2}) = 0$$

oder anders geschrieben

$$\left(\frac{k_2 k_{y1}}{k_1 k_{y2}} \tan k_{y1} \frac{b}{2} - j \frac{Z_2}{Z_1}\right) \cdot \left(\frac{k_2 k_{y1}}{k_1 k_{y2}} \cot k_{y1} \frac{b}{2} + j \frac{Z_1}{Z_2}\right) = 0 \tag{8.1,98}$$

Gl.(8.1,98) ist die Gleichung zur Bestimmung der Eigenwerte $k_{y1} \frac{b}{2}$. Die Gleichung gilt für beliebige Medien 1 und 2 . Sie ergibt sich auch durch Erfüllung der Stetigkeit bei $y = -\frac{b}{2}$, wegen $A_{E2,H2} \sim e^{jk_{y2}y}$ für $y < 0$. Siehe auch Gl.(8.1,13), (8.1,14).

8.1.2.2 Beweis, daß Wellen bei einer ebenen Schicht zwischen zwei Halbräumen E_y- oder H_y-Wellen (Längsschnittwellen) sind

Gl.(8.1,98) zerfällt in 2 Gleichungen, nämlich

$$\frac{k_2 k_{y1}}{k_1 k_{y2}} \tan k_{y1} \frac{b}{2} - j \frac{Z_2}{Z_1} = f_t = 0 \qquad (8.1,99)$$

$$\frac{k_2 k_{y1}}{k_1 k_{y2}} \cot k_{y1} \frac{b}{2} + j \frac{Z_1}{Z_2} = f_c = 0. \qquad (8.1,100)$$

Die Gln.(8.1,99), (8.1,100) deuten darauf hin, daß man die Stetigkeit bei einer ebenen Schicht zwischen Halbräumen mit einem einzigen Wellentyp erfüllen kann.

Es soll nun die Größe der Feldkomponenten im Medium 2 untersucht werden. Hierzu muß die Konstante C_{E2} durch C_{H2} oder C_{H2} durch C_{E2} beschrieben werden.
Es wird Gl.(8.1,90) durch k_{y2} dividiert und dann mit Z_1/Z_2 multipliziert. Gl.(8.1,91) wird ebenfalls durch k_{y2} dividiert und dann aber mit Z_2/Z_1 multipliziert. Das Ergebnis ist

$$C_{E2}\left(\frac{k_{y1}k_1}{k_{y2}k_2} K \cot k_{y1} \frac{b}{2} + j \frac{Z_1}{Z_2}\right) = C_{H2} \frac{k_z k_x}{\omega\mu_2 k_{y2}} \frac{Z_1}{Z_2}(1 - K) \qquad (8.1,101)$$

$$C_{H2}\left(\frac{k_{y1}k_1}{k_{y2}k_2} K \tan k_{y1} \frac{b}{2} - j \frac{Z_2}{Z_1}\right) = -C_{E2} \frac{k_z k_x}{\omega\varepsilon_2 k_{y2}} \frac{Z_2}{Z_1}(1 - K). \qquad (8.1,102)$$

Einsetzen von Gl.(8.1,100) in Gl.(8.1,101) ergibt bei Berücksichtigung von Gl.(8.1,89)

$$-j\, C_{E2}\left(\frac{k_1^2}{k_2^2} \frac{k_2^2 - k_z^2}{k_1^2 - k_z^2} - 1\right) = C_{H2} \frac{k_z k_x}{\omega\mu_2 k_{y2}} \frac{k_1^2 - k_2^2}{k_1^2 - k_z^2}$$

oder

$$-j\,C_{E2}\,\frac{k_1^2(k_2^2-k_z^2)-k_2^2(k_1^2-k_z^2)}{k_2^2(k_1^2-k_z^2)} = C_{H2}\,\frac{k_z k_x}{\omega\mu_2 k_{y2}}\,\frac{k_1^2-k_2^2}{k_1^2-k_z^2}$$

$$j\,C_{E2}\,\frac{k_z^2}{k_2^2} = C_{H2}\,\frac{k_z k_x}{\omega\mu_2 k_{y2}}$$

d.h. unter Berücksichtigung von $k_2^2 = \omega^2\mu_2\varepsilon_2$

$$C_{H2} = j\,C_{E2}\,\frac{k_z k_{y2}}{k_x\omega\varepsilon_2}, \quad \text{aus} \quad f_c = 0. \qquad (8.1,103)$$

Einsetzen von Gl.(8.1,99) in Gl.(8.1,102) ergibt bei Berücksichtigung von Gl.(8.1,89)

$$j\,C_{H2}\left(\frac{k_1^2}{k_2^2}\,\frac{k_2^2-k_z^2}{k_1^2-k_z^2}-1\right) = -\,C_{E2}\,\frac{k_z k_x}{\omega\varepsilon_2 k_{y2}}\,\frac{k_1^2-k_2^2}{k_1^2-k_z^2}$$

und demnach entsprechend Gl.(8.1,103)

$$C_{E2} = j\,C_{H2}\,\frac{k_z k_{y2}}{k_x\omega\mu_2}, \quad \text{aus} \quad f_t = 0. \qquad (8.1,104)$$

Aus Gl.(8.1,79) ergibt sich für $H_y^{(2)}$ bei Weglassung des Faktors $\sin k_x x\, e^{-jk_{y2}y}$ und für $E_y^{(2)}$ bei Weglassung des Faktors $\cos k_x x\, e^{-jk_{y2}y}$

$$H_y^{(2)} = k_x C_{E2} - j\,\frac{k_z k_{y2}}{\omega\mu_2}\,C_{H2}$$

$$E_y^{(2)} = -\,k_x C_{H2} + j\,\frac{k_z k_{y2}}{\omega\varepsilon_2}\,C_{E2}. \qquad (8.1,105)$$

Einsetzen von Gl.(8.1,103) und (8.1,104) in Gl. (8.1,105) ergibt

$E_y^{(2)} = 0$ bei $f_c = 0$

$H_y^{(2)} = 0$ bei $f_t = 0.$

Wegen der Stetigkeit gilt dann allgemein

$$E_y = 0 \quad \text{bei} \quad f_c = 0 \tag{8.1,106}$$

$$H_y = 0 \quad \text{bei} \quad f_t = 0 \tag{8.1,107}$$

d.h.

$f_c = 0$ ergibt LSH_y-Welle $\equiv$ H_y-Welle
(Längsschnitt-Welle mit $H_y \neq 0$, $E_y = 0$)

$f_t = 0$ ergibt LSE_y-Welle $\equiv$ E_y-Welle
(Längsschnitt-Welle mit $E_y \neq 0$, $H_y = 0$).

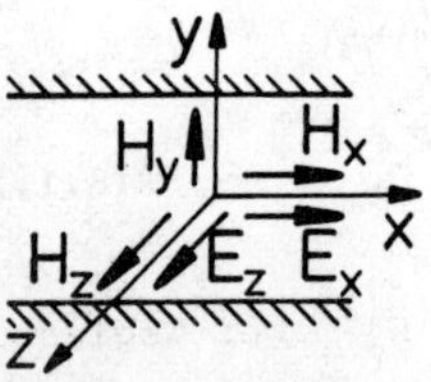

Bild 8.8: Feldkomponenten der H_y-Welle

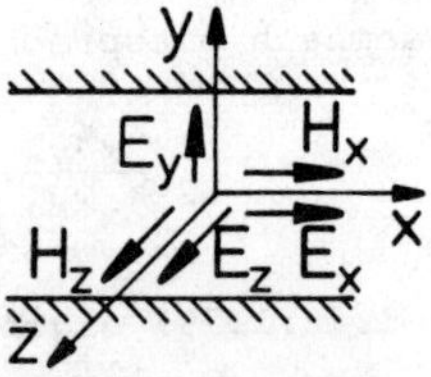

Bild 8.9: Feldkomponenten der E_y-Welle

Analog zu Gl.(7.1,1), (7.1,6) und (7.1,5) erhält man die

E_y-Welle ($H_y = 0$) aus dem Vektorpotential

$\vec{A}_E = 0, \; A_{Ey}, \; 0$

$$H = \text{rot}\, \vec{A}_E \tag{8.1,108}$$

und die

<u>H_y-Welle ($E_y = 0$)</u> aus dem Vektorpotential

$$\vec{A}_H = 0,\ A_{Hy},\ 0$$

$$E = \text{rot}\ \vec{A}_H. \qquad (8.1,109)$$

In den Gln.(8.1,108), (8.1,109) sind $\vec{A}_E$ bzw. $\vec{A}_H$ Vektoren in Richtung y. Natürlich gilt für A_{Ey} und A_{Hy} dieselbe Lösung wie für A_z nach Gl.(7.1,3).

8.1.2.3 Berechnung der Dämpfung der Wellentypen auf der Bandleitung

Es ist jetzt

$$\varepsilon_2 = \frac{\kappa}{j\omega}. \qquad (8.1,110)$$

In den Gln.(8.1,99) und (8.1,100) wird

$$k_{y1}\,\frac{b}{2} = \chi + \theta$$

$$\theta = \begin{cases} \theta_E & \text{bei } E_y\text{-Wellen} \\ \theta_H & \text{bei } H_y\text{-Wellen} \end{cases} \qquad (8.1,111)$$

gesetzt. Hierbei ist χ der Eigenwert der verlustlosen Bandleitung. D.h. analog zu Gl.(7.1,36)

$$\chi = \frac{n\pi}{b}\,\frac{b}{2} = \frac{n\pi}{2} \quad \text{mit} \quad n = 0,2,4\ldots, \qquad (8.1,112)$$

da wegen Gl.(8.1,77) die Feldkomponente $E_z \sim \sin k_{y1}y$ ist und $(E_z)_{y=b/2} = 0$ sein muß, wenn die Leitung keine Verluste hat. Im allgemeinen wird bei großer Leitfähigkeit κ

$$|\ \theta\ | \ll 1 \qquad (8.1,113)$$

sein. Man kann daher schreiben

$$\tan k_{y1} \frac{b}{2} = \tan (\chi + \theta) \approx \tan\chi + \frac{\theta}{\cos^2\chi} = \theta. \quad (8.1,114)$$

Aus Gl. (8.1,99) erhält man daher

$$\theta_E \approx j \frac{Z_2}{Z_1} \frac{k_1 k_{y2}}{k_2 k_{y1}} \quad (8.1,115)$$

und aus Gl. (8.1,100)

$$\theta_H \approx j \frac{Z_2}{Z_1} \frac{k_2 k_{y1}}{k_1 k_{y2}}. \quad (8.1,116)$$

Bei großer Leitfähigkeit κ ist mit $\varepsilon_2 = \kappa/j\omega$ im allgemeinen

$$|k_2^2| = |\omega^2 \mu_2 \varepsilon_2| >> |k_x^2 + k_z^2|,$$

so daß wegen Gl. (8.1,81)

$$k_2 \approx k_{y2} \quad (8.1,117)$$

gilt. Für $n = 0$ kommt hier nur Gl. (8.1,115) in Frage, da nach Gl. (8.1,77) $H_y \sim \sin k_{y1} y$. D.h. wegen Gl. (8.1,112) und (8.1,114) wird $H_y = 0$ bei der Leitung ohne Verluste. Da wegen der Randbedingungen auch nicht $H_y \sim \cos k_{y1} y$ sein kann mit $k_{y1} = 0$, d.h. $n = 0$, ist hier der Fall $n = 0$ niemals möglich.

Mit $k_{y1} \frac{b}{2} = \theta_E$ für $n = 0$ ergibt sich bei Beachtung von Gl. (8.1,117) aus Gl. (8.1,115)

$$\theta_E^2 \approx j \frac{Z_2}{Z_1} k_1 \frac{b}{2}. \quad (8.1,118)$$

Wegen Gl. (8.1,113) darf man in den Gln. (8.1,115) und (8.1,116) bei $n \neq 0$ die Größe $k_{y1} \frac{b}{2} = \chi$ setzen. Bei Benutzung von Gl. (8.1,117) ergibt sich dann aus den Gln. (8.1,115) und (8.1,116) mit $\chi = n\pi/2$

$$\theta_E \simeq j \frac{Z_2}{Z_1} \frac{k_1 b}{n\pi}, \qquad n = 2,4,6, \ldots \qquad (8.1,119)$$

$$\theta_H \simeq j \frac{Z_2}{Z_1} \frac{n\pi}{k_1 b}, \qquad n = 2,4,6, \ldots \qquad (8.1,120)$$

Aus Gl.(8.1,81) ergibt sich

$$k_z = \beta - j\alpha = k_1 \sqrt{1 - \left(\frac{k_x}{k_1}\right)^2 - \left(\frac{k_{yl}}{k_1}\right)^2}$$

oder mit Gl.(8.1,111)

$$k_z = k_1 \sqrt{1 - \left(\frac{k_x}{k_1}\right)^2 - \left(\frac{\chi + \theta}{k_1 b/2}\right)^2}. \qquad (8.1,121)$$

Es sei $\left(\frac{\chi + \theta}{k_1 b/2}\right)^2 = \left(\frac{2\chi}{k_1 b}\right)^2 + p.$ (8.1,122)

Wegen Gl.(8.1,113) darf man unter Berücksichtigung von Gl.(8.1,112) schreiben

$$p = \begin{cases} \left(\frac{2\theta_E}{k_1 b}\right)^2 & \text{für } n = 0 \\ \frac{2\chi\theta}{(k_1 b/2)^2} & \text{für } n \neq 0. \end{cases} \qquad (8.1,123)$$

Einsetzen von Gl.(8.1,122) in Gl.(8.1,121) ergibt bei Berücksichtigung von Gl.(8.1,112)

$$k_z = k_1 \sqrt{1 - \left(\frac{k_x}{k_1}\right)^2 - \left(\frac{n\pi}{k_1 b}\right)^2 - p}\,. \qquad (8.1,124)$$

Bei μ_1, ε_1 reell gilt $k_1 = \omega\sqrt{\mu_1 \varepsilon_1} = \frac{2\pi}{\lambda_1}$,

man setzt dann

$$k_z = \frac{2\pi}{\lambda_1} \sqrt{1 - \left(\frac{\lambda_1}{\lambda_c}\right)^2 - p}$$

$$(\frac{\lambda_1}{\lambda_c})^2 = (\frac{k_x}{k_1})^2 + (\frac{n\pi}{k_1 b})^2 \qquad (8.1,125)$$

d.h. mit $k_1 = \frac{2\pi}{\lambda_1}$

$$\lambda_c = \frac{1}{\sqrt{(\frac{k_x}{2\pi})^2 + (\frac{n}{2b})^2}} \qquad (8.1,126)$$

Grenzwellenlänge der verlustlosen Leitung.

Bei

$$p \ll 1 - (\frac{\lambda_1}{\lambda_c})^2 \qquad (8.1,127)$$

gilt

$$k_z = \frac{2\pi}{\lambda_1}\sqrt{1 - (\frac{\lambda_1}{\lambda_c})^2}\sqrt{1 - \frac{p}{1 - (\lambda_1/\lambda_c)^2}}$$

$$\simeq \frac{2\pi}{\lambda_1}\sqrt{1 - (\frac{\lambda_1}{\lambda_c})^2} - \frac{2\pi}{\lambda_1}\frac{p}{2\sqrt{1 - (\frac{\lambda_1}{\lambda_c})^2}} = \beta - j\alpha \qquad (8.1,128)$$

d.h.

$$\beta = \frac{2\pi}{\lambda_1}\sqrt{1 - (\frac{\lambda_1}{\lambda_c})^2} - \frac{\frac{2\pi}{\lambda_1}\,\mathrm{Re}(p)}{2\sqrt{1 - (\frac{\lambda_1}{\lambda_c})^2}} \qquad (8.1,129)$$

$$\alpha = \frac{\frac{2\pi}{\lambda_1}\,\mathrm{Im}(p)}{2\sqrt{1 - (\frac{\lambda_1}{\lambda_c})^2}} \; . \qquad (8.1,130)$$

Einsetzen von Gl.(8.1,118), (8.1,119) und (8.1,120) in Gl.(8.1,123) ergibt bei Benutzung von Gl.(8.1,112) (8.1,20) und (8.1,21) bei $\varepsilon_2 = \kappa/j\omega$

für n = O

$$p = p_{Eo} = \left(\frac{2\theta_E}{k_1 b}\right)^2 = j\,4\,\frac{Z_2}{Z_1}\,\frac{k_1 \frac{b}{2}}{(k_1 b)^2} = j\,2\sqrt{\frac{\mu_2}{\varepsilon_2}}\,\frac{1}{Z_1 k_1 b}$$

$$= j\,(1 + j)\,2\,\sqrt{\frac{\mu_2 \omega}{2\kappa}}\,\frac{b}{Z_L a\,k_1 b}$$

$$p_{Eo} = (j - 1)\,\frac{R_H}{Z_L k_1}\,, \qquad n = O \qquad (8.1,131)$$

für n = 2,4,6,... ergibt sich

$$p = p_{En} = \frac{8\chi\theta_E}{(k_1 b)^2} = j\,\frac{8n\pi Z_2 k_1 b}{2(k_1 b)^2 Z_1 n\pi} = j\,4\,\frac{Z_2}{Z_1}\,\frac{1}{k_1 b}$$

d.h.

$$p_{En} = (j - 1)\,2\,\frac{R_H}{Z_L k_1}\,, \qquad n = 2,4,6,... \qquad (8.1,132)$$

$$p = p_{Hn} = \frac{8\chi\theta_H}{(k_1 b)^2} = j\,\frac{8n\pi Z_2 n\pi}{2(k_1 b)^2 Z_1 k_1 b} = j\,4\,\frac{Z_2}{Z_1}\,\frac{(n\pi)^2}{(k_1 b)^3}$$

$$p_{Hn} = (j - 1)\,2\,\frac{R_H}{Z_L k_1}\left(\frac{n\pi}{k_1 b}\right)^2, \qquad n = 2,4,6,... \qquad (8.1,133)$$

In den Gln.(8.1,131) bis (8.1,133) bezieht sich der Index E auf die E_y-Welle, der Index H auf die H_y-Welle. Einsetzen dieser Gleichungen in die Gl.(8.1,129) ergibt bei Benutzung von $k_1 = 2\pi/\lambda_1$ für

<u>E_y-Wellen</u>

$$\beta_{En} = \frac{2\pi}{\lambda_1}\sqrt{1 - \left(\frac{\lambda_1}{\lambda_c}\right)^2} + \frac{R_H}{2Z_L\sqrt{1-\left(\frac{\lambda_1}{\lambda_c}\right)^2}}\begin{cases} 1 \text{ für } n = O \\ 2 \text{ für } n = 2,4,6,... \end{cases} \qquad (8.1,134)$$

$$\alpha_{En} = \frac{R_H}{2Z_L\sqrt{1-(\frac{\lambda_1}{\lambda_c})^2}} \begin{cases} 1 \text{ für } n = 0 \\ 2 \text{ für } n = 2,4,6,\ldots \end{cases} \qquad (8.1,134)$$

<u>H_y-Wellen</u>

$$\beta_{Hn} = \frac{2\pi}{\lambda_1}\sqrt{1-(\frac{\lambda_1}{\lambda_c})^2} + \frac{R_H}{Z_L\sqrt{1-(\frac{\lambda_1}{\lambda_c})^2}}(\frac{n\lambda_1}{2b})^2, \quad n = 2,4,6,..$$

$$\alpha_{Hn} = \frac{R_H}{Z_L\sqrt{1-(\frac{\lambda_1}{\lambda_c})^2}}(\frac{n\lambda_1}{2b})^2, \quad n = 2,4,6,\ldots \qquad (8.1,135)$$

Hierin bedeuten

$$R_H = \frac{2}{a}\sqrt{\frac{\mu_2\omega}{2\kappa}} \qquad (8.1,136)$$

$$Z_L = Z_1\frac{b}{a} = \sqrt{\frac{\mu_1}{\varepsilon_1}}\frac{b}{a} \qquad (8.1,137)$$

$$\lambda_c = \frac{1}{\sqrt{(\frac{k_x}{2\pi})^2 + (\frac{n}{2b})^2}} \qquad (8.1,138)$$

k_x = beliebig reell.

Bei $k_x = 0$ und $n = 0$ ergibt sich aus Gl.(8.1,134) die Dämpfung der Leitungswelle der Bandleitung (s. Gl. (8.1,23) und (8.1,24)).
Die Gln.(8.1,134) gelten auch für $n = 1,3,5,\ldots$ und damit auch für alle $n = 0,1,2,\ldots$, da nur sinus durch cosinus und cosinus durch sinus ersetzt werden muß.
Bemerkenswert ist, daß bei der H_y-Welle für $f \to \infty$ die Dämpfung $\sim f^{-3/2}$ wird, wie bei den H_{on}-Wellen im runden Hohlleiter (s. Gl.(8.3,60)).

8.1.2.4 Falsche Ergebnisse bei der Dämpfungsberechnung aus Strom und Leistung (Power-Loss-Methode) der E_z- und H_z-Wellen der verlustlosen Leitung

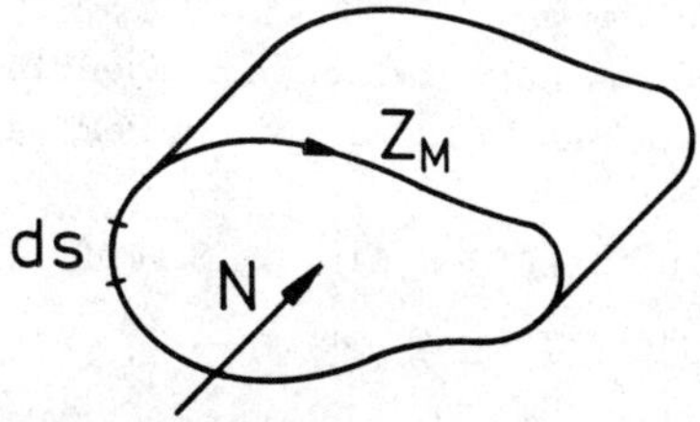

Bild 8.10: Zur Berechnung der Verlustleistung

Entsprechend Kapitel 5.6.2 setzt man allgemein

$$\alpha = \frac{V}{2N} \qquad (8.1,139)$$

N die durch den Querschnitt der verlustlosen Leitung gestrahlte Leistung

$$V = \frac{1}{2}\, I^2 R = \frac{1}{2}\, \mathrm{Re}\,(Z_m) \oint |\vec{J}|^2 ds \quad ^{1)} \qquad (8.1,140)$$

Verlustleistung je m Leitungslänge

I Amplitude des durch die Leitung fließenden Wechselstromes

$$Z_M = (1 + j) \sqrt{\frac{\mu_R \omega}{2\kappa}} \quad \text{Wandimpedanz} \quad ^{1)} \qquad (8.1,141)$$

$$\vec{J} = \vec{n} \times \vec{H}_t \quad \text{Oberflächenstromdichte} \qquad (8.1,142)$$

$\vec{n}$ äußere Normale des Metalls

$\vec{H}_t$ magnetische Feldstärke, tangential zum Metall.

---

[1] Man beachte, daß i.a. Z_M ortsabhängig ist und damit die Gln. (8.1,140), (8.1,141) nicht richtig sind.

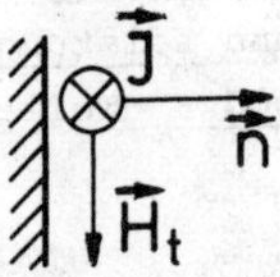

Bild 8.11: Zusammenhang zwischen Tangentialkomponente der magnetischen Feldstärke und dem Wandstrom

Mit $|\vec{J}|^2 = \vec{H}_t \cdot \vec{H}_t^*$ und den Gln. (8.1,141), (8.1,142) ergibt die Gl. (8.1,140)

$$V = \frac{1}{2}\sqrt{\frac{\mu_R\omega}{2\kappa}} \oint \vec{H}_t \cdot \vec{H}_t^* \, ds. \tag{8.1,143}$$

Bei der Bandleitung ergibt sich nach Gl. (8.1,77) für die E_z-Welle mit $k_{y1} = n\pi/b$

$$\vec{H}_t \cdot \vec{H}_t^* = H_{xE}^{(1)} H_{xE}^{(1)*}\Big|_{y=\pm\frac{b}{2}} = \left(\frac{n\pi}{b}\right)^2 C_{E1}^2 \cos^2 k_x x. \tag{8.1,144}$$

Es sei

$$k_x = \frac{m\pi}{a}, \quad m \neq 0. \tag{8.1,145}$$

Gl. (8.1,77) bis (8.1,80) erfüllen dann die Randbedingungen eines Rechteckhohlleiters der Breite a, dessen Seiten parallel zur y-Achse verlustlos sind und an der Stelle $x = \pm \frac{a}{2}$ liegen.

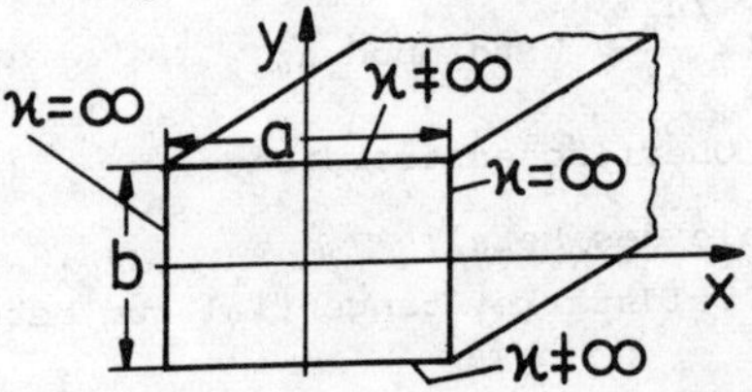

Bild 8.12: Querschnitt des Rechteckhohlleiters mit zwei ideal leitenden Wänden und zwei Wänden mit endlicher Leitfähigkeit.

Einsetzen von Gl.(8.1,144) in Gl.(8.1,143) ergibt bei Berücksichtigung von Gl.(8.1,145) mit $\mu_R = \mu_2$

$$V = V_E = 2\,\frac{1}{2}\sqrt{\frac{\mu_2\omega}{2\kappa}}\,(\frac{n\pi}{b})^2\,C_{E1}^2\int_{-\frac{a}{2}}^{+\frac{a}{2}}\cos^2\frac{m\pi}{a}x\,dx$$

$$= \frac{a}{2}\sqrt{\frac{\mu_2\omega}{2\kappa}}\,(\frac{n\pi}{b})^2\,C_{E1}^2. \qquad (8.1,146)$$

Aus Gl.(7.1,81) und (7.1,49) ergibt sich für die E_z-Welle bei $Z = Z_1$, $\lambda = \lambda_1$, $C_E = C_{E1}$ (Die Konstanten entsprechen einander wie ein Vergleich der Gl.(8.1,77) mit Gl.(7.1,39) bis (7.1,41) zeigt)

$$N = N_E = C_{E1}^2\,Z_E\,\frac{ab\pi^2}{8}\left[(\frac{m}{a})^2 + (\frac{n}{b})^2\right] \qquad (8.1,147)$$

$$Z_E = Z_1\sqrt{1 - (\frac{\lambda_1}{\lambda_c})^2}. \qquad (8.1,148)$$

Einsetzen von Gl.(8.1,146) bis (8.1,148) in Gl. (8.1,139) ergibt

$$\alpha_{E_z} = \frac{\frac{a}{2}\sqrt{\frac{\mu_2\omega}{2\kappa}}\,(\frac{n\pi}{b})^2}{2\,Z_1\sqrt{1-(\frac{\lambda_1}{\lambda_c})^2}\,\frac{ab\pi^2}{8}\left[(\frac{m}{a})^2 + (\frac{n}{b})^2\right]}$$

und mit Gl.(8.1,136) und (8.1,137)

$$\alpha_{E_z} = \frac{R_H}{Z_L\sqrt{1-(\frac{\lambda_1}{\lambda_c})^2}}\,\frac{(\frac{n}{b})^2}{(\frac{m}{a})^2 + (\frac{n}{b})^2} \qquad m,n \neq 0 \qquad (8.1,149)$$

Gl.(8.1,149) ist mit keiner der Gl.(8.1,134) und (8.1,135) identisch. Das ist nicht verwunderlich, da für $m \neq 0$, d.h. $k_x \neq 0$ weder die Gl.(8.1,77) noch die Gl.(8.1,78) wegen E_y, $H_y \neq 0$ eine E_y-Welle oder H_y-Welle ergeben. Jedoch läßt sich die Dämpfung für den Fall $m = 0$, d.h. $k_x = 0$, aus der E_z-Welle der verlustlosen Leitung berechnen, d.h. für $m = 0$, $n \neq 0$ stimmt Gl.(8.1,149) mit Gl.(8.1,134) überein. Dies liegt jedoch daran, daß die Feldkomponenten der E_z-Welle bei $k_x = 0$ wegen $H_y = 0$ mit denen der E_y-Welle identisch sind. Der Fall $k_{y1} = 0$ scheidet hier aus, da dann wegen Gl.(8.1,77) alle Komponenten Null werden.

Ebenso wird die Berechnung der Dämpfung aus der H_z-Welle Gl.(8.1,78) der verlustlosen Leitung falsch, wenn $k_{y1} \neq 0$. Ist dagegen $k_{y1} = 0$, so ergibt sich aus Gl.(8.1,78) $H_y = 0$, d.h. eine E_y-Welle und die Berechnung der Dämpfung aus den Feldern der verlustlosen Leitung wird richtig. Bei der H_z-Welle nach Gl.(8.1,78) scheidet der Fall $k_x = 0$ aus, da dann alle Komponenten Null werden. Bei der H_z-Welle gilt nämlich

$$\vec{H}_t \, \vec{H}_t^* = H_{xH}^{(1)} H_{xH}^{(1)*} + H_{zH}^{(1)} H_{zH}^{(1)*} \Big|_{y=\pm b/2} =$$

$$= \left(\frac{k_z k_x}{\omega\mu_1}\right)^2 C_{H1}^2 \cos^2 k_x x + \left(\frac{k_1^2 - k_z^2}{\omega\mu_1}\right)^2 C_{H1}^2 \sin^2 k_x x. \tag{8.1,150}$$

Einsetzen von Gl.(8.1,150) in Gl.(8.1,143) ergibt mit $\mu_R = \mu_2$ und $k_x = \frac{m\pi}{a}$

$$V_H = \sqrt{\frac{\mu_2\omega}{2\kappa}}\, C_{H1}^2 \left\{ \left(\frac{k_z k_x}{\omega\mu_1}\right)^2 \int_{-\frac{a}{2}}^{+\frac{a}{2}} \cos^2 k_x x \, dx + \right.$$

$$\left. + \frac{(k_1^2 - k_z^2)^2}{(\omega\mu_1)^2} \int_{-\frac{a}{2}}^{+\frac{a}{2}} \sin^2 k_x x \, dx \right\}$$

$$V_H = \frac{a}{2}\sqrt{\frac{\mu_2\omega}{2\kappa}}\, C_{H1}^2\, \frac{(k_z k_x)^2 + (k_1^2 - k_z^2)^2}{(\omega\mu_1)^2} . \qquad (8.1,151)$$

Aus Gl. (7.1,81) und (7.1,49) ergibt sich für die H_z-Welle bei $Z = Z_1$, $\lambda = \lambda_1$, $C_H = C_{H1}$ (Die Konstanten entsprechen einander, wie der Vergleich der Gl. (8.1,78) mit Gl. (7.1,42) bis (7.1,44) zeigt) die Leistung

$$N_H = \begin{cases} \frac{C_{H1}^2}{Z_H}\frac{ab\pi^2}{8}\left[\left(\frac{m}{a}\right)^2 + \left(\frac{n}{b}\right)^2\right], & H_{mn}\text{-Wellen} \quad m,n \neq 0 \\ \frac{C_{H1}^2}{Z_H}\frac{ab\pi^2}{4}\left(\frac{m}{a}\right)^2, & H_{mo}\text{-Wellen} \\ \frac{C_{H1}^2}{Z_H}\frac{ab\pi^2}{4}\left(\frac{n}{b}\right)^2, & H_{on}\text{-Wellen} \end{cases} \qquad (8.1,152)$$

$$Z_H = \frac{Z_1}{\sqrt{1 - \left(\frac{\lambda_1}{\lambda_c}\right)^2}} . \qquad (8.1,153)$$

Einsetzen von Gl. (8.1,151) bis (8.1,153) in Gl. (8.1,139) ergibt für $m,n \neq 0$ keine Übereinstimmung mit Gl. (8.1,134) oder Gl. (8.1,135). Hingegen wird bei $k_{y1} = 0$, d.h. $n = 0$

$$\alpha_{H_z} = \frac{\frac{a}{2}\sqrt{\frac{\mu_2\omega}{2\kappa}}\left[(k_z k_x)^2 + (k_1^2 - k_z^2)^2\right]}{\frac{2}{Z_H}\frac{ab\pi^2}{4}\left(\frac{m}{a}\right)^2(\omega\mu_1)^2} . \qquad (8.1,154)$$

Aus Gl. (8.1,81) folgt bei $k_{y1} = 0$

$$(k_z k_x)^2 + (k_1^2 - k_z^2)^2 = (k_z k_x)^2 + k_x^4$$
$$= k_1^2\, k_x^2 = \omega^2\mu_1\varepsilon_1 \left(\frac{m\pi}{a}\right)^2 . \qquad (8.1,155)$$

Einsetzen von Gl.(8.1,153) und (8.1,155) in Gl. (8.1,154) ergibt bei Beachtung von $Z_1 = \sqrt{\mu_1/\varepsilon_1}$ und $Z_L = Z_1(b/a)$

$$\alpha_{H_z} = \frac{\frac{a^2}{4}\,\frac{2}{a}\,\sqrt{\frac{\mu_2\omega}{2\kappa}}\;\omega^2\mu_1\varepsilon_1\,(\frac{m\pi}{a})^2\;Z_1}{2\sqrt{1-(\frac{\lambda_1}{\lambda_c})^2}\;\frac{ab\pi^2}{4}(\frac{m}{a})^2\,(\omega\mu_1)^2}$$

$$\alpha_{H_z} = \frac{R_H}{2Z_L\sqrt{1-(\frac{\lambda_1}{\lambda_c})^2}}\,, \qquad n = 0\,. \qquad (8.1,156)$$

Gl.(8.1,156) stimmt mit Gl.(8.1,134) für $n = 0$ überein, wie oben behauptet wurde.
Im folgenden wird gezeigt, daß sich die Dämpfungen der Gl.(8.1,134) und (8.1,135) aus den E_y- und H_y-Wellen, d.h. aus den Längsschnittwellen, der verlustlosen Leitung berechnen lassen.

8.1.2.5 Die Berechnung der Dämpfung aus Strom und Leistung (Power-Loss-Methode) der Längsschnittwellen der verlustlosen Leitung

Kapitel 8.1.2.4 ergab, daß man falsche Ergebnisse erhält, wenn die Dämpfung der Wellen zwischen zwei leitenden Halbräumen ($\kappa \neq \infty$) aus den E_z- und H_z-Wellen zwischen zwei ideal leitenden Halbräumen ($\kappa = \infty$) berechnet wird. Berechnet man dagegen die Dämpfung aus den Längsschnittwellen zwischen zwei ideal leitenden Halbräumen, ergeben sich richtige Ergebnisse.

Beweis: Mit dem Vektorpotential

$$\vec{A}_E = 0,\ A_{Ey},\ 0$$

$$A_{Ey} = A_E = K_E \cos k_x x \cos k_y y\, e^{-jk_z z}\, e^{j\omega t} \qquad (8.1,157)$$

berechnen sich die einzelnen Feldkomponenten der

E_y-Welle ($H_y = 0$) aus

$$\vec{H} = \text{rot}\, \vec{A}_E$$

$$\text{rot}\, \vec{H} = j\omega\varepsilon_1 \vec{E}. \qquad (8.1,158)$$

Demnach wird bei Weglassung des Faktors $e^{-jk_z z} e^{j\omega t}$

$$H_{yE} = 0$$

$$H_{xE} = -\frac{\partial A_E}{\partial z} = jk_z A_E$$

$$H_{zE} = \frac{\partial A_E}{\partial x} = -k_x K_E \sin k_x x \cos k_y y$$

$$(\text{rot}\, \vec{H})_x = \frac{\partial H_{zE}}{\partial y} = k_y k_x K_E \sin k_x x \sin k_y y = j\omega\varepsilon_1 E_{xE}$$

$$E_{xE} = \frac{k_y k_x}{j\omega\varepsilon_1} K_E \sin k_x x \sin k_y y$$

$$(\text{rot}\, \vec{H})_y = \frac{\partial H_{xE}}{\partial z} - \frac{\partial H_{zE}}{\partial x} = k_z^2 A_E + k_x^2 A_E = j\omega\varepsilon_1 E_{yE}$$

$$E_{yE} = \frac{k_z^2 + k_x^2}{j\omega\varepsilon_1} A_E$$

$$(\text{rot}\, \vec{H})_z = -\frac{\partial H_{xE}}{\partial y} = -jk_z \frac{\partial A_E}{\partial y}$$

$$= jk_z k_y K_E \cos k_x x \sin k_y y = j\omega\varepsilon_1 E_{zE}$$

$$E_{zE} = \frac{k_z k_y}{\omega\varepsilon_1} K_E \cos k_x x \sin k_y y \qquad (8.1,159)$$

$$k_1^2 = \omega^2 \mu_1 \varepsilon_1 = k_x^2 + k_y^2 + k_z^2. \qquad (8.1,160)$$

Es ist der Poyntingsche Vektor

$$P_{kzE} = -\frac{1}{2} E_{yE} H_{xE}^{*} = \frac{1}{2} \frac{k_z^2 + k_x^2}{\omega\varepsilon_1} k_z K_E^2 (\cos k_x x \cos k_y y)^2.$$

$$(8.1,161)$$

Mit

$$k_x = \frac{m\pi}{a}, \quad k_y = \frac{n\pi}{b} \tag{8.1,162}$$

wird dann bei Benutzung von Gl.(7.1,77) die Leistung

$$N_E = \frac{1}{2}\,\frac{k_z^2 + k_x^2}{\omega\varepsilon_1}\,k_z K_E^2 \int\limits_{x=-\frac{a}{2}}^{+\frac{a}{2}} \int\limits_{y=-\frac{b}{2}}^{+\frac{b}{2}} \left(\cos\frac{m\pi}{a}x \cos\frac{n\pi}{b}y\right)^2 dxdy$$

$$= \frac{1}{2}\,\frac{k_z^2 + k_x^2}{\omega\varepsilon_1}\,k_z K_E^2\,\frac{ab}{4} \cdot \begin{cases} 1 \text{ für } n = 2,4,6,\ldots \\ 2 \text{ für } n = 0 \end{cases} \tag{8.1,163}$$

Es ergeben sich aus Gl.(8.1,143), (8.1,157) und (8.1,159) die Verluste zu

$$V_E = \frac{1}{2}\sqrt{\frac{\mu_2\omega}{2\kappa}} \oint H_t H_t^* \, ds =$$

$$= \frac{1}{2}\sqrt{\frac{\mu_2\omega}{2\kappa}} \oint (H_{xE}H_{xE}^* + H_{zE}H_{zE}^*)_{y=\pm b/2}\, ds =$$

$$= K_E^2 \sqrt{\frac{\mu_2\omega}{2\kappa}} \left[k_z^2 \cos^2\frac{n\pi}{b}\frac{b}{2} \int\limits_{-\frac{a}{2}}^{+\frac{a}{2}} \cos^2\frac{m\pi}{a}x\,dx + \right.$$

$$\left. + k_x^2 \cos^2\frac{n\pi}{b}\frac{b}{2} \int\limits_{-\frac{a}{2}}^{+\frac{a}{2}} \sin^2\frac{m\pi}{a}x\,dx \right] =$$

$$= K_E^2 \sqrt{\frac{\mu_2\omega}{2\kappa}}\,(k_z^2 + k_x^2)\,\frac{a}{2}. \tag{8.1,164}$$

Einsetzen von Gl.(8.1,163) und (8.1,164) in Gl. (8.1,139) ergibt

$$\alpha = \frac{V_E}{2N_E} = \frac{\sqrt{\frac{\mu_2\omega}{2\kappa}}\,\frac{a}{2}}{2\,\frac{k_z}{\omega\varepsilon_1}\,\frac{ab}{4}} \cdot \begin{cases} 1 & \text{für } n = 0 \\ 2 & \text{für } n = 2,4,6,\ldots \end{cases}$$

und mit R_H aus Gl.(8.1,136), $k_z = k_1\sqrt{1-(\lambda_1/\lambda_c)^2}$, $k_1 = \omega\sqrt{\mu_1\varepsilon_1}$, $Z_1 = \sqrt{\mu_1/\varepsilon_1}$, $Z_L = Z_1(b/a)$

$$\alpha = \alpha_{En} = \frac{R_H}{2\,Z_L\sqrt{1-\left(\frac{\lambda_1}{\lambda_c}\right)^2}} \begin{cases} 1 & \text{für } n = 0 \\ 2 & \text{für } n = 2,4,6,\ldots \end{cases} \tag{8.1,165}$$

Gl.(8.1,165) stimmt mit Gl.(8.1,134) überein, was zu beweisen war.

Mit dem Vektorpotential

$$\vec{A}_H = 0,\ A_{Hy},\ 0$$

$$A_{Hy} = A_H = K_H \sin k_x x \sin k_y y\, e^{-jk_z z}\, e^{j\omega t} \tag{8.1,166}$$

berechnen sich die einzelnen Feldkomponenten der <u>H_y-Welle ($E_y = 0$)</u> aus

$$\vec{E} = \text{rot}\,\vec{A}_H$$

$$\text{rot}\,\vec{E} = -j\omega\mu_1\vec{H}. \tag{8.1,167}$$

Demnach wird bei Weglassung des Faktors $e^{-jk_z z}\,e^{j\omega t}$

$$E_{yH} = 0$$

$$E_{xH} = -\frac{\partial A_H}{\partial z} = j\,k_z A_H$$

$$E_{zH} = \frac{\partial A_H}{\partial x} = k_x K_H \cos k_x x \sin k_y y$$

$$(\text{rot}\,\vec{E})_x = \frac{\partial E_{zH}}{\partial y} = k_x k_y K_H \cos k_x x \cos k_y y = -j\omega\mu_1 H_{xH}$$

$$H_{xH} = - \frac{k_x k_y}{j\omega\mu_1} K_H \cos k_x x \cos k_y y$$

$$(\mathrm{rot}\ \vec{E})_y = \frac{\partial E_{xH}}{\partial z} - \frac{\partial E_{zH}}{\partial x} = k_z^2 A_H + k_x^2 A_H = -j\omega\mu_1 H_{yH}$$

$$H_{yH} = - \frac{k_z^2 + k_x^2}{j\omega\mu_1} A_H$$

$$(\mathrm{rot}\ \vec{E})_z = - \frac{\partial E_{xH}}{\partial y} = -jk_z \frac{\partial A_H}{\partial y} =$$

$$= -jk_z k_y K_H \sin k_x x \cos k_y y = -j\omega\mu_1 H_{zH}$$

$$H_{zH} = \frac{k_z k_y}{\omega\mu_1} K_H \sin k_x x \cos k_y y. \qquad (8.1,168)$$

Es ist der Poyntingsche Vektor

$$P_{kzH} = \frac{1}{2} E_{xH} H_{yH}^* =$$

$$= \frac{1}{2} \frac{k_z^2 + k_x^2}{\omega\mu_1} k_z K_H^2 (\sin k_x x \sin k_y y)^2. \qquad (8.1,169)$$

Es wird dann entsprechend Gl.(8.1,163) bei Benutzung von Gl.(8.1,162)

$$N_H = \frac{1}{2} \frac{k_z^2 + k_x^2}{\omega\mu_1} k_z K_H^2 \frac{ab}{4}, \qquad n = 2,4,6,\ldots \qquad (8.1,170)$$

Die Verluste sind entsprechend der Rechnung von Gl. (8.1,164)

$$V_H = \frac{1}{2} \sqrt{\frac{\mu_2\omega}{2\kappa}} \oint H_t H_t^* \, ds =$$

$$= \frac{1}{2} \sqrt{\frac{\mu_2\omega}{2\kappa}} \oint (H_{xH} H_{xH}^* + H_{zH} H_{zH}^*)_{y=\pm b/2} ds =$$

$$= K_H^2 \sqrt{\frac{\mu_2\omega}{2\kappa}} \frac{(k_x k_y)^2 + (k_z k_y)^2}{\omega^2 \mu_1^2} \frac{a}{2}. \qquad (8.1,171)$$

Demnach ist

$$\alpha = \frac{V_H}{2N_H} = \frac{\sqrt{\frac{\mu_2\omega}{2\kappa}}\, k_y^2 \frac{a}{2}}{\omega\mu_1 k_z \frac{ab}{4}} = \frac{\sqrt{\frac{\mu_2\omega}{2\kappa}}\, \frac{a}{2}}{\frac{k_z}{\omega\varepsilon_1}\, \frac{ab}{4}} \; \frac{k_y^2}{\omega^2\mu_1\varepsilon_1}$$

und mit $k_y = \frac{n\pi}{b}$ und $\omega^2\mu_1\varepsilon_1 = (2\pi/\lambda_1)^2$

$$\alpha = \alpha_{Hn} = \frac{R_H}{Z_L\sqrt{1 - (\frac{\lambda_1}{\lambda_c})^2}} \left(\frac{n\lambda_1}{2b}\right)^2 . \qquad (8.1,172)$$

Gl.(8.1,172) stimmt wie behauptet mit Gl.(8.1,135) überein.

Nach den bisherigen Ergebnissen hat es den Anschein, daß die Dämpfungsberechnung aus den Feldern der Welle auf der verlustlosen Leitung (engl.:Power-Loss-Method) falsch wird, wenn ihre Feldkomponenten bei der Leitung mit Verlusten nicht zur Erfüllung der Stetigkeit ausreichen. Das ist aber nicht der Fall, wie später beim runden Hohlleiter gezeigt wird. Sondern es spielt hier noch die sogenannte "Entartung" eine Rolle, d.h. die Eigenschaft, daß die E_{mn}- und H_{mn}-Wellen bei der verlustlosen Bandleitung gleiche Phasenkonstanten haben. Hierdurch wird in der Gl.(8.1,92) oder (8.1,98) der Tangens unendlich, wenn der Kontangens Null wird und umgekehrt; denn beide haben wegen der Entartung das gleiche Argument. Dies ist bei der entsprechenden Gleichung des runden Hohlleiters, wie später gezeigt wird, nicht der Fall.

Obwohl noch die Ergebnisse der Dämpfungsberechnung des runden Hohlleiters fehlen, soll hier schon folgendes gesagt werden:

Die Dämpfungsberechnung aus dem Feld der Welle auf der verlustlosen Leitung, d.h. aus ihrer durch den

Querschnitt gestrahlten Leistung und den Wandströmen (engl. Power-Loss-Methode), wird falsch, [1] wenn folgende 2 Punkte zugleich erfüllt sind:

1) Die Feldkomponenten der E_{mn}-Welle (H_{mn}-Welle) der verlustlosen Leitung reichen zur Erfüllung der Stetigkeit bei der Leitung mit Verlusten nicht aus, sondern es müssen noch die Felder der H_{mn}-Welle (E_{mn}-Welle) hinzu genommen werden. D.h. es muß bei der exakten Rechnung eine EH_{mn}-Welle (HE_{mn}-Welle) benutzt werden.

2) E_{mn}-Wellen und H_{mn}-Wellen sind entartet (degeneriert), d.h. sie haben in der verlustlosen Leitung die gleiche Phasenkonstante.

Aus diesem Grunde werden im folgenden bei der Dämpfungsberechnung der Wellen des Rechteckhohlleiters nur die H_{mo}- und H_{on}-Wellen betrachtet.[2] Denn wegen Kapitel 7.1.3.1 gibt es keine E_{mo}- und E_{on}-Wellen, d.h. die H_{mo}- und H_{on}-Wellen sind nicht entartet und Punkt 2 des obigen Satzes ist nicht erfüllt. Hingegen sind alle H_{mn}- und E_{mn}-Wellen mit $m, n \neq 0$ des Rechteckhohlleiters entartet, wie Gl.(7.1,47) zeigt.

8.2 Dämpfung der H_{mo}- und H_{on}-Wellen im Rechteckhohlleiter

Im Falle des Rechteckhohlleiters wird die Rechnung einfacher, wenn das Koordinatenkreuz in eine Ecke des Hohlleiters gelegt wird, siehe Kapitel 7.1.3. Die H_{mo}-Welle hat die Feldkomponenten E_y, H_x, H_z nach Gl. (7.1,42) bis (7.1,44). Zur Bestimmung der Verlustlei-

---

[1] Man beachte außerdem die Fußnote zu Gl.(8.1,140).

[2] Die durch die Kanten bedingte Ortsabhängigkeit der Wandimpedanz Z_M wird bei dieser Betrachtung vernachlässigt.

stung V braucht man H_x und H_z. Für $n = 0$ folgt für eine Welle in Richtung z und bei Weglassung von $e^{-jk_z z}$

$$H_x = -\frac{E_y}{Z_H} = -\frac{1}{Z_H} C_H \frac{m\pi}{a} \sin \frac{m\pi}{a} x \qquad (8.2,1)$$

$$H_z = -C_H \frac{k^2 - k_z^2}{j\omega\mu} \cos \frac{m\pi}{a} x. \qquad (8.2,2)$$

Gl.(8.1,143) ergibt hier

$$V = \frac{1}{2} \sqrt{\frac{\omega\mu}{2\kappa}} \oint H_t H_t^* \, ds =$$

$$= \frac{1}{2} \sqrt{\frac{\mu\omega}{2\kappa}} \left\{ \int_0^a (H_x H_x^* + H_z H_z^*)_{y=0} dx + \int_0^a (H_x H_x^* + H_z H_z^*)_{y=b} dx \right.$$

$$\left. + \int_0^b (H_z H_z^*)_{x=0} dy + \int_0^b (H_z H_z^*)_{x=a} dy \right\}. \qquad (8.2,3)$$

Einsetzen von Gl.(8.2,1) und (8.2,2) in Gl.(8.2,3) ergibt mit $k_x = \frac{m\pi}{a}$

$$V = 2 \, \frac{1}{2} \sqrt{\frac{\mu\omega}{2\kappa}} C_H^2 \left[\left(\frac{k_x}{Z_H}\right)^2 \int_0^a \sin^2 \frac{m\pi}{a} x \, dx + \right.$$

$$\left. + \frac{(k^2 - k_z^2)^2}{\omega^2\mu^2} \int_0^a \cos^2 \frac{m\pi}{a} x \, dx + \frac{(k^2 - k_z^2)^2}{\omega^2\mu^2} \int_0^b dy \right]$$

$$= \sqrt{\frac{\mu\omega}{2\kappa}} \frac{C_H^2}{\omega^2\mu^2} \left[\frac{\omega^2\mu^2 k_x^2}{Z_H^2} \frac{a}{2} + (k^2 - k_z^2)^2 \frac{a}{2} + (k^2 - k_z^2)^2 \, b \right].$$

(8.2,4)

Nach Gl.(7.1,49) ist $Z_H = \frac{\omega\mu}{k_z}$. Außerdem ist nach Gl. (7.1,4) $k^2 = \omega^2\mu\varepsilon = k_x^2 + k_y^2 + k_z^2$, also hier wegen $n = 0$, d.h. $k_y = 0$, $k^2 = k_x^2 + k_z^2$.

Somit wird

$$V = \sqrt{\frac{\mu\omega}{2\kappa}}\,\frac{C_H^2}{\omega^2\mu^2}\left\{\frac{a}{2}\,(k_z^2k_x^2 + k_x^4) + k_x^4 b\right\}$$

$$= \sqrt{\frac{\mu\omega}{2\kappa}}\,\frac{C_H^2}{\omega^2\mu^2}\left\{\omega^2\mu\varepsilon\;\; k_x^2 + \frac{2b}{a}\,k_x^4\right\}\frac{a}{2}\;. \qquad (8.2,5)$$

Aus Gl.(7.1,81) folgt

$$N = \frac{C_H^2}{Z_H}\,\frac{ab\pi^2}{4}\,\left(\frac{m}{a}\right)^2. \qquad (8.2,6)$$

Somit wird mit $k_x = \frac{m\pi}{a}$ und $Z_H = Z/\sqrt{1 - (\frac{\lambda}{\lambda_c})^2}$ die Dämpfungskonstante für die H_{mo}-Welle

$$\alpha_{Hmo} = \frac{V}{2N} = \frac{\sqrt{\frac{\mu\omega}{2\kappa}}\,\frac{a}{2}\left\{\omega^2\mu\varepsilon\left(\frac{m\pi}{a}\right)^2 + \frac{2b}{a}\left(\frac{m\pi}{a}\right)^4\right\}Z}{2\sqrt{1 - (\frac{\lambda}{\lambda_c})^2}\,\frac{ab\pi^2}{4}\,\left(\frac{m}{a}\right)^2\omega^2\mu^2}\;.$$

Mit $Z = \sqrt{\frac{\mu}{\varepsilon}}$ ergibt sich dann

$$\alpha_{Hmo} = \frac{\sqrt{\frac{\mu\omega}{2\kappa}}\left\{\frac{1}{b} + \frac{1}{2a}\left(\frac{m\lambda}{a}\right)^2\right\}}{\sqrt{\frac{\mu}{\varepsilon}}\,\sqrt{1 - (\frac{\lambda}{\lambda_c})^2}}\;, \qquad m = 1,2,3,\ldots \qquad (8.2,7)$$

Durch Vertauschen von b mit a und Ersetzen von m durch n ergibt sich die Dämpfungskonstante für die H_{on}-Welle

$$\alpha_{Hon} = \frac{\sqrt{\frac{\mu\omega}{2\kappa}}\left\{\frac{1}{a} + \frac{1}{2b}\left(\frac{n\lambda}{b}\right)^2\right\}}{\sqrt{\frac{\mu}{\varepsilon}}\,\sqrt{1 - (\frac{\lambda}{\lambda_c})^2}}\;, \qquad n = 1,2,3,\ldots \qquad (8.2,8)$$

Die Bedeutung von λ und λ_c ist aus Gl.(7.1,47) und (7.1,48) zu ersehen.

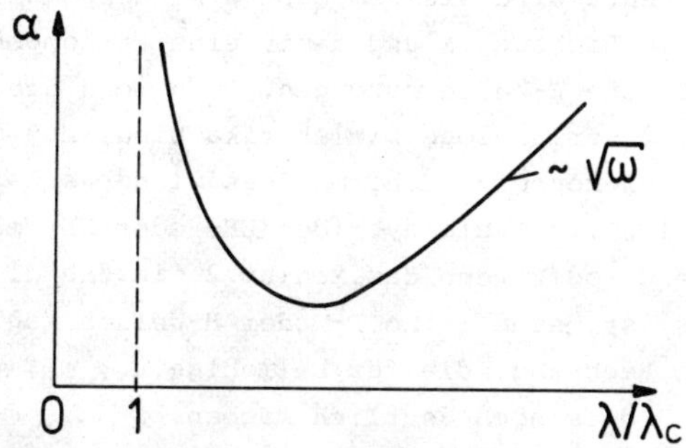

Bild 8.13: Prinzipieller Verlauf der Dämpfung der H_{mo}- und H_{on}-Wellen.

8.3 Das kreiszylindrische Zweischichtenproblem

8.3.1 Die Gleichung zur Bestimmung der Eigenwerte

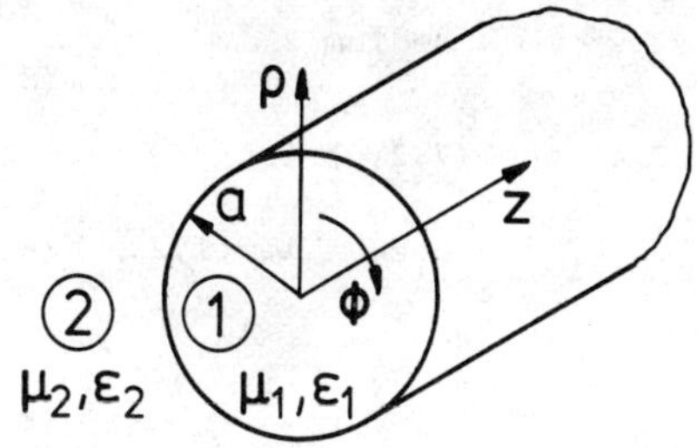

Bild 8.14: Die Lage des Koordinatensystems beim kreiszylindrischen Zweischichtenproblem

Es gelten die Gln.(7.2,15) bis (7.2,20). Bei $m \neq 0$ kann man mit einer E- oder H-Welle allein die Stetigkeit an der Stelle $\rho = a$ nicht erfüllen. Denn die Komponente E_ϕ der E-Welle wird bei endlicher Leitfähigkeit des Mediums 2 einen Strom in Richtung ϕ und

damit eine Feldstärke H_z und damit eine H-Welle erzeugen. Umgekehrt wird die Komponente H_ϕ der H-Welle einen Strom in Richtung z und damit eine E_z-Komponente und damit eine E-Welle erzeugen. Auch wenn die Medien 1 und 2 verlustlose Dielektrika sind, muß man E- und H-Wellen koppeln, d.h. man hat wieder entsprechend Kapitel 8.1.2.1 die hybriden EH- oder HE-Wellen. Nur bei $m = 0$ oder wenn das Medium 2 ein unendlich guter Leiter ist, sind reine E- oder H-Wellen möglich. Die folgende Rechnung, die für beliebige μ_1, ε_1, μ_2, ε_2 gilt, wird dies noch deutlich machen.
Im Medium 1 müssen die Felder bei $\rho = 0$ endlich bleiben, im Medium 2 müssen die Felder für $\rho \to \infty$ verschwinden.
Demnach ist

$$Z_m(K\rho) = \begin{cases} C_{E,H}\; J_m(K_1\rho) & \text{für E-, bzw. H-Wellen im Medium 1} \\ D_{E,H}\; H_m^{(2)}(K_2\rho) & \text{für E-, bzw. H-Wellen im Medium 2 .} \end{cases} \tag{8.3,1}$$

Analog zu Gl.(7.2,4) und (7.2,6) ist

$$K_i = \sqrt{k_i^2 - k_z^2}, \quad k_i^2 = \omega^2 \mu_i \varepsilon_i, \quad i = 1,2 . \tag{8.3,2}$$

Gesucht ist

$$k_z = \beta - j\alpha. \tag{8.3,3}$$

Da $H_m^{(2)}(K_2\rho) \sim e^{-jK_2\rho}$ für $\rho \to \infty$ muß

$$\operatorname{Im}(K_2) < 0 \tag{8.3,4}$$

sein, damit die Felder im Unendlichen verschwinden. Zur Erfüllung der Randbedingungen bei $\rho = a$ braucht man nur die Tangentialkomponenten H_ϕ, E_ϕ, E_z, H_z.

Aus den Gln.(7.2,15) bis (7.2,20) ergibt sich für eine Welle in Richtung +z bei $H_\phi \sim \cos m\phi$ (Der Fall $H_\phi \sim \sin m\phi$ ist entsprechend), Fortlassung des Faktors $e^{-jk_z z}$ und Einsetzen von Gl.(8.3,1) an der Stelle $\rho = a$

$$H_{\phi 1} = H_{\phi E1} + H_{\phi H1} = (-K_1 C_E J'_m + \frac{m}{aZ_{H1}} C_H J_m) \cos m\phi$$

$$H_{\phi 2} = H_{\phi E2} + H_{\phi H2} = (-K_2 D_E H_m^{(2)\,'} + \frac{m}{aZ_{H2}} D_H H_m^{(2)}) \cos m\phi \tag{8.3,5}$$

$$E_{\phi 1} = E_{\phi E1} + E_{\phi H1} = (\frac{mZ_{E1}}{a} C_E J_m - K_1 C_H J'_m) \sin m\phi$$

$$E_{\phi 2} = E_{\phi E2} + E_{\phi H2} = (\frac{mZ_{E2}}{a} D_E H_m^{(2)} - K_2 D_H H_m^{(2)\,'}) \sin m\phi \tag{8.3,6}$$

$$H_{z1} = H_{zH1} = - \frac{K_1^2}{j\omega\mu_1} C_H J_m \sin m\phi$$

$$H_{z2} = H_{zH2} = - \frac{K_2^2}{j\omega\mu_2} D_H H_m^{(2)} \sin m\phi \tag{8.3,7}$$

$$E_{z1} = E_{zE1} = \frac{K_1^2}{j\omega\varepsilon_1} C_E J_m \cos m\phi$$

$$E_{z2} = E_{zE2} = \frac{K_2^2}{j\omega\varepsilon_2} D_E H_m^{(2)} \cos m\phi. \tag{8.3,8}$$

Hierin bedeuten

$$Z_{Ei} = \frac{k_z}{\omega\varepsilon_i}, \quad Z_{Hi} = \frac{\omega\mu_i}{k_z}, \quad i = 1,2 \tag{8.3,9}$$

$$J_m = J_m(K_1 a), \quad H_m^{(2)} = H_m^{(2)}(K_2 a).$$

Der Strich bedeutet die Ableitung nach dem Argument

an der Stelle $\rho = a$, z.B. ist

$$J'_m = \left. \frac{d\, J_m(K_1\rho)}{d(K_1\rho)} \right|_{\rho=a} .$$

An der Stelle $\rho = a$ gelten die Stetigkeitsbedingungen

$$H_{\phi 1} = H_{\phi 2}, \quad E_{\phi 1} = E_{\phi 2}$$

$$E_{z1} = E_{z2}, \quad H_{z1} = H_{z2}. \tag{8.3,10}$$

Aus den Gln.(8.3,5) bis (8.3,8) und Gl.(8.3,10) ergibt sich für

$\underline{H_\phi}$:

$$-K_1 C_E J'_m + \frac{m}{aZ_{H1}} C_H J_m = -K_2 D_E H_m^{(2)'} + \frac{m}{aZ_{H2}} D_H H_m^{(2)} \tag{8.3,11}$$

$\underline{E_\phi}$:

$$\frac{mZ_{E1}}{a} C_E J_m - K_1 C_H J'_m = \frac{mZ_{E2}}{a} D_E H_m^{(2)} - K_2 D_H H_m^{(2)'} \tag{8.3,12}$$

$\underline{E_z}$:

$$\frac{K_1^2}{j\omega\varepsilon_1} C_E J_m = \frac{K_2^2}{j\omega\varepsilon_2} D_E H_m^{(2)} \tag{8.3,13}$$

$\underline{H_z}$:

$$\frac{K_1^2}{j\omega\mu_1} C_H J_m = \frac{K_2^2}{j\omega\mu_2} D_H H_m^{(2)} . \tag{8.3,14}$$

Aus den Gln.(8.3,13) und (8.3,14) folgt

$$C_E = \frac{\varepsilon_1}{\varepsilon_2} \frac{K_2^2}{K_1^2} D_E \frac{H_m^{(2)}}{J_m} \tag{8.3,15}$$

$$C_H = \frac{\mu_1}{\mu_2} \frac{K_2^2}{K_1^2} D_H \frac{H_m^{(2)}}{J_m} . \tag{8.3,16}$$

Einsetzen von Gl. (8.3,15) und (8.3,16) in Gl. (8.3,11) und (8.3,12) ergibt

$$D_E\left(K_2 H_m^{(2)\,\prime} - K_1 \frac{K_2^2}{K_1^2}\frac{\varepsilon_1}{\varepsilon_2}\frac{J_m'}{J_m} H_m^{(2)}\right) =$$

$$= D_H \frac{m}{a} H_m^{(2)} \left(\frac{1}{Z_{H2}} - \frac{1}{Z_{H1}}\frac{\mu_1}{\mu_2}\frac{K_2^2}{K_1^2}\right) \qquad (8.3,17)$$

$$D_E \frac{m}{a} H_m^{(2)}\left(Z_{E2} - Z_{E1}\frac{\varepsilon_1}{\varepsilon_2}\frac{K_2^2}{K_1^2}\right) =$$

$$= D_H\left(K_2 H_m^{(2)\,\prime} - K_1 \frac{K_2^2}{K_1^2}\frac{\mu_1}{\mu_2}\frac{J_m'}{J_m} H_m^{(2)}\right). \qquad (8.3,18)$$

Aus den Gln. (8.3,17) und (8.3,18) ergibt sich

$$\frac{K_2 H_m^{(2)\,\prime} - K_1 \frac{K_2^2}{K_1^2}\frac{\varepsilon_1}{\varepsilon_2}\frac{J_m'}{J_m} H_m^{(2)}}{\frac{m}{a} H_m^{(2)}\left(Z_{E2} - Z_{E1}\frac{\varepsilon_1}{\varepsilon_2}\frac{K_2^2}{K_1^2}\right)} = \frac{\frac{m}{a} H_m^{(2)}\left(\frac{1}{Z_{H2}} - \frac{1}{Z_{H1}}\frac{\mu_1}{\mu_2}\frac{K_2^2}{K_1^2}\right)}{K_2 H_m^{(2)\,\prime} - K_1 \frac{K_2^2}{K_1^2}\frac{\mu_1}{\mu_2}\frac{J_m'}{J_m} H_m^{(2)}}$$

oder

$$\left(\frac{H_m^{(2)\,\prime}}{H_m^{(2)}} - \frac{K_2}{K_1}\frac{\varepsilon_1}{\varepsilon_2}\frac{J_m'}{J_m}\right)\left(\frac{H_m^{(2)\,\prime}}{H_m^{(2)}} - \frac{K_2}{K_1}\frac{\mu_1}{\mu_2}\frac{J_m'}{J_m}\right) =$$

$$= \left(\frac{m}{K_2 a}\right)^2\left(\frac{1}{Z_{H2}} - \frac{1}{Z_{H1}}\frac{\mu_1}{\mu_2}\frac{K_2^2}{K_1^2}\right)\left(Z_{E2} - Z_{E1}\frac{\varepsilon_1}{\varepsilon_2}\frac{K_2^2}{K_1^2}\right)$$

und mit den Gln. (8.3,2), (8.3,9)

$$\left(\frac{H_m^{(2)'}(K_2a)}{H_m^{(2)}(K_2a)} - \frac{K_2}{K_1}\frac{\varepsilon_1}{\varepsilon_2}\frac{J'_m(K_1a)}{J_m(K_1a)}\right) \times$$

$$\left(\frac{H_m^{(2)'}(K_2a)}{H_m^{(2)}(K_2a)} - \frac{K_2}{K_1}\frac{\mu_1}{\mu_2}\frac{J'_m(K_1a)}{J_m(K_1a)}\right) = \left(\frac{m\,k_z(k_1^2-k_2^2)}{k_2a\,K_2K_1^2}\right)^2,$$

$$m = 0,1,2,\ldots \qquad (8.3,19)$$

Gl.(8.3,19) gilt für beliebige komplexe $\mu_1,\varepsilon_1,\mu_2,\varepsilon_2$. Für m=0 zerfällt die Gleichung in zwei Gleichungen, aus denen sich die Lösungen für die E_{on}- und H_{on}-Wellen ergeben. Ein Beweis dafür, daß zur Erfüllung der Stetigkeit eine E_{on}- oder H_{on}- Welle genügt, wie schon oben erwähnt wurde.

Vergleicht man Gl.(8.3,15) und (8.3,16), die zur E- bzw. H-Welle gehören, mit der Gl.(8.3,17) und diese mit Gl.(8.3,19), so zeigt sich, daß die linke Klammer der linken Seite von Gl.(8.3,19) aus der E-Welle und die rechte Klammer aus der H-Welle entsteht.

Demnach gilt für m = 0

$$\frac{H_o^{(2)'}(K_2a)}{H_o^{(2)}(K_2a)} - \frac{K_2}{K_1}\frac{\varepsilon_1}{\varepsilon_2}\frac{J'_o(K_1a)}{J_o(K_1a)} = 0, \quad E_o\text{-Wellen} \qquad (8.3,20)$$

$$\frac{H_o^{(2)'}(K_2a)}{H_o^{(2)}(K_2a)} - \frac{K_2}{K_1}\frac{\mu_1}{\mu_2}\frac{J'_o(K_1a)}{J_o(K_1a)} = 0, \quad H_o\text{-Wellen}. \qquad (8.3,21)$$

Bei $\varepsilon_2 = \varepsilon_o$ und reellem $\varepsilon_1 \neq \varepsilon_o$, erhält man aus Gl. (8.3,19) die Lösung für den dielektrischen Draht.

Bei $\varepsilon_2 = \varepsilon_o$ und $\varepsilon_1 = \kappa/j\omega$ erhält man die Lösung für den Sommerfeld-Draht, die in Kapitel 8.3.3 behandelt wird.

Bei $\varepsilon_2 = \kappa/j\omega$ und $|\varepsilon_2| \gg |\varepsilon_1|$ erhält man die Lösung für den runden Hohlleiter.

8.3.2 Dämpfung der H_{mn}- und E_{mn}-Wellen im runden Hohlleiter

8.3.2.1 Berechnung mit Hilfe der Stetigkeit

Es gilt die Gl.(8.3,19). Das Medium 2 ist jetzt ein guter Leiter, d.h. es ist

$$\varepsilon_2 = \frac{\kappa}{j\omega} \; . \tag{8.3,22}$$

Bei großer Leitfähigkeit wird im allgemeinen gelten

$$|k_2^2| = |\omega^2 \mu_2 \varepsilon_2| = |\omega^2 \mu_2 \frac{\kappa}{j\omega}| \gg \begin{cases} |k_1^2| = |\omega^2 \mu_1 \varepsilon_1| \\ |k_z^2| \end{cases} \tag{8.3,23}$$

und somit wegen Gl.(8.3,2)

$$K_2 \simeq k_2 . \tag{8.3,24}$$

Ebenso wird a im allgemeinen so groß sein, daß

$$|K_2 a| \simeq |k_2 a| \gg \begin{cases} 1 \\ m \end{cases} \qquad m = 0,1,2,... \tag{8.3,25}$$

gilt. Demnach kann man für die Hankelschen Funktionen $H_m^{(2)}(K_2 a)$ in Gl.(8.3,19) die asymptotische Näherung Gl.(6.3,67) benutzen, d.h. mit Gl.(8.3,25)

$$H_m^{(2)}(K_2 a) \simeq H_m^{(2)}(k_2 a) \simeq \sqrt{\frac{2}{\pi k_2 a}} \, e^{-j\left\{k_2 a - (m + \frac{1}{2})\frac{\pi}{2}\right\}}$$

und somit

$$\frac{H_m^{(2)'}(K_2 a)}{H_m^{(2)}(K_2 a)} \simeq \frac{H_m^{(2)'}(k_2 a)}{H_m^{(2)}(k_2 a)} \simeq -j . \tag{8.3,26}$$

Wegen Gl.(8.3,23) bis (8.3,26) darf man jetzt an Stelle von Gl. (8.3,19) schreiben

$$\left(j + \frac{k_2}{K_1}\,\frac{\varepsilon_1}{\varepsilon_2}\,\frac{J'_m(K_1 a)}{J_m(K_1 a)}\right)\left(j + \frac{k_2}{K_1}\,\frac{\mu_1}{\mu_2}\,\frac{J'_m(K_1 a)}{J_m(K_1 a)}\right) = \left(\frac{m\,k_z}{K_1^2\,a}\right)^2 . \tag{8.3,27}$$

Mit

$$Z_1 = \sqrt{\frac{\mu_1}{\varepsilon_1}}$$

$$Z_2 = \sqrt{\frac{\mu_2}{\varepsilon_2}} = \sqrt{\frac{j\mu_2\omega}{\kappa}} = (1 + j)\sqrt{\frac{\mu_2\omega}{2\kappa}} = Z_M \tag{8.3,28}$$

und

$$\frac{k_2}{K_1}\,\frac{\varepsilon_1}{\varepsilon_2} = \frac{\omega\sqrt{\mu_2\varepsilon_2}}{K_1}\,\frac{\varepsilon_1}{\varepsilon_2}\,\frac{\sqrt{\mu_1\varepsilon_1}}{\sqrt{\mu_1\varepsilon_1}} = \frac{k_1}{K_1}\,\frac{Z_2}{Z_1}$$

$$\frac{k_2}{K_1}\,\frac{\mu_1}{\mu_2} = \frac{\omega\sqrt{\mu_2\varepsilon_2}}{K_1}\,\frac{\mu_1}{\mu_2}\,\frac{\sqrt{\mu_1\varepsilon_1}}{\sqrt{\mu_1\varepsilon_1}} = \frac{k_1}{K_1}\,\frac{Z_1}{Z_2}$$

ergibt sich aus Gl. (8.3,27)

$$\left(\frac{k_1}{K_1}\,\frac{J'_m(K_1 a)}{J_m(K_1 a)} + j\,\frac{Z_2}{Z_1}\right)\left(\frac{k_1}{K_1}\,\frac{J'_m(K_1 a)}{J_m(K_1 a)} + j\,\frac{Z_1}{Z_2}\right) = \left(\frac{m\,k_z}{K_1^2\,a}\right)^2$$

oder

$$\left(\frac{k_1}{K_1}\,\frac{J'_m(K_1 a)}{J_m(K_1 a)}\right)^2 + j\left(\frac{Z_1}{Z_2} + \frac{Z_2}{Z_1}\right)\left(\frac{k_1}{K_1}\,\frac{J'_m(K_1 a)}{J_m(K_1 a)}\right) - \left(1 + \left(\frac{m\,k_z}{K_1^2\,a}\right)^2\right) = 0. \tag{8.3,29}$$

Wegen der großen Leitfähigkeit κ ist im allgemeinen

$$\left|\frac{Z_2^2}{Z_1^2}\right| = \left|\frac{\mu_2\varepsilon_1}{\varepsilon_2\mu_1}\right| = \left|\frac{j\,\mu_2\omega\varepsilon_1}{\kappa\mu_1}\right| << 1 \tag{8.3,30}$$

d.h. man kann Z_2/Z_1 gegenüber Z_1/Z_2 in Gl. (8.3,29) vernachlässigen. Hiermit ergibt sich dann aus Gl. (8.3,29)

$$\frac{J'_m(K_1 a)}{J_m(K_1 a)} = -j\,\frac{1}{2}\,\frac{K_1}{k_1}\,\frac{Z_1}{Z_2}\left(1 \pm \sqrt{1 - 4\left(\frac{Z_2}{Z_1}\right)^2 \left[1 + \left(\frac{m\,k_z}{K_1^2\,a}\right)^2\right]}\right) \tag{8.3,31}$$

Wegen Ungl. (8.3,30) wird auch

$$\left|4\left(\frac{Z_2}{Z_1}\right)^2\left[1 + \left(\frac{m\,k_z}{K_1^2\,a}\right)^2\right]\right| \ll 1 \tag{8.3,32}$$

sein und man kann an Stelle von Gl. (8.3,31) schreiben

$$\frac{J'_m(K_1 a)}{J_m(K_1 a)} \simeq -j\,\frac{1}{2}\,\frac{K_1}{k_1}\,\frac{Z_1}{Z_2}\left\{1 \pm \left[1 - 2\left(\frac{Z_2}{Z_1}\right)^2\left(1 + \left(\frac{m\,k_z}{K_1^2\,a}\right)^2\right)\right]\right\}$$

oder

$$\frac{J'_m(K_1 a)}{J_m(K_1 a)} \simeq \begin{cases} -j\,\dfrac{K_1}{k_1}\,\dfrac{Z_1}{Z_2} & \text{für } EH_{mn}\text{-Wellen} \\[2ex] -j\,\dfrac{K_1}{k_1}\,\dfrac{Z_2}{Z_1}\left[1 + \left(\dfrac{m\,k_z}{K_1^2\,a}\right)^2\right] & \text{für } HE_{mn}\text{-Wellen} \end{cases} \tag{8.3,33}$$

Denn bei $\kappa = \infty$ ist nach Gl. (8.3,28) $Z_2 = 0$ und nach Gl. (7.2,23) ist

$J_m(K_1 a) = 0$ bei E_{mn}-Wellen

$J'_m(K_1 a) = 0$ bei H_{mn}-Wellen.

Man beachte, daß im runden Hohlleiter bei verlustloser Wand ($\kappa = \infty$) reine E_{mn}- und H_{mn}-Wellen existieren. Bei großer Leitfähigkeit κ werden daher die Lösungen der Gl. (8.3,33) in der Nähe der Nullstellen von $J_m(K_1 a)$ und $J'_m(K_1 a)$ liegen. Man setzt also entsprechend Gl. (7.2,24) und (7.2,25)

$$K_1 a = j_{mn} + \theta_E \quad \text{für } EH_{mn}\text{-Wellen} \tag{8.3,34}$$

$$K_1 a = j'_{mn} + \theta_H \quad \text{für } HE_{mn}\text{-Wellen} \tag{8.3,35}$$

j_{mn} n-te nicht verschwindende Nullstelle von J_m
$m = 0,1,2,\ldots,\quad n = 1,2,3,\ldots$

j'_{mn} n-te nicht verschwindende Nullstelle von J'_m
$m = 0,1,2,\ldots,\quad n = 1,2,3,\ldots$

Wegen der großen Leitfähigkeit werden

$$\left.\begin{array}{l}|\theta_E|\\ |\theta_H|\end{array}\right\} \ll 1 \qquad (8.3,36)$$

angenommen. Für die EH_{mn}-Wellen wird $J_m(K_1a)/J'_m(K_1a)$ in eine Taylor-Reihe um j_{mn} entwickelt. Für die HE_{mn}-Wellen wird $J'_m(K_1a)/J_m(K_1a)$ in eine Taylor-Reihe um j'_{mn} entwickelt.

Demnach gilt mit Gl.(8.3,34) bei EH_{mn}-Wellen

$$\frac{J_m(K_1a)}{J'_m(K_1a)} = f(K_1a) = f(j_{mn}) + \theta_E f'(j_{mn}) \qquad (8.3,37)$$

$$f'(j_{mn}) = \frac{\left(J'_m(j_{mn})\right)^2 - J''_m(j_{mn})\, J_m(j_{mn})}{\left(J'_m(j_{mn})\right)^2} .$$

Wegen $J_m(j_{mn}) = 0$ ist $f(j_{mn}) = 0$ und $f'(j_{mn}) = 1$. Somit wird aus Gl.(8.3,37)

$$\frac{J_m(K_1a)}{J'_m(K_1a)} = \theta_E \quad \text{für } EH_{mn}\text{-Wellen.} \qquad (8.3,38)$$

Ebenso gilt mit Gl.(8.3,35) bei HE_{mn}-Wellen

$$\frac{J'_m(K_1a)}{J_m(K_1a)} = g(K_1a) = g(j'_{mn}) + \theta_H g'(j'_{mn}) \qquad (8.3,39)$$

$$g'(j'_{mn}) = \frac{J''_m(j'_{mn})J_m(j'_{mn}) - \left(J'_m(j'_{mn})\right)^2}{\left(J_m(j'_{mn})\right)^2} = \frac{J''_m(j'_{mn})}{J_m(j'_{mn})}$$

(8.3,40)

wegen $J'_m(j'_{mn}) = 0$.

Aus der DGL für Zylinderfunktionen Gl.(6.3,37) ergibt sich mit $\mu = m$, $f_1 = J_m(x)$ und Division durch x^2

$$J''_m + \frac{1}{x} J'_m + \left[1 - \left(\frac{m}{x}\right)^2\right] J_m = 0$$

und mit $x = j'_{mn}$ und Beachtung von $J'_m(j'_{mn}) = 0$

$$J''_m(j'_{mn}) = \left[\left(\frac{m}{j'_{mn}}\right)^2 - 1\right] J_m(j'_{mn}). \qquad (8.3,41)$$

Einsetzen von Gl.(8.3,41) in Gl.(8.3,40) ergibt

$$g'(j'_{mn}) = \left(\frac{m}{j'_{mn}}\right)^2 - 1. \qquad (8.3,42)$$

Einsetzen von Gl.(8.3,42) in Gl.(8.3,39) ergibt bei Beachtung von $J'_m(j'_{mn}) = 0$ und damit $g(j'_{mn}) = 0$ die Gleichung

$$\frac{J'_m(K_1 a)}{J_m(K_1 a)} = \theta_H \left[\left(\frac{m}{j'_{mn}}\right)^2 - 1\right] \quad \text{für } HE_{mn}\text{-Wellen.} \qquad (8.3,43)$$

Einsetzen von Gl.(8.3,38) und Gl.(8.3,43) in die obere bzw. untere Gleichung von Gl.(8.3,33) ergibt

$$\theta_E = j \frac{k_1}{K_1} \frac{Z_2}{Z_1} \qquad (8.3,44)$$

$$\theta_H = j \frac{K_1}{k_1} \frac{Z_2}{Z_1} \frac{1 + \left(\frac{m k_z}{K_1^2 a}\right)^2}{1 - \left(\frac{m}{j'_{mn}}\right)^2}. \qquad (8.3,45)$$

Aus Gl.(8.3,2) folgt

$$k_z = \beta - j\alpha = k_1 \sqrt{1 - \left(\frac{K_1 a}{k_1 a}\right)^2}. \qquad (8.3,46)$$

Mit

$$K_1 a = \chi + \theta = \begin{cases} j_{mn} + \theta_E & \text{bei } EH_{mn}\text{-Wellen} \\ j'_{mn} + \theta_H & \text{bei } HE_{mn}\text{-Wellen} \end{cases} \tag{8.3,47}$$

und mit Gl.(8.3,36) wird, da $\chi > 1$ (s. Gl.(7.2,66)),

$$k_z \simeq k_1 \sqrt{1 - (\frac{\chi}{k_1 a})^2 - \frac{2\chi\theta}{(k_1 a)^2}} \simeq$$

$$\simeq k_1 \sqrt{1 - (\frac{\chi}{k_1 a})^2} - \frac{\chi\theta}{k_1 a^2 \sqrt{1 - (\frac{\chi}{k_1 a})^2}}, \tag{8.3,48}$$

wenn

$$\left|\frac{2\chi\theta}{(k_1 a)^2}\right| << \left|1 - (\frac{\chi}{k_1 a})^2\right|. \tag{8.3,49}$$

Bei reellem μ_1 und ε_1 wird $k_1 = \omega\sqrt{\mu_1 \varepsilon_1} = 2\pi/\lambda_1$ und daher

$$\frac{\chi}{k_1 a} = \frac{\lambda_1}{\lambda_c} \tag{8.3,50}$$

und somit

$$k_z = \beta - j\alpha = \frac{2\pi}{\lambda_1} \sqrt{1 - (\frac{\lambda_1}{\lambda_c})^2} - \frac{\lambda_1 \theta}{\lambda_c a \sqrt{1 - (\frac{\lambda_1}{\lambda_c})^2}}. \tag{8.3,51}$$

Man vergleiche hiermit Gl.(8.1,128). Aus Gl.(8.3,51) folgt bei komplexem θ

$$\beta = \frac{2\pi}{\lambda_1} \sqrt{1 - (\frac{\lambda_1}{\lambda_c})^2} - \frac{\lambda_1 \mathrm{Re}(\theta)}{\lambda_c a \sqrt{1 - (\frac{\lambda_1}{\lambda_c})^2}} \tag{8.3,52}$$

$$\alpha = \frac{\lambda_1 \operatorname{Im}(\theta)}{\lambda_c a \sqrt{1 - (\frac{\lambda_1}{\lambda_c})^2}} . \qquad (8.3,53)$$

In den Gln.(8.3,44) und (8.3,45) wird nun auf der rechten Seite in k_z und K_1 die Größe θ vernachlässigt. Somit wird bei Benutzung von Gl.(8.3,47) aus Gl. (8.3,44)

$$\theta_E = j \frac{k_1 a}{K_1 a} \frac{Z_2}{Z_1} = j \frac{k_1 a}{j_{mn}} \frac{Z_2}{Z_1} .$$

Aus der Gl.(8.3,28) folgt

$$\frac{Z_2}{Z_1} = \sqrt{\frac{\mu_2 \varepsilon_1}{\varepsilon_2 \mu_1}} = \sqrt{\frac{j\mu_2 \omega \varepsilon_1}{\kappa \mu_1}} = \sqrt{\frac{j\mu_2 \omega \varepsilon_1 \sqrt{\mu_1 \varepsilon_1}}{\kappa \mu_1 \sqrt{\mu_1 \varepsilon_1}}}$$

$$= (1 + j) \sqrt{\frac{\mu_2 k_1}{2\kappa \mu_1 Z_1}} \qquad (8.3,54)$$

und daher

$$\theta_E = (j - 1) \frac{k_1 a}{j_{mn}} \sqrt{\frac{\mu_2 k_1}{2\kappa \mu_1 Z_1}} . \qquad (8.3,55)$$

Bei Benutzung von Gl.(8.3,47) und Einsetzen von $k_z^2 = k_1^2 - K_1^2$ wird aus Gl. (8.3,45)

$$\theta_H = j \frac{K_1 a}{k_1 a} \frac{Z_2}{Z_1} \frac{(\frac{m}{K_1 a})^2 \frac{(k_1 a)^2 - (K_1 a)^2}{(K_1 a)^2} + 1}{1 - (\frac{m}{j'_{mn}})^2} =$$

$$= j \frac{k_1 a}{K_1 a} \frac{Z_2}{Z_1} \frac{(\frac{m}{k_1 a})^2 \left[(\frac{k_1 a}{K_1 a})^2 - 1 \right] + \left(\frac{K_1 a}{k_1 a}\right)^2}{1 - (\frac{m}{j'_{mn}})^2} =$$

$$\theta_H = j\,\frac{k_1 a}{j'_{mn}}\,\frac{Z_2}{Z_1}\,\frac{\left(\frac{m}{j'_{mn}}\right)^2 - \left(\frac{m}{k_1 a}\right)^2 + \left(\frac{j'_{mn}}{k_1 a}\right)^2}{1 - \left(\frac{m}{j'_{mn}}\right)^2} =$$

$$= j\,\frac{k_1 a}{j'_{mn}}\,\frac{Z_2}{Z_1}\,\frac{\left(\frac{j'_{mn}}{k_1 a}\right)^2 \left[1 - \left(\frac{m}{j'_{mn}}\right)^2\right] + \left(\frac{m}{j'_{mn}}\right)^2}{1 - \left(\frac{m}{j'_{mn}}\right)^2} =$$

$$= j\,\frac{k_1 a}{j'_{mn}}\,\frac{Z_2}{Z_1}\left\{\left(\frac{j'_{mn}}{k_1 a}\right)^2 + \frac{m^2}{j'^2_{mn} - m^2}\right\}$$

und mit Gl.(8.3,54)

$$\theta_H = (j - 1)\,\frac{k_1 a}{j'_{mn}}\sqrt{\frac{\mu_2 k_1}{2\kappa\mu_1 Z_1}}\left\{\left(\frac{j'_{mn}}{k_1 a}\right)^2 + \frac{m^2}{j'^2_{mn} - m^2}\right\} \tag{8.3,56}$$

Einsetzen von Gl.(8.3,55), (8.3,56) und Gl.(8.3,50) bei Beachtung von Gl.(8.3,47) in die Gl.(8.3,52) und (8.3,53) ergibt

$$\beta_{Emn} = k_1\sqrt{1 - \left(\frac{j_{mn}}{k_1 a}\right)^2} + \alpha_{Emn} \tag{8.3,57}$$

$$\alpha_{Emn} = \frac{1}{a}\sqrt{\frac{\mu_2 k_1}{2\kappa\mu_1 Z_1}}\,\frac{1}{\sqrt{1 - \left(\frac{j_{mn}}{k_1 a}\right)^2}} \tag{8.3,58}$$

$$\beta_{Hmn} = k_1\sqrt{1 - \left(\frac{j'_{mn}}{k_1 a}\right)^2} + \alpha_{Hmn} \tag{8.3,59}$$

$$\alpha_{Hmn} = \frac{1}{a}\sqrt{\frac{\mu_2 k_1}{2\kappa\mu_1 Z_1}}\,\frac{1}{\sqrt{1 - \left(\frac{j'_{mn}}{k_1 a}\right)^2}}\left\{\left(\frac{j'_{mn}}{k_1 a}\right)^2 + \frac{m^2}{j'^2_{mn} - m^2}\right\} \tag{8.3,60}$$

$m = 0,1,2,\ldots;\ n = 1,2,3,\ldots$

Z u   b e a c h t e n   i s t ,   d a ß $\alpha_{Hon} \sim f^{-3/2}$ f ü r $f \to \infty$.

β_{Emn}, β_{Hmn} Phasenkonstante } der EH_{mn}-, HE_{mn}-Wellen

α_{Emn}, α_{Hmn} Dämpfungskonstante } der EH_{mn}-, HE_{mn}-Wellen

Hierin bedeuten

a Innenradius des Hohlleiters

$k_1 = \omega\sqrt{\mu_1 \varepsilon_1} = \frac{2\pi}{\lambda_1}$

μ_1 Permeabilität des Mediums im Hohlleiter

ε_1 Dielektrizitätskonstante des Mediums im Hohlleiter

$Z_1 = \sqrt{\frac{\mu_1}{\varepsilon_1}}$

μ_2 Permeabilität der Hohlleiterwand

κ Leitfähigkeit der Hohlleiterwand

$j_{mn} = \frac{2\pi a}{\lambda_{CE}}$ n-te nicht verschwindende Nullstelle von der Besselschen Funktion J_m

$j'_{mn} = \frac{2\pi a}{\lambda_{CH}}$ n-te nicht verschwindende Nullstelle von J'_m, d.h. von der Ableitung der Besselschen Funktion J_m nach dem Argument

λ_{cE} Grenzwellenlänge der EH_{mn}-Wellen

λ_{cH} Grenzwellenlänge der HE_{mn}-Wellen.

8.3.2.2 Berechnung der Dämpfung mit Hilfe der Felder der verlustlosen Leitung

Entsprechend Kapitel 8.1.2.4 wird jetzt die Dämpfung mit Hilfe der Felder der verlustlosen Leitung (Power-Loss-Methode) berechnet. Hierbei sind entsprechend Gl.(8.1,143) die Verluste

$$V = \frac{1}{2}\sqrt{\frac{\mu_2\omega}{2\kappa}}\oint H_t H_t^* ds$$

$$H_t H_t^* = \begin{cases} H_{\phi E1} H_{\phi E1}^*\big|_{\rho=a} & \text{bei } E_{mn}\text{-Wellen} \\ - & \\ H_{\phi H1} H_{\phi H1}^* + H_{zH1} H_{zH1}^*\big|_{\rho=a} & \text{bei } H_{mn}\text{-Wellen} \end{cases} \qquad (8.3,61)$$

Aus den Gln.(8.3,5), (8.3,6) und (8.3,7) ergibt sich

$$H_{\phi E1}\big|_{\rho=a} = -K_1 C_E J_m'(K_1 a)\cos m\phi \qquad (8.3,62)$$

$$H_{\phi H1}\big|_{\rho=a} = \frac{m}{aZ_{H1}} C_H J_m(K_1 a)\cos m\phi$$

$$H_{zH1}\big|_{\rho=a} = -\frac{K_1^2}{j\omega\mu_1} C_H J_m(K_1 a)\sin m\phi. \qquad (8.3,63)$$

Wegen Gl.(8.3,47) gilt bei der verlustlosen Leitung

$$K_1 a = \begin{cases} j_{mn} & \text{bei } E_{mn}\text{-Wellen} \\ j'_{mn} & \text{bei } H_{mn}\text{-Wellen.} \end{cases} \qquad (8.3,64)$$

Mit Gl.(8.3,62), (8.3,61) und (8.3,64) wird dann bei den E_{mn}-Wellen

$$V = V_E = \frac{1}{2}\sqrt{\frac{\mu_2\omega}{2\kappa}} K_1^2 C_E{}^2\left(J_m'(j_{mn})\right)^2 \int_0^{2\pi}\cos^2 m\phi \; a\, d\phi$$

$$= \frac{1}{2}\sqrt{\frac{\mu_2\omega}{2\kappa}} K_1^2 a\, C_E^2\left(J_m'(j_{mn})\right)^2 \pi(1+\delta_{om}). \qquad (8.3,65)$$

Nach Gl.(7.2,53) ist unter Berücksichtigung von Gl.(8.3,9), d.h. mit $Z_E = Z_{E1} = k_z/(\omega\varepsilon_1)$,

$$N_E = \frac{C_E^2}{4} Z_{E1}\pi\, j_{mn}^2 \left[J_m'(j_{mn}) \right]^2 (1 + \delta_{om}). \quad (8.3,66)$$

Einsetzen von Gl.(8.3,65) und Gl.(8.3,66) in Gl. (8.1,139) ergibt mit $K_1 a = j_{mn}$, $Z_1 = \sqrt{\mu_1/\varepsilon_1}$ und entsprechend Gl.(8.3,48) mit $k_z = k_1\sqrt{1 - (j_{mn}/k_1 a)^2}$

$$\alpha_{Emn} = \frac{V_E}{2N_E} = \frac{\sqrt{\frac{\mu_2\omega}{2\kappa}}}{aZ_{E1}} = \frac{\sqrt{\frac{\mu_2\omega}{2\kappa}\frac{\sqrt{\mu_1\varepsilon_1}}{\sqrt{\mu_1\varepsilon_1}}}\;\omega\varepsilon_1}{a\,k_1\sqrt{1-(\frac{j_{mn}}{k_1 a})^2}}$$

$$= \frac{1}{a}\sqrt{\frac{\mu_2 k_1}{2\kappa\mu_1 Z_1}}\,\frac{1}{\sqrt{1-(\frac{j_{mn}}{k_1 a})^2}}\,, \quad m = 0,1,2,\ldots \quad n = 1,2,3,\ldots \quad (8.3,67)$$

Gl.(8.3,67) stimmt mit Gl.(8.3,58) überein. Mit Gl.(8.3,63), (8.3,61) und (8.3,64) wird bei den H_{mn}-Wellen

$$V = V_H = \frac{1}{2}\sqrt{\frac{\mu_2\omega}{2\kappa}}\; C_H^2\left[J_m(j'_{mn})\right]^2\left[(\frac{m}{aZ_{H1}})^2 \int\limits_{\phi=0}^{2\pi} \cos^2 m\phi\, a d\phi\; + \right.$$

$$\left. + \frac{K_1^4}{\omega^2\mu_1^2}\int\limits_{\phi=0}^{2\pi} \sin^2 m\phi\; a\; d\phi \right] =$$

$$= \frac{1}{2}\sqrt{\frac{\mu_2\omega}{2\kappa}}\; C_H^2\left[J_m(j'_{mn})\right]^2\left[(\frac{m}{aZ_{H1}})^2 + \frac{K_1^4}{\omega^2\mu_1^2}\right] a\pi$$

$$\text{für } m \neq 0\,. \quad (8.3,68)$$

Für $m = 0$ muß man entsprechend Gl.(7.2,20) **cos** $m\phi$ mit $\sin m\phi$ vertauschen, damit $H_{zH1} \neq 0$. Dann wird aus Gl.(8.3,68)

$$V_H = \frac{1}{2}\sqrt{\frac{\mu_2\omega}{2\kappa}}\, C_H^2 \left[J_o(j'_{mn})\right]^2 \frac{K_1^4}{\omega^2\mu_1^2}\, a\pi\cdot 2$$

$$\text{für} \quad m = 0 \,. \qquad (8.3,69)$$

Nach Gl.(7.2,53) ist unter Berücksichtigung von Gl.(8.3,9), d.h. $Z_H = Z_{H1} = (\omega\mu_1)/k_z$,

$$N_H = \frac{C_H^2}{4Z_{H1}}\,\pi\left[j'_{mn}J_m(j'_{mn})\right]^2\left[1 - \left(\frac{m}{j'_{mn}}\right)^2\right](1 + \delta_{om})\,. \qquad (8.3,70)$$

Einsetzen von Gl.(8.3,69) und (8.3,70) in Gl.(8.1,139) ergibt

$$\alpha_{Hmn} = \frac{V_H}{2N_H} = \frac{\sqrt{\dfrac{\mu_2\omega}{2\kappa}}\left[\left(\dfrac{m}{aZ_{H1}}\right)^2 + \dfrac{K_1^4}{\omega^2\mu_1^2}\right] a}{\dfrac{j'^2_{mn}}{Z_{H1}}\left[1 - \left(\dfrac{m}{j'_{mn}}\right)^2\right]}$$

und mit $Z_1 = \sqrt{\mu_1/\varepsilon_1}$, $Z_{H1} = (\omega\mu_1)/k_z$,
$k_1 = \omega\sqrt{\mu_1\varepsilon_1}$, $K_1 a = j'_{mn}$, $k_z = k_1\sqrt{1 - (j'_{mn}/k_1 a)^2}$

$$\alpha_{Hmn} = \sqrt{\frac{\mu_2\omega\sqrt{\mu_1\varepsilon_1}}{2\kappa\sqrt{\mu_1\varepsilon_1}}}\; \frac{\left(\dfrac{m\,k_1}{a\omega\mu_1}\right)^2\left[1-(j'_{mn}/k_1 a)^2\right] + \left(\dfrac{j'_{mn}}{a\omega\mu_1}\right)^2 K_1^2}{\dfrac{k_1}{a\omega\mu_1}\sqrt{1-(j'_{mn}/k_1 a)^2}\left[j'^2_{mn} - m^2\right]}$$

$$= \frac{1}{a}\sqrt{\frac{\mu_2 k_1}{2\kappa\mu_1 Z_1}}\; \frac{m^2 - \left(\dfrac{mj'_{mn}}{k_1 a}\right)^2 + j'^2_{mn}\left(\dfrac{j'_{mn}}{k_1 a}\right)^2}{\sqrt{1-(j'_{mn}/k_1 a)^2}\left[j'^2_{mn} - m^2\right]}$$

d.h.

$$\alpha_{Hmn} = \frac{1}{a}\sqrt{\frac{\mu_2 k_1}{2\kappa\mu_1 Z_1}}\; \frac{1}{\sqrt{1-\left(\dfrac{j'_{mn}}{k_1 a}\right)^2}}\left[\left(\frac{j'_{mn}}{k_1 a}\right)^2 + \frac{m^2}{j'^2_{mn} - m^2}\right]$$

$$m = 0,1,2,\ldots; \quad n = 1,2,3,\ldots \qquad (8.3,71)$$

Gl. (8.3,71) stimmt mit Gl.(8.3,60) überein. Im Gegensatz zur Bandleitung oder zum Rechteckhohlleiter kann man also beim runden Hohlleiter die Dämpfung sämtlicher Wellen aus den Feldern der E_z- und H_z-Wellen des verlustlosen Hohlleiters berechnen.
Bei der exakten Rechnung, d.h. bei der Erfüllung der Stetigkeit entspricht die Gl.(8.1,93) bei der ebenen Schicht zwischen zwei Halbräumen der Gl.(8.3,19), beim koaxialen Zweischichtenproblem. Dem cot und dem tan in Gl.(8.1,93) entspricht J_m'/J_m in Gl.(8.3,19). Somit gibt es für J_m'/J_m eine quadratische Gleichung aber nicht für tan oder cot . Auch hieraus kann man sehen, daß man aus der Richtigkeit der Dämpfungsberechnung aus den Feldern der E_z- und H_z- Wellen des verlustlosen runden Hohlleiters nicht auf die Richtigkeit der Dämpfungsberechnung aus den Feldern der E_z- und H_z- Wellen der verlustlosen Bandleitung schließen kann.
Bei der exakten Berechnung der Dämpfung erhält man im Gegensatz zur Berechnung der Dämpfung aus den Feldern der verlustlosen Leitung auch die Änderung der Phasenkonstante, wie z.B. die Gl.(8.3,57) und Gl.(8.3,58) zeigen. Außerdem erkennt man nur durch exakte Berechnung die Grenzen der Gültigkeit der erhaltenen Formeln. So sind z.B. beim runden Hohlleiter die Grenzen der Gültigkeit der Gln.(8.3,57) bis (8.3,60) durch die Bedingungen der Ungl.(8.3,36) und (8.3,49) gegeben. Aus der Ungl.(8.3,49) sieht man z.B., daß die Gln.(8.3,57) bis (8.3,60) nicht bei der Grenzfrequenz gelten, da in diesem Fall nicht die Näherung Gl.(8.3,48) gilt.

8.3.3 Die Oberflächenwelle auf dem gut leitenden zylindrischen Stab (Sommerfelddraht)

8.3.3.1 Die Gleichung zur Bestimmung der Eigenwerte

Es gilt Gl. (8.3,19), d.h.

$$\left(\frac{H_m^{(2)'}(K_2a)}{H_m^{(2)}(K_2a)} - \frac{K_2}{K_1}\frac{\varepsilon_1}{\varepsilon_2}\frac{J'_m(K_1a)}{J_m(K_1a)}\right)\times$$

$$\times\left(\frac{H_m^{(2)'}(K_2a)}{H_m^{(2)}(K_2a)} - \frac{K_2}{K_1}\frac{\mu_1}{\mu_2}\frac{J'_m(K_1a)}{J_m(K_1a)}\right) = \left(\frac{m\,k_z(k_1^2 - k_2^2)}{k_2a\,K_2K_1^2}\right)^2$$

$$m = 0,1,2,\ldots \qquad (8.3,72)$$

Hierin sind K_1, K_2, k_1, k_2, k_z durch die Gln. (8.3,2) bis (8.3,4) erklärt.

Mit

$$\varepsilon_1 = \frac{\kappa}{j\omega} \qquad (8.3,73)$$

wird vorausgesetzt, daß

$$|k_1^2| = |\omega^2\mu_1\frac{\kappa}{j\omega}| >> \begin{cases}|k_2^2| = |\omega^2\mu_2\varepsilon_2| \\ |k_z^2|.\end{cases} \qquad (8.3,74)$$

Wegen Ungl. (8.3,74) und Gl. (8.3,2) ergibt sich dann

$$K_1 \simeq k_1. \qquad (8.3,75)$$

Es wird a im allgemeinen so groß sein, daß

$$|K_1a| >> \begin{cases}1 \\ m\,,\end{cases} \qquad m = 0,1,2,\ldots \qquad (8.3,76)$$

wird. Demnach kann man für die Besselschen Funktionen $J_m(K_1a)$ die asymptotische Näherung Gl. (6.3,68) benutzen. D.h. mit Gl. (8.3,75) ist

$$J_m(K_1a) \simeq J_m(k_1a) \simeq \sqrt{\frac{2}{\pi k_1a}}\cos\left(k_1a - (m+\frac{1}{2})\frac{\pi}{2}\right)$$

und somit bei Beachtung von Gl.(8.3,76)

$$\frac{J'_m(K_1 a)}{J_m(K_1 a)} = -\tan\left[k_1 a - \left(m+\frac{1}{2}\right)\frac{\pi}{2}\right]$$

$$= j\,\frac{e^{j(k_1 a-(m+\frac{1}{2})\frac{\pi}{2})} - e^{-j(k_1 a-(m+\frac{1}{2})\frac{\pi}{2})}}{e^{j(k_1 a-(m+\frac{1}{2})\frac{\pi}{2})} + e^{-j(k_1 a-(m+\frac{1}{2})\frac{\pi}{2})}} \simeq j \qquad (8.3,77)$$

da wegen

$$k_1 = \omega\sqrt{\mu_1\frac{\kappa}{j\omega}} = (1-j)\sqrt{\frac{\omega\mu_1\kappa}{2}} \qquad (8.3,78)$$

$\mathrm{Im}(k_1) \to \infty$ für $\kappa \to \infty$.

Wegen Gl.(8.3,74) bis (8.3,76) und Gl.(8.3,77) darf man jetzt an Stelle von Gl.(8.3,72) schreiben

$$\left(\frac{H_m^{(2)'}(K_2 a)}{H_m^{(2)}(K_2 a)} - j\,\frac{K_2}{k_1}\frac{\varepsilon_1}{\varepsilon_2}\right)\left(\frac{H_m^{(2)'}(K_2 a)}{H_m^{(2)}(K_2 a)} - j\,\frac{K_2}{k_1}\frac{\mu_1}{\mu_2}\right) =$$

$$= \left(\frac{m\,k_z}{k_2 K_2 a}\right)^2 . \qquad (8.3,79)$$

Mit

$$Z_1 = \sqrt{\frac{\mu_1}{\varepsilon_1}} = \sqrt{\frac{j\mu_1\omega}{\kappa}} = (1+j)\sqrt{\frac{\mu_1\omega}{2\kappa}}$$

$$Z_2 = \sqrt{\frac{\mu_2}{\varepsilon_2}} \qquad (8.3,80)$$

und mit Gl.(8.3,75) wird

$$\frac{K_2}{K_1}\frac{\varepsilon_1}{\varepsilon_2} \simeq \frac{K_2}{k_1}\frac{\varepsilon_1}{\varepsilon_2} = \frac{K_2}{\omega\sqrt{\mu_1\varepsilon_1}}\frac{\varepsilon_1}{\varepsilon_2}\frac{\sqrt{\mu_2\varepsilon_2}}{\sqrt{\mu_2\varepsilon_2}} = \frac{K_2}{k_2}\frac{Z_2}{Z_1}$$

$$\frac{K_2}{K_1}\frac{\mu_1}{\mu_2} \simeq \frac{K_2}{k_2}\frac{Z_1}{Z_2} . \qquad (8.3,81)$$

Mit den Gln.(8.3,81) erhält man aus Gl.(8.3,79)

$$\left(\frac{H_m^{(2)'}(K_2a)}{H_m^{(2)}(K_2a)} - j\,\frac{K_2}{k_2}\,\frac{Z_2}{Z_1}\right)\left(\frac{H_m^{(2)'}(K_2a)}{H_m^{(2)}(K_2a)} - j\,\frac{K_2}{k_2}\,\frac{Z_1}{Z_2}\right) =$$

$$= \left(\frac{m\,k_z}{k_2K_2a}\right)^2 . \qquad (8.3,82)$$

Dies ist die Gleichung zur Bestimmung der Eigenwerte und damit auch zur Bestimmung von k_z der Oberflächenwellen auf einem gut leitenden zylindrischen Stab.

8.3.3.2 Die Ausbreitungseigenschaften der rotationssymmetrischen Oberflächenwellen

Bei Rotationssymmetrie gilt $m = 0$ und die Gl. (8.3,82) zerfällt in zwei Gleichungen entsprechend den Gln.(8.3,20) und (8.3,21), d.h.

$$\frac{H_o^{(2)'}(K_2a)}{H_o^{(2)}(K_2a)} = j\,\frac{K_2}{k_2}\,\frac{Z_2}{Z_1}\,, \quad E_o\text{-Wellen} \qquad (8.3,83)$$

$$\frac{H_o^{(2)'}(K_2a)}{H_o^{(2)}(K_2a)} = j\,\frac{K_2}{k_2}\,\frac{Z_1}{Z_2}\,, \quad H_o\text{-Wellen}\,. \qquad (8.3,84)$$

Wegen Ungl.(8.3,74) und den Gln.(8.3,80) ist bei nicht allzu großem Unterschied zwischen μ_1 und μ_2

$$|Z_1| \ll |Z_2|. \qquad (8.3,85)$$

Es werden nun Lösungen mit dem Ansatz

$$|K_2a| \ll 1 \qquad (8.3,86)$$

betrachtet.

Wegen Gl.(6.3,73) gilt

$$H_o^{(2)'}(K_2a) = -\,H_1^{(2)}(K_2a) \qquad (8.3,87)$$

und wegen Gl.(6.3,54)

$$H_m^{(2)}(K_2a) = J_m(K_2a) - j\, N_m(K_2a). \qquad (8.3,88)$$

Außerdem ist nach Gl.(6.3,56) bis (6.3,58) für $|K_2a| << 1$

$$J_o(K_2a) \simeq 1$$

$$J_1(K_2a) \simeq \frac{K_2a}{2}$$

$$N_o(K_2a) \simeq -\frac{2}{\pi} \ln \frac{2}{\gamma K_2a}$$

$$N_1(K_2a) \simeq -\frac{2}{\pi K_2a}$$

$$\gamma = 1{,}781072\, .. \qquad (8.3,89)$$

Einsetzen von Gl.(8.3,89) in Gl.(8.3,88) ergibt

$$H_o^{(2)}(K_2a) \simeq 1 + j\, \frac{2}{\pi} \ln \frac{2}{\gamma K_2a} = -j\, \frac{2}{\pi} \ln \left(\frac{\frac{\gamma K_2a}{2}}{-2j}\right)$$

$$H_1^{(2)}(K_2a) \simeq j\, \frac{2}{\pi K_2a}\, . \qquad (8.3,90)$$

Mit Gl.(8.3,87) und (8.3,90) wird dann

$$\frac{H_o^{(2)}(K_2a)}{H_o^{(2)\prime}(K_2a)} = -\frac{H_o^{(2)}(K_2a)}{H_1^{(2)}(K_2a)} = K_2a \ln \frac{j\gamma K_2a}{2}\, . \qquad (8.3,91)$$

Einsetzen von Gl.(8.3,91) in die Gl.(8.3,83) ergibt für die E_o-Welle

$$K_2a \ln \frac{j\gamma K_2a}{2} = -j\, \frac{k_2a}{K_2a}\, \frac{Z_1}{Z_2}$$

oder mit Gl.(8.3,80)

$$\left(\frac{j\gamma K_2a}{2}\right)^2 \frac{1}{2} \ln \left(\frac{j\gamma K_2a}{2}\right)^2 = -j\, \left(\frac{j\gamma}{2}\right)^2 k_2a \sqrt{\frac{\mu_1\varepsilon_2}{\mu_2\varepsilon_1}}\, . \qquad (8.3,92)$$

Mit

$$u = \left(\frac{j\gamma K_2 a}{2}\right)^2 , \quad v = j\,\frac{\gamma^2}{2}\,k_2 a \sqrt{\frac{\mu_1 \varepsilon_2}{\mu_2 \varepsilon_1}} \qquad (8.3,93)$$

folgt aus Gl.(8.3,92)

$$u \ln u = v. \qquad (8.3,94)$$

Nach Gl.(8.3,93) geht wegen $\varepsilon_1 = \kappa/j\omega$ die Größe $v \to 0$ für $\omega \to 0$. Es ist dann

$$u = \frac{v}{\ln v} \text{ für } \omega \to 0 \qquad (8.3,95)$$

die Lösung von Gl.(8.3,94). Denn

$$u \ln u = \frac{v}{\ln v} \ln \left(\frac{v}{\ln v}\right) = \frac{v}{\ln v} (\ln v - \ln(\ln v))$$

$$= \frac{v}{\ln v} \ln v \left(1 - \frac{\ln(\ln v)}{\ln v}\right) \to v \text{ für } v \to 0.$$

Wegen Gl.(8.3,95) setzt man für $\omega \neq 0$ als erste Näherung

$$u_1 = \frac{v}{\ln v}. \qquad (8.3,96)$$

Da nun $\ln u$ langsam veränderlich gegen u ist, setzt man für die weiteren Näherungen der Gl.(8.3,94)

$$u_{n+1} = \frac{v}{\ln u_n}, \quad n = 1,2,3,\ldots \qquad (8.3,97)$$

<u>Beispiel:</u>

<u>Gegeben:</u> Kupferdraht mit Radius $a = 1$ mm

Leitfähigkeit $\kappa = 57 \cdot 10^4$ S/cm

$\mu_2 = \mu_1 = \mu_o$

$\varepsilon_2 = \varepsilon_o$

$\lambda_o = 30$ cm

<u>Gesucht:</u> $k_z = \beta - j\alpha$

Es ist

$$k_2 a = \omega\sqrt{\mu_2\varepsilon_2}\; a = \frac{2\pi a}{\lambda_o} = \frac{2\pi}{300} = 0{,}21\cdot 10^{-1}$$

$$\sqrt{\frac{\mu_o\omega}{2\kappa}} = \sqrt{\frac{4\pi\cdot 10^{-9}\;\; 2\pi\cdot 3\cdot 10^{10}}{2\cdot 57\cdot 10^{4}\;\lambda_o}} = 0{,}83\cdot 10^{-2}.$$

Mit

$$|k_1 a| = |\omega\sqrt{\mu_1\varepsilon_1}\;|a = \omega\left|\sqrt{\frac{\mu_o\kappa}{j\omega}}\right|a = \sqrt{2}\kappa\sqrt{\frac{\mu_o\omega}{2\kappa}}\;a =$$

$$= \sqrt{2}\cdot 57\cdot 10^{4}\cdot 0{,}83\cdot 10^{-2}\cdot 10^{-1} = 670 >> 1$$

ist wegen Gl.(8.3,75) die Ungl.(8.3,76) erfüllt.
Mit $\gamma = 1{,}78$ wird

$$v = j\,\frac{1{,}78^2}{2}\,\frac{0{,}21\cdot 10^{-1}}{\sqrt{\frac{\mu_2}{\varepsilon_2}}}\sqrt{\frac{\mu_1}{\varepsilon_1}} =$$

$$= j\,\frac{1{,}78^2}{2}\,\frac{0{,}21\cdot 10^{-1}}{120\pi}\sqrt{\frac{j\mu_o\omega}{\kappa}} =$$

$$= 7{,}3\cdot 10^{-7}(j - 1) = -10{,}3\cdot 10^{-7}\; e^{-j\frac{\pi}{4}}.$$

Nach Gl.(8.3,96) ist

$$u_1 = \frac{v}{\ln v}\;.$$

$\ln v = \ln(-10{,}3\cdot 10^{-7}\; e^{-j\frac{\pi}{4}})$ wird angenähert durch $-13{,}8$
Demnach wird

$$u_1 = \frac{-10{,}3\cdot 10^{-7} e^{-j0{,}785}}{-13{,}8} = 7{,}47\cdot 10^{-8}\; e^{-j0{,}785}$$

$$\ln u_1 = -16{,}39 - j0{,}785 = -16{,}4\; e^{j0{,}048}$$

$$u_2 = \frac{v}{\ln u_1} = \frac{10{,}3\cdot 10^{-7}\; e^{-j0{,}785}}{16{,}4\; e^{j0{,}048}} = 6{,}3\cdot 10^{-8}\; e^{-j0{,}833}$$

$$\ln u_2 = 1{,}84 - 18{,}4 - j0{,}833 = -16{,}57\ e^{j0{,}05}$$

$$u_3 = \frac{v}{\ln u_2} = \frac{10{,}3\cdot 10^{-7}}{16{,}57}\ e^{-j0{,}836} = 6{,}23\cdot 10^{-8}\ e^{-j0{,}836}.$$

Wegen Gl. (8.3,93) ist

$$(K_2 a)^2 = -\frac{4u}{\gamma^2} = -(5{,}27 - j5{,}85)\cdot 10^{-8}.$$

Aus Gl. (8.3,2) ergibt sich

$$k_z^2 = k_2^2\left[1 - \left(\frac{K_2 a}{k_2 a}\right)^2\right] = k_2^2\left[1 + (1{,}2 - j1{,}33)\cdot 10^{-4}\right]$$

$$k_z = k_2\,(1 + 6\cdot 10^{-5} - j6{,}65\cdot 10^{-5}) = \beta - j\alpha$$

$$\beta = k_2(1 + 6\cdot 10^{-5})$$

$$v_p = \frac{\omega}{\beta} = \frac{\omega}{\omega\sqrt{\mu_o\varepsilon_o}\,(1 + 6\cdot 10^{-5})} \approx c(1 - 6\cdot 10^{-5}) < c,$$

d.h. die Phasengeschwindigkeit v_p ist ungefähr gleich der Lichtgeschwindigkeit c. Die Dämpfung ist

$$\alpha = 6{,}65\cdot k_2\cdot 10^{-5}\ \mathrm{N/cm}$$
$$= 6{,}65\cdot 0{,}21\cdot 10^{-5}\ \mathrm{N/cm} = 1{,}4\ \mathrm{N/km},$$

d.h. kleine Dämpfung.
Nach Gl. (8.3,1) ist der Verlauf des Außenfeldes in Richtung ρ durch

$H_o^{(2)}(K_2 a\,\frac{\rho}{a})$ gegeben.

Da $K_2 a$ in dem Beispiel in der Größenordnung von 10^{-4} liegt, klingt das Feld in Richtung ρ nur langsam ab. Die Wellen mit $|K_2 a| \ll 1$ und $|K_1 a| \gg 1$ werden mit "Hauptwellen" bezeichnet.
Es gibt noch Lösungen von Gl. (8.3,20), d.h. für E_o-Wellen, bei großem $|K_2 a|$. Hierbei wird nach Gl. (8.3,26)

$$\frac{H_o^{(2)'}(K_2a)}{H_o^{(2)}(K_2a)} = -j.$$

Wegen $|\varepsilon_1|>>|\varepsilon_2|$ muß dann in Gl.(8.3,20)

$$J_o'(K_1a) \simeq 0$$

werden. D.h. K_1a muß annähernd übereinstimmen mit den reellen Wurzeln von $J_o'(K_1a)$. Es ergeben sich die sogenannten <u>"Nebenwellen"</u>, deren Felder sich im Gegensatz zu denen der "Hauptwellen" hauptsächlich im Innern des Drahtes befinden. Hierdurch laufen die Wellen sehr langsam und sind stark gedämpft entsprechend dem Fortschreiten von Wellen im Metall. (Näheres s. z.B. Sommerfeld, Band III, Elektrodynamik)

Für die <u>H_o-Wellen</u> gilt Gl.(8.3,84). Diese erhält man aus der Gleichung für die E_o-Wellen, indem Z_2/Z_1 durch Z_1/Z_2 ersetzt wird. Bei $|K_2a|<< 1$ erhält man daher aus Gl.(8.3,84) an Stelle von Gl.(8.3,92)

$$\left(\frac{j\gamma K_2a}{2}\right)^2 \frac{1}{2} \ln \left(\frac{j\gamma K_2a}{2}\right)^2 = -j \left(\frac{j\gamma}{2}\right)^2 k_2a \sqrt{\frac{\mu_2\varepsilon_1}{\mu_1\varepsilon_2}} . \qquad (8.3,98)$$

Wegen $\varepsilon_1 = \kappa/j\omega$ und daher $|\varepsilon_1|>>|\varepsilon_2|$ gibt es keine Lösung der Gl.(8.3,98) für $|K_2a|<< 1$. D.h. es gibt bei den H_o-Wellen keine Hauptwellen. A l l e H_o - W e l l e n s i n d N e b e n w e l l e n , d.h. ihre Felder sind hauptsächlich im Innern des Drahtes, d.h. kleines v_p und große Dämpfung.

Bei $m \neq 0$ sind H-Wellen immer mit E-Wellen gekoppelt. Da es keine H-Welle als Hauptwelle gibt, gibt es auch k e i n e u n s y m m e t r i s c h e W e l l e ($m \neq 0$) a l s H a u p t w e l l e.

Man beachte jedoch, daß sich für $a \to \infty$ die Wellen längs eines leitenden Halbraumes ergeben. Man hat dann keine Kopplung zwischen E- und H-Wellen und dementsprechend andere Ergebnisse.
Es sei noch erwähnt, daß nach Gl.(8.3,92) mit
$\varepsilon_1 = \kappa/j\omega$

$$K_2 a \to 0 \quad \text{für } \kappa \to \infty \quad \text{gilt.}$$

D.h. je größer κ, umso weiter dehnt sich das Feld im Außenraum aus. Man erhält keine Lösung der Maxwellschen Gleichung für eine fortschreitende Welle bei einem vorgegebenen $\kappa = \infty$.

8.4 Das koaxiale Vierschichten-Problem für die rotationssymmetrische E-Welle. Die Ausbreitungskonstante der Leitungswelle der koaxialen Leitung

8.4.1 Die allgemeine Gleichung zur Bestimmung der Eigenwerte (Eigenwertgleichung) für das Vierschichten-Problem

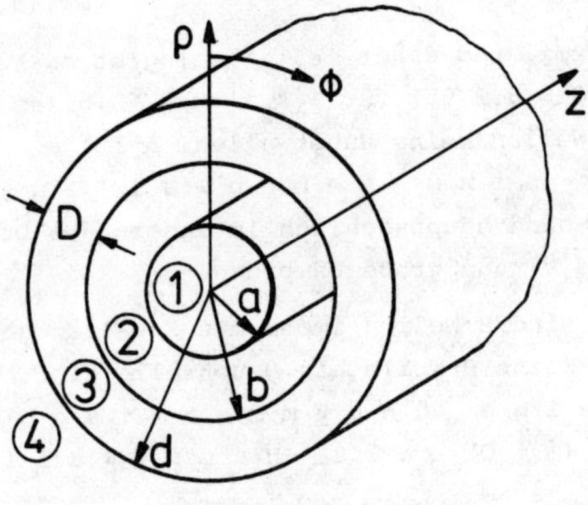

Bild 8.15: Das koaxiale Vierschichten-Problem

Das Vektorpotential ist nach Gl.(7.2,1)

$$\vec{A} = 0,\ 0,\ A_z$$

$$A_z = A. \tag{8.4,1}$$

Es gelten die Gln.(7.2,3) bis (7.2,6) und (7.2,15) bis (7.2,17) und (7.2,21). Bei der rotationssymmetrischen E-Welle ist $m = 0$ und man hat nur die Feldkomponenten H_ϕ, E_ρ, E_z. Für die Wellenausbreitung in positive z-Richtung wird demnach

$$\vec{A} = Z_0(K\rho)\cdot e^{-jk_z z}, \quad K = \sqrt{k^2 - k_z^2}. \tag{8.4,2}$$

Der Faktor $e^{j\omega t}$ wird der Einfachheit halber weggelassen. In den Medien 1 bis 4 gilt dann

$$Z_0(K\rho) = \begin{cases} C_1 J_0(K_1\rho) & \text{, Medium 1} \\ C_2 H_0^{(1)}(K_2\rho) + D_2 H_0^{(2)}(K_2\rho) & \text{, Medium 2} \\ C_3 H_0^{(1)}(K_3\rho) + D_3 H_0^{(2)}(K_3\rho) & \text{, Medium 3} \\ D_4 H_0^{(2)}(K_4\rho) & \text{, Medium 4} \end{cases} \tag{8.4,3}$$

$$K_i = \sqrt{k_i^2 - k_z^2}$$

$$k_i^2 = \omega^2\mu_i\varepsilon_i, \qquad i = 1,2,3,4$$

$$k_z = \beta - j\alpha \qquad \text{Ausbreitungskonstante}$$

$$\mathrm{Im}(K_4) < 0. \tag{8.4,4}$$

Bei der Berechnung einer E-Welle ergibt sich die magnetische Feldstärke aus

$$\vec{H} = \mathrm{rot}\,\vec{A}$$

und die elektrische Feldstärke aus

$$\mathrm{rot}\,\vec{H} = j\omega\varepsilon\vec{E}.$$

Es ergeben sich dann entsprechend Gl.(7.2,15) bis

(7.2,17) für die zu den Trennflächen $\rho = a, b, d$ tangential liegenden Feldstärken
im Medium 1

$$H_{\phi 1} = - C_1 K_1 J_o'(K_1\rho)$$

$$E_{z1} = C_1 \frac{K_1^2}{j\omega\varepsilon_1} J_o(K_1\rho), \qquad (8.4,5)$$

im Medium 2

$$H_{\phi 2} = - K_2\left(C_2 H_o^{(1)\prime}(K_2\rho) + D_2 H_o^{(2)\prime}(K_2\rho)\right)$$

$$E_{z2} = \frac{K_2^2}{j\omega\varepsilon_2}\left(C_2 H_o^{(1)}(K_2\rho) + D_2 H_o^{(2)}(K_2\rho)\right), \qquad (8.4,6)$$

im Medium 3

$$H_{\phi 3} = - K_3\left(C_3 H_o^{(1)\prime}(K_3\rho) + D_3 H_o^{(2)\prime}(K_3\rho)\right)$$

$$E_{z3} = \frac{K_3^2}{j\omega\varepsilon_3}\left(C_3 H_o^{(1)}(K_3\rho) + D_3 H_o^{(2)}(K_3\rho)\right), \qquad (8.4,7)$$

im Medium 4

$$H_{\phi 4} = - D_4 K_4 H_o^{(2)\prime}(K_4\rho)$$

$$E_{z4} = D_4 \frac{K_4^2}{j\omega\varepsilon_4} H_o^{(2)}(K_4\rho). \qquad (8.4,8)$$

Erfüllung der Stetigkeitsbedingungen an den Trennflächen $\rho = a,b,d$ und Elimination der Konstanten C_1, C_2, C_3, D_2, D_3, D_4 liefert mit

$$\left.\frac{E_{z1}}{H_{\phi 1}}\right|_{\rho=a} = \left.\frac{E_{z2}}{H_{\phi 2}}\right|_{\rho=a} = Z_a$$

$$-\left.\frac{E_{z2}}{H_{\phi 2}}\right|_{\rho=b} = -\left.\frac{E_{z3}}{H_{\phi 3}}\right|_{\rho=b} = Z_b$$

$$\left.\frac{E_{z3}}{H_{\phi 3}}\right|_{\rho=d} = -\left.\frac{E_{z4}}{H_{\phi 4}}\right|_{\rho=d} = Z_d \qquad (8.4,9)$$

die Gleichung

$$\frac{H_o^{(1)}(K_2a) + j\frac{\omega\varepsilon_2}{K_2} Z_a H_o^{(1)'}(K_2a)}{H_o^{(1)}(K_2b) - j\frac{\omega\varepsilon_2}{K_2} Z_b H_o^{(1)'}(K_2b)} =$$

$$= \frac{H_o^{(2)}(K_2a) + j\frac{\omega\varepsilon_2}{K_2} Z_a H_o^{(2)'}(K_2a)}{H_o^{(2)}(K_2b) - j\frac{\omega\varepsilon_2}{K_2} Z_b H_o^{(2)'}(K_2b)} . \qquad (8.4,10)$$

Hierin bedeuten

$$Z_a = \frac{K_1}{j\omega\varepsilon_1} \frac{J_o(K_1a)}{J_1(K_1a)} , \qquad (8.4,11)$$

$$Z_b = \frac{K_3}{j\omega\varepsilon_3} \frac{-g\, H_o^{(1)}(K_3b) + H_o^{(2)}(K_3b)}{-g\, H_o^{(1)'}(K_3b) + H_o^{(2)'}(K_3b)} , \qquad (8.4,12)$$

$$g = \frac{H_o^{(2)}(K_3d) - \frac{j\omega\varepsilon_3}{K_3} Z_d H_o^{(2)'}(K_3d)}{H_o^{(1)}(K_3d) - \frac{j\omega\varepsilon_3}{K_3} Z_d H_o^{(1)'}(K_3d)} , \qquad (8.4,13)$$

$$Z_d = \frac{K_4}{j\omega\varepsilon_4} \frac{H_o^{(2)}(K_4d)}{H_o^{(2)'}(K_4d)} . \qquad (8.4,14)$$

Die Gl.(8.4,10) enthält keine Vernachlässigung und gilt für beliebige Medien 1 bis 4. In Gl.(8.4,10) ist somit auch unter anderem die Oberflächenwelle auf der koaxialen Leitung enthalten. Diese ist identisch mit der Oberflächenwelle auf dem Sommerfelddraht (siehe Kapitel 8.3.3).

Im folgenden soll nun die Gl.(8.4,10) im Hinblick auf die Berechnung der Ausbreitungskonstante der Leitungswelle eines koaxialen Kabels durch geeignete Voraussetzungen vereinfacht werden, ohne daß gegen die von der Praxis geforderte Genauigkeit verstoßen wird.

8.4.2 Die Ausbreitungskonstante der Leitungswelle auf der koaxialen Leitung

8.4.2.1 Die für alle praktischen Fälle gültige Näherung der Eigenwertgleichung

Die Medien 1 und 3 sollen gute Leiter, z.B. Kupfer oder Aluminium, sein und das Medium 2 soll aus einem Dielektrikum mit geringen Verlusten bestehen. Es ist daher $\varepsilon_1 = \kappa_1/j\omega$, $\varepsilon_3 = \kappa_3/j\omega$ und es gilt nach Gl. (8.4,4) $k_2 \to 0$, wenn die Frequenz $f \to 0$. Damit wird auch gelten $K_2 \to 0$, wenn $f \to 0$. Bei hohen Frequenzen wird $k_2 \simeq k_z$. Aus diesem Grunde wird bei nicht allzugroßem $\frac{b}{\lambda_o}$ (λ_o Wellenlänge im leeren Raum), d.h. für alle praktischen Fälle, gelten

$$|K_2 b| \ll 1. \tag{8.4,15}$$

Wegen Gl.(8.4,15) werden in Gl.(8.4,10) für die Hankelschen Funktionen mit den Argumenten K_2a und K_2b die Näherungen für kleine Argumente eingesetzt.
Diese Näherungen ergeben sich wegen

$$H_m^{(1)} = J_m + j\,N_m$$

$$H_m^{(2)} = J_m - j\,N_m$$

$$H_o^{(1)\prime} = -H_1^{(1)}, \qquad H_o^{(2)\prime} = -H_1^{(2)}$$

bei Einsetzen von Gl.(6.3,56) bis (6.3,58) zu

$$H_o^{(1)}(x) = 1 - j\,\frac{2}{\pi}\,\ln\frac{2}{\gamma x}$$

$$H_o^{(2)}(x) = 1 + j\,\frac{2}{\pi}\,\ln\frac{2}{\gamma x}$$

$$H_1^{(1)}(x) = -j\,\frac{2}{\pi x}$$

$$H_1^{(2)}(x) = j\,\frac{2}{\pi x} \qquad \text{für } |x| \ll 1. \qquad (8.4,16)$$

Außerdem wird

$$H_o^{(1)'}(x) = -H_o^{(2)'}(x) \qquad \text{für } |x| \ll 1. \qquad (8.4,17)$$

Einsetzen von Gl.(8.4,16) und (8.4,17) mit $x = K_2 b$ oder $x = K_2 a$ in Gl.(8.4,10) liefert

$$k_z^2 = k_2^2 - \frac{j\omega\varepsilon_2}{\ln\frac{b}{a}}\left(\frac{Z_a}{a} + \frac{Z_b}{b}\right) \qquad \text{für } |K_2 b| \ll 1. \qquad (8.4,18)$$

Da wegen der hohen Leitfähigkeit der Medien 1 und 3 für alle praktischen Fälle $K_i \simeq k_i$ $(i = 1,3)$ gilt (siehe unten), ist die Gl.(8.4,18) eine explizite Darstellung für die Ausbreitungskonstante k_z, sofern man das Außenfeld vernachlässigt. Die Größen $(Z_a/2\pi a)$ und $(Z_b/2\pi b)$ sind dann die Impedanzen des Innen- bzw. Aussenleiters je Längeneinheit.

8.4.2.2 Untersuchung der Wandimpedanz Z_a und Z_b für niedrige und hohe Frequenzen

Wegen der guten Leitfähigkeit des Innen- und Außenleiters gilt

$$\varepsilon_1 = \frac{\kappa_1}{j\omega}, \qquad \varepsilon_3 = \frac{\kappa_3}{j\omega} \qquad (8.4,19)$$

$$|k_1|^2 \gg |k_z|^2, \qquad |k_3|^2 \gg |k_z|^2$$

$$\text{d.h.} \quad K_i \simeq k_i \quad \text{für} \quad i = 1,3 \tag{8.4,20}$$

und es wird

$$Z_a = \frac{k_1}{j\omega\varepsilon_1} \frac{J_o(k_1 a)}{J_1(k_1 a)} . \tag{8.4,21}$$

Die Entwicklung um $|k_1 a| = 0$ mit Hilfe von Gl. (6.3,46) liefert

$$Z_a = \frac{2}{\kappa_1 a} \left(1 + j \frac{1}{4} \left(\frac{a}{\delta_1}\right)^2 + \frac{1}{48} \left(\frac{a}{\delta_1}\right)^4 + \ldots\right)$$

$$\delta_1 = \sqrt{2/(\omega\mu_1\kappa_1)} . \tag{8.4,22}$$

Abbrechen der Reihe nach dem zweiten Glied liefert die bekannte Impedanz des Innenleiters je Längeneinheit für <u>niedrige Frequenzen</u> (siehe z.B. [3])

$$\frac{Z_a}{2\pi a} = \frac{Z_{aN}}{2\pi a} = \frac{1}{\kappa_1 \pi a^2} + j\omega \frac{\mu_1}{8\pi} \tag{8.4,23}$$

$$\text{für} \quad |k_1 a| \ll 1.$$

Die Entwicklung für $|k_1 a| \to \infty$ liefert wegen $k_1 = \omega\sqrt{\mu_1 \varepsilon_1} = (1-j)\sqrt{\omega\mu_1\kappa_1/2}$ bei Benutzung von Gl. (8.3,77) die bekannte Wandimpedanz des Innenleiters für <u>hohe Frequenzen</u>

$$Z_a = Z_{aH} = \sqrt{\frac{\mu_1}{\varepsilon_1}} = (1 + j) \sqrt{\frac{\omega\mu_1}{2\kappa_1}} \tag{8.4,24}$$

$$\text{für} \quad |k_1 a| \gg 1.$$

Mit Gl. (8.4,20) und $Z_3 = \sqrt{\mu_3/\varepsilon_3}$ wird aus Gl. (8.4,12) und (8.4,13)

$$Z_b = \frac{k_3}{j\omega\varepsilon_3} \frac{-g\, H_o^{(1)}(k_3b) + H_o^{(2)}(k_3b)}{-g\, H_o^{(1)'}(k_3b) + H_o^{(2)'}(k_3b)}, \tag{8.4,25}$$

$$g = \frac{H_o^{(2)}(k_3d) - j\,\frac{Z_d}{Z_3}\, H_o^{(2)'}(k_3d)}{H_o^{(1)}(k_3d) - j\,\frac{Z_d}{Z_3}\, H_o^{(1)'}(k_3d)}. \tag{8.4,26}$$

Einsetzen von g und Ersetzen der Hankelschen Funktionen durch Besselsche und Neumannsche Funktionen liefert

$$Z_b = \frac{k_3}{j\omega\varepsilon_3} \frac{-H_1^{(2)}(k_3d)\, H_o^{(1)}(k_3b) + H_1^{(1)}(k_3d)\, H_o^{(2)}(k_3b)}{H_1^{(2)}(k_3d)\, H_1^{(1)}(k_3b) - H_1^{(1)}(k_3d)\, H_1^{(2)}(k_3b)}\, C, \tag{8.4,27}$$

$$C = \frac{1 + j\,\frac{Z_3}{Z_d}\left(\frac{-J_o(k_3d)\, N_o(k_3b) + J_o(k_3b)\, N_o(k_3d)}{J_1(k_3d)\, N_o(k_3b) - J_o(k_3b)\, N_1(k_3d)}\right)}{1 + j\,\frac{Z_3}{Z_d}\left(\frac{-J_o(k_3d)\, N_1(k_3b) + J_1(k_3b)\, N_o(k_3d)}{-J_1(k_3b)\, N_1(k_3d) + J_1(k_3d)\, N_1(k_3b)}\right)}. \tag{8.4,28}$$

Im allgemeinen gilt in Gl.(8.4,26)

$$\begin{aligned} |H_o^{(2)}(K_3d)| &<< \left|\frac{j\omega\varepsilon_3}{K_3}\, Z_d H_o^{(2)'}(K_3d)\right|, \\ |H_o^{(1)}(K_3d)| &<< \left|\frac{j\omega\varepsilon_3}{K_3}\, Z_d H_o^{(1)'}(K_3d)\right|, \end{aligned} \tag{8.4,29}$$

$$\left|\frac{j\omega\varepsilon_3}{K_3}\, Z_d\right| \simeq \left|\sqrt{\frac{\varepsilon_3}{\mu_3}}\, Z_d\right| = \left|\frac{Z_d}{Z_3}\right| >> 1. \tag{8.4,30}$$

$|Z_d/Z_3| \to \infty$ bedeutet Vernachlässigung des Außenfeldes und es wird $C = 1$. Bei Berücksichtigung nur des ersten Gliedes der Potenzreihenentwicklung der Besselschen und Neumannschen Funktionen in Gl.(8.4,28) und bei Vernachlässigung von $\frac{1}{2}(k_3d)^2\, \ln(2/\gamma k_3b)$ und

$\frac{1}{2}(k_3b)^2 \ln(2/\gamma k_3 d)$ gegenüber 1 wird nach Einsetzen von $Z_3 = \sqrt{\mu_3/\varepsilon_3}$, $k_3 = \omega\sqrt{\mu_3\varepsilon_3}$, $\varepsilon_3 = \kappa_3/j\omega$

$$C = \frac{1}{1 + \frac{2d}{(d^2 - b^2)\kappa_3 Z_d}} \simeq 1 - \frac{2d}{(d^2 - b^2)\kappa_3 Z_d} . \tag{8.4,31}$$

Unter Beibehaltung von C nach Gl.(8.4,31) liefert eine Potenzreihenentwicklung von Gl.(8.4,27) um $|k_3d|$, $|k_3b| = 0$ bis zum zweiten Glied einschließlich die Impedanz des Außenleiters je Längeneinheit für <u>tiefe Frequenzen</u>, nämlich

$$\frac{Z_b}{2\pi b} = \frac{Z_{bN}}{2\pi b}$$

$$= \frac{C}{\kappa_3 \pi (d^2-b^2)} \left(1 + j\omega \frac{\mu_3\kappa_3}{2} \left(\frac{d^4}{d^2-b^2} \ln \frac{d}{b} - \frac{3d^2-b^2}{4}\right)\right)$$

$$\text{für } |k_3d| \ll 1. \tag{8.4,32}$$

Gl.(8.4,32) geht für $Z_d \to \infty$, d.h. $C \to 1$, in die aus der Literatur (siehe z.B. [3]) bekannte Formel über. Selbstverständlich gilt $Z_d \to \infty$ für $f \to 0$. Das ergibt sich aus der später aufgeführten Gl.(8.4,53).

Bei <u>hohen Frequenzen</u> werden $|k_3b|$, $|k_3d| \gg 1$ und es gelten bei den Hankelschen Funktionen in Gl.(8.4,25), (8.4,26) die Näherungen für große Argumente Gl. (6.3,66), (6.3,67). Damit wird

$$H_\mu^{(1)\prime}(x) \simeq j\, H_\mu^{(1)}(x) , \quad H_\mu^{(2)\prime}(x) \simeq -j\, H_\mu^{(2)}(x) , \tag{8.4,33}$$

$$Z_b = Z_{bH} = Z_3 \frac{Z_d/Z_3 + j \tan(k_3D)}{1 + j\, Z_d/Z_3 \tan(k_3D)}$$

$$\text{für } |k_3b| \gg 1. \tag{8.4,34}$$

Gl.(8.4,34) ist der Eingangswiderstand einer Leitung mit dem Wellenwiderstand Z_3, der Länge D und der Abschlußimpedanz Z_d. Selbstverständlich geht für $f \to \infty$ wegen $\tan(k_3D) = -j$ die Wandimpedanz $Z_{bH} \to Z_3$. Vernachlässigt man nun das Außenfeld, d.h. setzt man $|Z_d/Z_3| = \infty$, so wird

$$Z_{bH} = -j\, Z_3 \cot(k_3D) \quad \text{für } |k_3b| \gg 1. \qquad (8.4,35)$$

Gl.(8.4,35) ist der Eingangswiderstand einer leerlaufenden Leitung mit dem Wellenwiderstand Z_3 und der Länge D. Aus Gl.(8.4,35) folgt mit $|k_3D| \to \infty$ die Wandimpedanz des Außenleiters bei Skineffekt, nämlich

$$Z_{bH} = Z_3 = (1 + j)\sqrt{\frac{\omega\mu_3}{2\kappa_3}} \quad \text{für } |k_3b|,\ |k_3D| \gg 1. \qquad (8.4,36)$$

8.4.2.3 Untersuchungen für den Fall eines dünnen Aussenleiters (D/b << 1)

Bei $D/b \ll 1$ entspricht die Berechnung der Felder im Medium 3 annähernd einem sogenannten ebenen Problem. Für alle Frequenzen sind dann die trigonometrischen Funktionen sehr gute Näherungen für die Zylinderfunktionen im Medium 3. D.h. aber für $D/b \ll 1$ gilt für alle Frequenzen (Gleichstrom bis Hochfrequenz) Gl. (8.4,34) oder anders geschrieben

$$Z_b = Z_{bH} = Z_{bD} = -jZ_3\cot(k_3D)\left(\frac{1 + j\,\dfrac{Z_3}{Z_d}\tan(k_3D)}{1 - j\,\dfrac{Z_3}{Z_d}\cot(k_3D)}\right). \qquad (8.4,37)$$

In Gl.(8.4,37) ergibt der Bruch die Korrektur durch das Außenfeld.

Wegen $|Z_d/Z_3| \gg 1$, gilt meistens

$|j(Z_3/Z_d)\ \cot(k_3 D)| \ll 1$, so daß sich Gl. (8.4,37) vereinfacht zu

$$Z_{bD} = -j\ Z_3\ \cot(k_3 D)\ \left(1 + j\ \frac{Z_3}{Z_d}\ \frac{2}{\sin(2k_3 D)}\right). \qquad (8.4,38)$$

Für niedrige Frequenzen ist $|2k_3 D| \ll 1$. Es wird daher der Sinus durch sein Argument ersetzt und $\cot(k_3 D)$ in eine Reihe bis zum zweiten Glied entwickelt. Bei Berücksichtigung von $Z_3 = \sqrt{j\omega\mu_3/\kappa_3}$ ergibt sich

$$\frac{Z_b}{2\pi b} = \frac{Z_{bD}}{2\pi b} = \frac{1}{2\pi b}\ \left(\frac{1}{\kappa_3 D} + j\omega\mu_3\ \frac{D}{3}\right) \left(1 - \frac{1}{\kappa_3 D Z_d}\right)$$

$$\text{für}\quad |k_3 D| \ll 1. \qquad (8.4,39)$$

Die Reihenentwicklung von Gl. (8.4,32) für $D/b \ll 1$ ergibt ebenfalls Gl. (8.4,39), wenn man nur das erste Glied des Realteils und Imaginärteils der Reihe berücksichtigt und beim Korrekturfaktor Gl. (8.4,31) die Größe $(d^2 - b^2)/2d = D$ setzt. Mit Ausnahme des Korrekturfaktors ist Gl. (8.4,39) aus der Literatur bekannt (siehe z.B. [2]).

Man beachte also: Im Fall eines dünnen Außenleiters gelten die Gln. (8.4,37) und (8.4,38) für Gleichstrom bis Hochfrequenz.

8.4.2.4 Zusammenstellung der Formeln für die Ausbreitungskonstante und Vergleich mit der Leitungstheorie

Gl. (8.4,18) liefert

$$k_z = \omega\sqrt{\mu_2\varepsilon_2}\ \sqrt{1 - j\ \frac{2\pi}{\omega\mu_2 \ln\frac{b}{a}}\ \left(\frac{Z_a}{2\pi a} + \frac{Z_b}{2\pi b}\right)}$$

$$\text{für}\quad |K_2 b| \ll 1. \qquad (8.4,40)$$

Ein Vergleich mit der aus der Leitungstheorie bekannten Formel

$$\gamma = \pm jk_z = \pm\sqrt{(R' + j\omega L')(G' + j\omega C')} \qquad (8.4,41)$$

liefert

$$R' = R_1' + R_3'$$

$$R_1' = \mathrm{Re}\left\{\frac{Z_a}{2\pi a}\right\}, \quad R_3' = \mathrm{Re}\left\{\frac{Z_b}{2\pi b}\right\} \qquad (8.4,42)$$

$$L' = L_1' + L_3' + L_2'$$

$$L_1' = \mathrm{Im}\left\{\frac{Z_a}{2\pi a\omega}\right\}, \quad L_3' = \mathrm{Im}\left\{\frac{Z_b}{2\pi b\omega}\right\}, \quad L_2' = \frac{\mu_2}{2\pi}\ln\frac{b}{a} \qquad (8.4,43)$$

$$G' = G_2' = \frac{2\pi\kappa_2}{\ln b/a} \qquad (8.4,44)$$

$$C' = C_2' = \frac{2\pi\varepsilon_{2R}}{\ln b/a} \, . \qquad (8.4,45)$$

Hierbei ist $\varepsilon_2 = \varepsilon_{2R} + \frac{\kappa_2}{j\omega} = \varepsilon_{r2}\,\varepsilon_o\,(1 - j\tan\delta_2)$.

Die Indizes 1,2,3 beziehen sich der Reihe nach auf die Medien 1,2,3. Z_a und Z_b sind aus den Gln. (8.4,11) bzw. (8.4,12) zu entnehmen.

Für <u>niedrige Frequenzen</u>, d.h. für $|k_1 a|$, $|k_3 b| << 1$ ergeben die Gln. (8.4,23), (8.4,32) unter Vernachlässigung des Außenfeldes mit Gl. (8.4,40), (8.4,41)

$$R' = R_N' = R_{1N}' + R_{3N}' = \frac{1}{\kappa_1\pi a^2} + \frac{1}{\kappa_3\pi(d^2 - b^2)} \qquad (8.4,46)$$

$$L' = L_N' = L_2' + L_{1N}' + L_{3N}'$$

$$= \frac{\mu_2}{2\pi}\ln\frac{b}{a} + \frac{\mu_1}{8\pi} + \frac{\mu_3}{2\pi(d^2-b^2)}\left(\frac{d^4}{d^2-b^2}\ln\frac{d}{b} - \frac{3d^2-b^2}{4}\right). \qquad (8.4,47)$$

Für G' und C' gelten die Gln.(8.4,44), (8.4,45).

Für <u>hohe Frequenzen</u>, d.h. für $|k_1 a|, |k_3 b|, |k_3 d| \gg 1$ ergeben die Gln.(8.4,24), (8.4,36) mit (8.4,40), (8.4,41)

$$R' = R'_H = R'_{1H} + R'_{3H} = \sqrt{\frac{\omega\mu_1}{2\kappa_1}} + \sqrt{\frac{\omega\mu_3}{2\kappa_3}} \qquad (8.4,48)$$

$$L' = L'_H = L'_2 + L'_{1H} + L'_{3H}$$

$$= \frac{\mu_2}{2\pi} \ln\frac{b}{a} + \sqrt{\frac{\mu_1}{2\kappa_1\omega}} + \sqrt{\frac{\mu_3}{2\kappa_3\omega}} = L'_2 + \frac{R'_H}{\omega}\ . \qquad (8.4,49)$$

Für G' und C' gelten die Gln.(8.4,44), (8.4,45). Die Gln.(8.4,44) bis (8.4,49) sind aus der Literatur bekannt (siehe z.B.[1], [2], [3]).

Für ein Kabel mit <u>dünnem Außenleiter</u>, d.h. für $D/b \ll 1$, lauten die Formeln für die Wandimpedanzen für alle Frequenzen (Gleichstrom bis Hochfrequenz) unter <u>Vernachlässigung des Außenfeldes</u>

$$Z_a = \frac{k_1}{j\omega\varepsilon_1} \frac{J_o(k_1 a)}{J_1(k_1 a)} \qquad (8.4,50)$$

$$Z_b = Z_{bD} = -j\, Z_3 \cot(k_3 D)\,. \qquad (8.4,51)$$

Die Gln.(8.4,42) bis (8.4,45) liefern die Formeln für R', L', G', C'. Bei <u>Berücksichtigung des Außenfeldes</u> ändert sich natürlich nur Gl.(8.4,51) und es wird nach Gl.(8.4,34) und (8.4,38)

$$Z_b = Z_{bD} = Z_3 \frac{Z_d/Z_3 + j\tan(k_3 D)}{1 + j\, Z_d/Z_3 \tan(k_3 D)}$$

$$\simeq -j\, Z_3 \cot(k_3 D) \left[1 + j\, \frac{Z_3}{Z_d} \frac{2}{\sin(2k_3 D)}\right] \qquad (8.4,52)$$

mit

$$Z_d = \left(\frac{K_4 d}{2}\right)^2 \frac{2\pi}{\omega\varepsilon_4 d} \left(1 - j\,\frac{2}{\pi}\ln\frac{\gamma K_4 d}{2}\right)$$

$$\text{für} \quad |K_4 d| \ll 1 \qquad (8.4,53)$$

$\ln\gamma$ Euler-Mascheronische Konstante.

Bei Gl. (8.4,53) wird in K_4 nach Gl. (8.4,4) die Größe k_z aus Gl. (8.4,40) unter Verwendung der Gln. (8.4,50) und (8.4,51) eingesetzt. Es ist $Z_d = \infty$ für $f = 0$.

8.4.2.5 Die einfachsten Formeln für die Ausbreitungskonstante bei niedrigen und hohen Frequenzen und verlustlosem Dielektrikum (Medium 2)

Es ist $\tan\delta_2 = 0$, d.h. $\kappa_2 = 0$, $\varepsilon_2 = \varepsilon_{2R}$ und damit nach Gl. (8.4,44) $G' = 0$.

Für niedrige Frequenzen, d.h. $f \to 0$ ist

$$R' \gg \omega L',$$

so daß Gl. (8.4,41) liefert

$$k_z = k_{zN} = \beta_N - j\alpha_N = -j\sqrt{jR_N'\omega C'}$$

$$= (1-j)\sqrt{\frac{R_N'\omega C'}{2}} \qquad (8.4,54)$$

d.h.

$$\beta_N = \alpha_N = \sqrt{\frac{R_N'\omega C'}{2}} \quad \text{für} \quad f \to 0. \qquad (8.4,55)$$

Die Phasengeschwindigkeit wird dann

$$v_p = v_{pN} = \frac{\omega}{\beta_N} = \sqrt{\frac{2\omega}{R_N'C'}} \to 0. \qquad (8.4,56)$$

Für <u>hohe Frequenzen</u> werden die Gln.(8.4,48) und (8.4,49) in Gl.(8.4,41) mit $G' = 0$ eingesetzt und es folgt

$$k_z = k_{zH} = -j\sqrt{(R_H' + j\omega L_H')\,j\omega C'}$$
$$= \omega\sqrt{L_2'C'}\,\sqrt{1 + (1-j)\frac{R_H'}{\omega L_2'}}\ . \qquad (8.4,57)$$

Mit dem Leitungswellenwiderstand

$$Z_L = \sqrt{\frac{L_2'}{C'}} \qquad (8.4,58)$$

ergibt sich dann unter der Voraussetzung

$$R_H' \ll \omega L_2'$$

die Gl.(8.4,57) zu

$$k_z = k_{zH} = \beta_H - j\alpha_H = \omega\sqrt{L_2'C'} + \frac{R_H'}{2Z_L} - j\,\frac{R_H'}{2Z_L} \qquad (8.4,59)$$

d.h. mit Gl.(8.4,43) und (8.4,45)

$$\beta_H = \omega\sqrt{L_2'C'} + \alpha_H = \omega\sqrt{\mu_2\varepsilon_2} + \alpha_H$$
$$\alpha_H = \frac{R_H'}{2Z_L}\ . \qquad (8.4,60)$$

Die Phasengeschwindigkeit wird dann

$$v_p = v_{pH} = \frac{\omega}{\beta_H} = \frac{1}{\sqrt{L_2'C'} + \alpha_H/\omega} \simeq \frac{1}{\sqrt{L_2'C'}} = \frac{1}{\sqrt{\mu_2\varepsilon_2}}\ . \qquad (8.4,61)$$

Für den Energiefluß in radialer Richtung gelten an den Stellen $\rho = a$ und $\rho = b$ die komplexen Eingangswiderstände (Wandimpedanzen) Z_b bzw. Z_a.

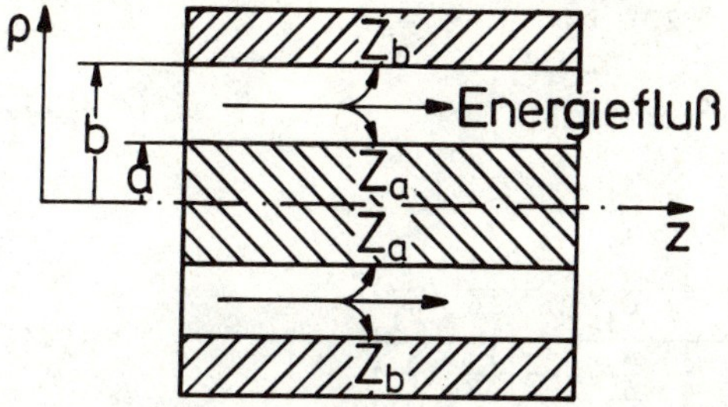

Bild 8.16: Schematische Darstellung des Energieflusses in der koaxialen Leitung mit Verlusten

8.4.2.6 Stromverteilung im Innenleiter

Mit E_{z1} und $H_{\phi 1}$ aus Gl.(8.4,5) wird die Stromdichte im Innenleiter

$$S_1 = \kappa_1 E_{z1} = \kappa_1 C_1 \frac{K_1^2}{j\omega\varepsilon_1} J_o(K_1\rho) \qquad (8.4,62)$$

und der Gesamtstrom I_1 im Innenleiter

$$I_1 = 2\pi a \left. H_{\phi 1}\right|_{\rho=a} = + 2\pi a \; C_1 K_1 J_1(K_1 a). \qquad (8.4,63)$$

Einsetzen von Gl.(8.4,63) in Gl.(8.4,62) ergibt mit $\varepsilon_1 = \kappa_1/j\omega$

$$S_1 = \frac{I_1 \; K_1^2 \; J_o(K_1\rho)}{2\pi a \; K_1 \; J_1(K_1 a)}$$

und mit

$$S_{10} = \frac{I_1}{\pi a^2} \qquad (8.4,64)$$

$$\frac{S_1}{S_{10}} = \frac{K_1 a}{2} \frac{J_o(K_1\rho)}{J_1(K_1 a)} = \frac{1 - (\frac{K_1\rho}{2})^2 + \frac{1}{4}(\frac{K_1\rho}{2})^4 - + }{1 - \frac{1}{2}(\frac{K_1 a}{2})^2 + \frac{1}{12}(\frac{K_1 a}{2})^4 - + \ldots} .$$

Wegen Gl. (8.4,20) ist

$$\frac{1}{2} K_1 \approx \frac{1}{2} k_1 = \sqrt{\frac{-j}{2}} \frac{1}{\delta_1} . \tag{8.4,65}$$

Hiermit wird

$$\frac{S_1}{S_{10}} \approx \frac{1 + \frac{j}{2} \left(\frac{\rho}{\delta_1}\right)^2 - \frac{1}{16} \left(\frac{\rho}{\delta_1}\right)^4}{1 + \frac{j}{4} \left(\frac{a}{\delta_1}\right)^2 - \frac{1}{48} \left(\frac{a}{\delta_1}\right)^4} \tag{8.4,66}$$

$$\text{für} \quad |k_1 a| << 1,$$

und somit

$$\left|\frac{S_1}{S_{10}}\right| \approx \sqrt{\frac{1 + \frac{1}{8} \left(\frac{\rho}{\delta_1}\right)^4}{1 + \frac{1}{48} \left(\frac{a}{\delta_1}\right)^4}} \approx \sqrt{1 + \frac{1}{8} \left(\frac{\rho}{\delta_1}\right)^4 - \frac{1}{48} \left(\frac{a}{\delta_1}\right)^4}$$

$$\approx 1 + \frac{1}{16} \left(\frac{\rho}{\delta_1}\right)^4 - \frac{1}{96} \left(\frac{a}{\delta_1}\right)^4 \quad \text{für } |k_1 \rho| << 1. \tag{8.4,67}$$

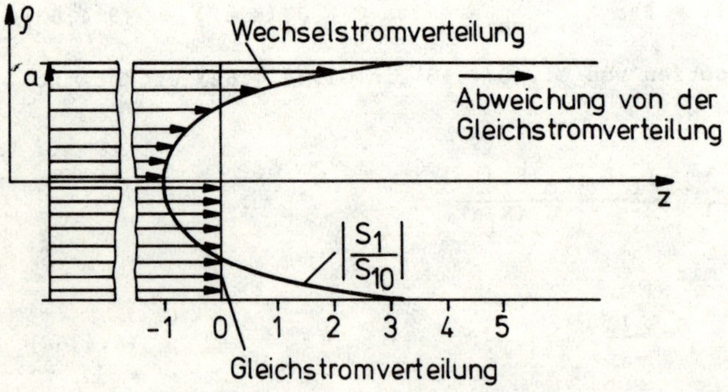

Bild 8.17: Verteilung der Wechselstromamplitude über den Querschnitt des Innenleiters der koaxialen Leitung bei geringer Stromverdrängung ($|k_1 \rho| << 1$)

8.4.2.7 Numerisches Beispiel

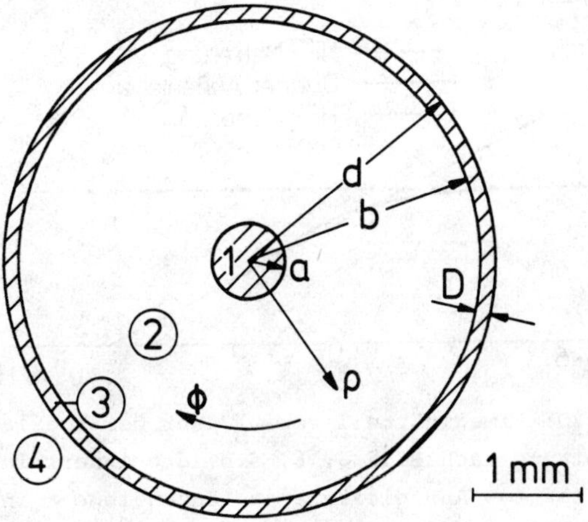

Bild 8.18: Querschnitt der numerisch berechneten koaxialen Leitung in relativ richtigem Maßstab.

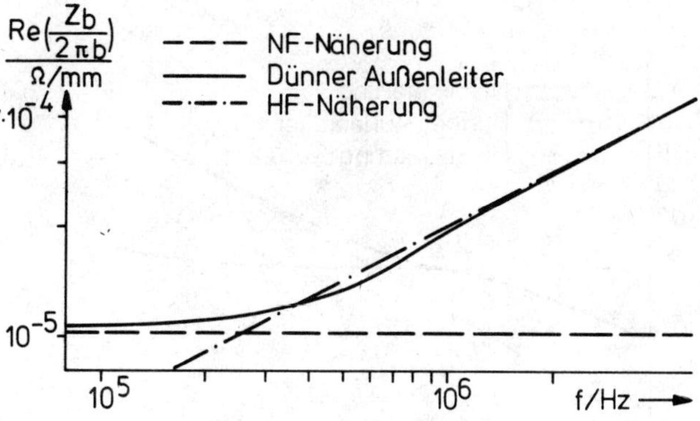

Bild 8.19: Realteil von $Z_b/2\pi b$ der koaxialen Leitung nach Bild 8.18, d.h. der Wirkwiderstand des Aussenleiters je Längeneinheit in Abhängigkeit von der Frequenz f. NF-Näherung Gl.(8.4,32) mit C = 1. Dünner Außenleiter Gl.(8.4,35). HF-Näherung Gl. (8.4,36).

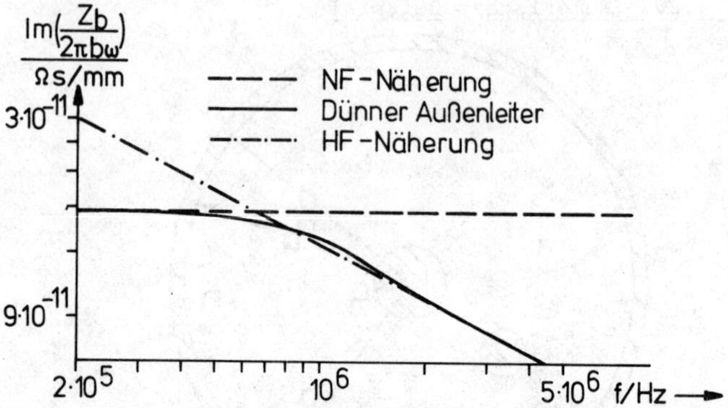

Bild 8.20: Imaginärteil von $Z_b/2\pi b\omega$ der koaxialen Leitung nach Bild 8.18, d.h. die innere Induktivität des Außenleiters je Längeneinheit in Abhängigkeit von der Frequenz f. NF-Näherung Gl. (8.4,32) mit C = 1. Dünner Außenleiter Gl. (8.4,35). HF-Näherung Gl.(8.4,36).

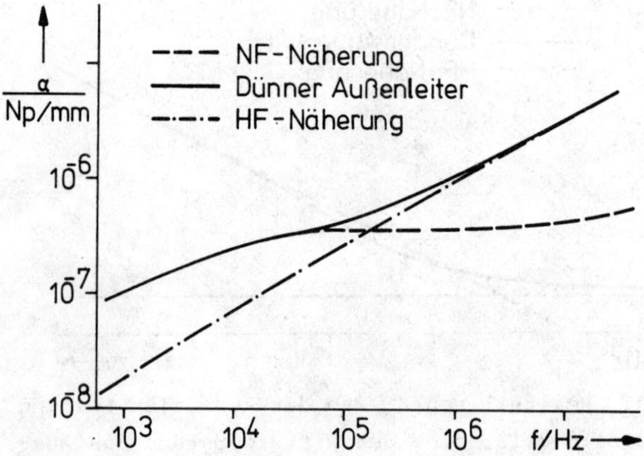

Bild 8.21: Die Dämpfungskonstante der koaxialen Leitung nach Bild 8.18 in Abhängigkeit von der Frequenz f. NF-Näherung Gl.(8.4,23), (8.4,32) mit C = 1 und Gl.(8.4,40).

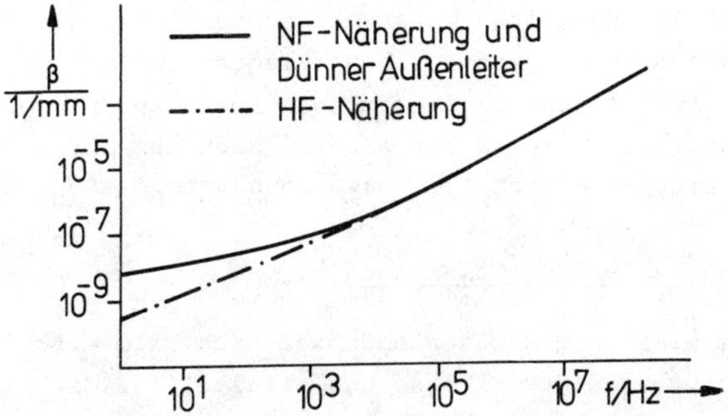

Bild 8.22: Die Phasenkonstante der koaxialen Leitung in Abhängigkeit von der Frequenz f. NF-Näherung Gl.(8.4,23), (8.4,32) mit C = 1 und Gl.(8.4,40). Dünner Außenleiter Gl.(8.4,50), (8.4,51) und (8.4,40). HF-Näherung Gl.(8.4,24), (8.4,36) und (8.4,40).

Für die koaxiale Leitung nach Bild 8.18 zeigen die Bilder 8.19 bis 8.22 Real- und Imaginärteil von $Z_b/2\pi b$ bzw. $Z_b/2\pi b\omega$ und Dämpfungs- und Phasenkonstante in Abhängigkeit von der Frequenz sowie die entsprechenden Näherungen.
Die Gleichungen für einen dünnen Außenleiter, d.h. die Gl.(8.4,50) und (8.4,51) in Verbindung mit der Gl. (8.4,40) sind, wie schon oben erwähnt, so genau, daß sie alle Werte innerhalb der Zeichengenauigkeit genügend genau wiedergeben.
Die NF-Näherung, d.h. Gl.(8.4,23) und (8.4,32) mit C = 1 in Verbindung mit Gl.(8.4,40) und die HF-Näherung, d.h. Gl.(8.4,24) und (8.4,36) in Verbindung mit Gl.(8.4,40) ergeben keine genügend genaue Überlappung im mittleren Frequenzbereich (10^4 Hz bis 10^7 Hz).
Nach Bild 8.22 gilt die NF-Näherung offenbar für alle

Frequenzen. Dies hängt jedoch mit der Zeichengenauigkeit im hier gewählten Maßstab zusammen. Eine numerische Berechnung ergibt für hohe Frequenzen, daß die aus der NF-Näherung sich ergebende Phasenkonstante um den Faktor 1,07 größer ist als die sich aus der HF-Näherung ergebende richtige Phasenkonstante.

8.4.2.8 Fehler der Näherungen

Bei dem hier untersuchten Beispiel nach Bild 8.18 ist die Bedingung $|K_2 b| << 1$ so gut erfüllt, daß die Einschränkung bis zu den für das Kabel in Frage kommenden höchsten Frequenzen keine Fehlerrechnung erfordert. Gl.(8.4,51) hat bei allen koaxialen Kabeln den größten Fehler bei der Frequenz Null. Dieser Fehler ergibt sich aus Gl.(8.4,51) und (8.4,32) mit $C = 1$ und ist somit

$$\Delta Z_b = \left. \frac{Z_{bD} - Z_{bN}}{Z_{bN}} \right|_{f=0} = \frac{D}{2b}. \tag{8.4,68}$$

Für die Ausbreitungskonstante ergibt sich dann wegen Gl.(8.4,68) ein Fehler

$$\Delta k_z = \left| \frac{k_{zN} - k_{zD}}{k_{zN}} \right|_{f=0} = 1 - \sqrt{1 - \frac{\kappa_1 a^2 D}{2b\left(\kappa_1 a^2 + \kappa_3 (d^2 - b^2)\right)}} \tag{8.4,69}$$

Bei den unter Bild 8.18 angegebenen Daten wird $d/2b = 3\%$ und $\Delta k_z = 0{,}33\%$.

Der Fehler, der durch die Vernachlässigung des Außenfeldes bei Z_b entsteht, wird bei tiefen Frequenzen recht genau durch die Abweichung des Korrekturfaktors C in Gl.(8.4,31) beschrieben. Über den gesamten Frequenzbereich gilt für den Fall eines dünnen Außenleiters jedoch als Fehler die Abweichung zwischen Gl.

(8.4,51) und (8.4,52). Bei dem hier berechneten Kabel ergibt die Vernachlässigung des Außenfeldes folgende Fehler:

$$\Delta k_z = \left|\frac{k_{zK} - k_{zA}}{k_{zA}}\right| \leq 0{,}21\%$$

$$\Delta \beta = \left|\frac{\beta_A - \beta_K}{\beta_A}\right| \leq 0{,}22\%$$

$$\Delta \alpha = \left|\frac{\alpha_A - \alpha_K}{\alpha_A}\right| \leq 0{,}4\% \,.$$

Hierin bedeuten der Index K keine Berücksichtigung des Außenfeldes, der Index A Berücksichtigung des Außenfeldes durch Gl.(8.4,52).
Es sind $\Delta k_z = 0{,}21\%$ bei $f = 3$ kHz, $\Delta\beta = 0{,}22\%$ bei $f = 1$ kHz, $\Delta\alpha = 0{,}4\%$ bei $f = 30$ kHz.
Ein Vergleich mit den Werten in [1] zeigt folgendes:
Bei der Berechnung von k_{zA} nach Gl.(8.4,40), (8.4,50) (8.4,52), d.h. mit Außenfeld beträgt die relative Abweichung gegenüber [1] bei der Dämpfungskonstante maximal 0,55% und bei der Phasenkonstante maximal 0,35%.
Bei der Berechnung von k_{zK} nach Gl.(8.4,40),(8.4,50), (8.4,51), d.h. ohne Außenfeld, beträgt die relative Abweichung gegenüber [1] bei der Dämpfungskonstante maximal 0,43% und bei der Phasenkonstante maximal 0,14%.

8.4.3 Die allgemeine Gleichung zur Bestimmung der Eigenwerte bei sehr großem b/λ_o. Folgerungen

8.4.3.1 Die allgemeine Gleichung

Bei genügend großem b/λ_o, d.h. bei genügend großem Innenradius des Mediums 3 oder bei genügend hoher Frequenz f (genügend kleiner Wellenlänge λ_o) werden

$$|K_2 b|,\ |K_3 b|,\ |K_3 d|,\ |K_4 d| >> 1. \qquad (8.4,70)$$

Einsetzen der asymptotischen Gl.(6.3,66), (6.3,67), (8.4,33) für die Hankelschen Funktionen mit den Argumenten K_2b, K_3b, K_3d, K_4d in die Gln.(8.4,10), (8.4,12), (8.4,13), (8.4,14) ergibt

$$\frac{H_o^{(1)}(K_2a) + j\frac{\omega\varepsilon_2}{K_2} Z_a H_o^{(1)'}(K_2a)}{H_o^{(2)}(K_2a) + j\frac{\omega\varepsilon_2}{K_2} Z_a H_o^{(2)'}(K_2a)} = -j\,\frac{1 + \frac{\omega\varepsilon_2}{K_2} Z_b}{1 - \frac{\omega\varepsilon_2}{K_2} Z_b}\, e^{j2K_2 b}$$

(8.4,71)

$$Z_b = \frac{K_3}{\omega\varepsilon_3}\,\frac{\frac{Z_d\omega\varepsilon_3}{K_3} + j\tan(K_3D)}{1 + j\frac{Z_d\omega\varepsilon_3}{K_3}\tan(K_3D)} \qquad (8.4,72)$$

$$Z_d = \frac{K_4}{\omega\varepsilon_4}\,. \qquad (8.4,73)$$

Gl.(8.4,72) entspricht Gl.(8.4,34).

8.4.3.2 Die Gleichung bei Feldführung durch das Medium 1. Sommerfelddraht

Bei Feldführung durch das Medium 1 muß das Feld im Medium 2 in Richtung wachsender ρ abnehmen. Die Größe K_2 wird einen Imaginärteil haben. Man denke an das

Außenfeld der dielektrischen Platte Kapitel 8.1.1.3 oder an den Sommerfelddraht Kapitel 8.3.3. Es muß dann gelten

$$\text{Im}\,(K_2) < 0.$$

Für $|\text{Im}(K_2b)| \to \infty$ wird dann die rechte Seite in Gl. (8.4,71) ebenfalls ∞, und es gilt

$$H_o^{(2)}(K_2a) + j\,\frac{\omega\varepsilon_2}{K_2}\,Z_a H_o^{(2)\prime}(K_2a) = 0. \qquad (8.4,74)$$

Einsetzen von Gl.(8.4,11) in Gl.(8.4,74) ergibt

$$\frac{H_o^{(2)\prime}(K_2a)}{H_o^{(2)}(K_2a)} - \frac{K_2\varepsilon_1}{K_1\varepsilon_2}\,\frac{J_o'(K_1a)}{J_o(K_1a)} = 0$$

$$\text{für} \quad |\text{Im}(K_2b)| \to \infty. \qquad (8.4,75)$$

Gl.(8.4,75) stimmt überein mit Gl.(8.3,20) und liefert die Ausbreitungskonstante für die E_o-Welle als Oberflächenwelle.
Wenn Medium 1 ein guter Leiter ist, liefert Gl. (8.4,75) die Ausbreitungskonstante für die E_o-Welle des Sommerfelddrahtes (siehe Gl.(8.3,83), (8.3,93) etc.).
Das bedeutet aber, daß die Leitungswelle der koaxialen Leitung bei genügend großem b/λ_o, d.h. auch bei entsprechend hohen Frequenzen, in die Oberflächenwelle des als Sommerfelddraht wirkenden Innenleiters übergeht.

Beweis:

Bei der koaxialen Leitung liefert wegen $K_2 = \sqrt{k_2^2 - k_z^2}$ die Gl.(8.4,40) $|\text{Im}(K_2b)| \to \infty$ für $b/\lambda_o \to \infty$. Zwar ist dann die Voraussetzung $|K_2b| \ll 1$ für die Gültigkeit von Gl.(8.4,40) nicht mehr erfüllt, doch ist $|\text{Im}(K_2b)| \to \infty$ für $b/\lambda_o \to \infty$ sicher richtig. Dies soll folgende Überlegung zeigen: Es ist selbstverständlich, daß $b \to \infty$ auch $|K_2 b| \to \infty$ ergibt. Bei endlichem Innenradius b des Außenleiters bedeutet $b/\lambda_o \to \infty$ aber Frequenz $f \to \infty$. Für hohe Frequenzen gilt nun unter der Voraussetzung $|K_2 b| << 1$ für k_z die Gl.(8.4,57) und es wird bei Berücksichtigung von Gl.(8.4,45), (8.4,48), (8.4,49) mit $\varepsilon_2 = \varepsilon_{2R}$

$$K_2^2 = \frac{j\omega\varepsilon_2}{\ln \frac{b}{a}} \left(\frac{1}{a}\sqrt{\frac{\omega\mu_1}{2\kappa_1}} + \frac{1}{b}\sqrt{\frac{\omega\mu_1}{2\kappa_2}}\right) \sim \omega^{3/2} \to \infty$$

$$\text{für} \quad \omega \to \infty. \qquad (8.4,76)$$

Siehe hierzu auch Gl.(8.4,18). D.h. aber, $|K_2 b| << 1$ gilt nicht für beliebig hohe Frequenzen, und ab einer bestimmten Frequenz wird die Voraussetzung $|K_2 b| >> 1$ sinnvoll, aus der sich Gl.(8.4,75) ergibt, q.e.d. .

Schrifttum

(1) MAHR, H., Ein Beitrag zur Theorie der im Grundwellentyp angeregten Koaxialleitung. Der Fernmelde-Ingenieur, 23.Jg., Heft 5/1969

(2) ZINKE, O. und H.BRUNSWIG, Lehrbuch der HF-Technik. Springer Verlag 1965. (S.5, 6, 54, 55)

(3) KÜPFMÜLLER, K., Einführung in die theoretische Elektrotechnik. Springer Verlag 1959. (S.244, 245)

9. DIE EINFACHSTEN KUGELWELLEN, ANTENNENABSTRAHLUNG

9.1 Das retardierte Potential

Mit dem Vektorpotential

$$\vec{A} = 0,\ 0,\ A_z$$

$$A_z = A \tag{9.1,1}$$

ergibt sich aus der Wellengleichung (6.1,14)

$$\Delta A + k^2 A = 0.$$

Wegen $k^2 = \omega^2 \mu\varepsilon$, $\omega^2 = -\frac{\partial^2}{\partial t^2}$ kann man mit $v_p = 1/\sqrt{\mu\varepsilon}$ auch schreiben

$$\Delta A = \frac{1}{v_p^2} \frac{\partial^2 A}{\partial t^2}. \tag{9.1,2}$$

Mit

$$\frac{\partial}{\partial \theta} = \frac{\partial}{\partial \phi} = 0 \tag{9.1,3}$$

wird nach Gl. (6.4,2)

$$\Delta A = \frac{1}{r^2} \frac{\partial}{\partial r} \left(r^2 \frac{\partial A}{\partial r}\right) = \frac{\partial^2 A}{\partial r^2} + \frac{2}{r} \frac{\partial A}{\partial r} = \frac{1}{r} \frac{\partial^2 (rA)}{\partial r^2}. \tag{9.1,4}$$

Einsetzen von Gl. (9.1,4) in Gl. (9.1,2) liefert

$$\frac{1}{r} \frac{\partial^2 (rA)}{\partial r^2} = \frac{1}{v_p^2} \frac{\partial^2 A}{\partial t^2}$$

oder

$$\frac{\partial^2 (rA)}{\partial \left(\pm \frac{r}{v_p}\right)^2} = \frac{\partial^2 (rA)}{\partial t^2}, \tag{9.1,5}$$

mit der Lösung nach d'Alembert

$$rA = f_1(t - \frac{r}{v_p}) + f_2(t + \frac{r}{v_p}) \ . \qquad (9.1,6)$$

f_1 ist eine sich mit v_p ausdehnende,

f_2 eine mit v_p sich zusammenziehende Kugelwelle.

Jeder Vorgang, der z.B. bei $r = 0$ passiert, wandert mit v_p nach allen Richtungen fort mit einer Amplitudenabnahme $\sim \frac{1}{r}$. Im homogenen Raum war im statischen Fall nach Gl. (2.2,2) bei einer Raumladung q_V das elektrostatische Potential

$$\Phi = \frac{1}{4\pi\varepsilon} \int_V \frac{q_V dV}{r} \ , \qquad (9.1,7)$$

das elektrostatische Feld

$$\vec{E} = -\,\mathrm{grad}\Phi \qquad (9.1,8)$$

und bei der Stromdichte $\vec{S}$ das Vektorpotential nach Gl. (2.7,4)

$$\vec{A} = \frac{1}{4\pi} \int_V \frac{\vec{S} dV}{r} \qquad (9.1,9)$$

r Abstand zwischen Quellpunkt (Ort von q_V oder $\vec{S}$) und Aufpunkt in dem ϕ und $\vec{A}$ bestimmt werden sollen.

Wegen Gl. (9.1,6) gilt in der Elektrodynamik

$$\Phi_{ret} = \frac{1}{4\pi\varepsilon} \int_V \frac{1}{r} q_V(t - \frac{r}{v_p}) \, dV \qquad (9.1,10)$$

$$\vec{A}_{ret} = \frac{1}{4\pi} \int_V \frac{1}{r} \vec{S}(t - \frac{r}{v_p}) \, dV \qquad (9.1,11)$$

Φ_{ret}, $\vec{A}_{ret}$ retardierte Potentiale.

Man hat also in jedem Quellpunkt die Ladungsdichte und Stromdichte zu wählen, die um die Latenzzeit r/v_p früher dort vorhanden waren als im Integrationsmoment.

Hierbei ist unbedingt zu beachten, daß nur die retardierten Potentiale Lösungen der Wellengleichung sind und daß nur die aus diesen Potentialen abgeleiteten Feldstärken $\vec{E}$ und $\vec{H}$ die Maxwellschen Gleichungen erfüllen.
Falsch wäre es dagegen, $\vec{E}$ und $\vec{H}$ für ein Wellenfeld aus dem retardierten statischen $\vec{E}$ und $\vec{H}$ zu berechnen.

9.2 Die E-Welle (elektrischer Punktdipol) und H-Welle (magnetischer Punktdipol)

9.2.1 Die Felder der E- und H-Welle

Bei sinusförmigen Vorgängen wird

$$\frac{\omega}{k} = v_p = \frac{1}{\sqrt{\mu\varepsilon}} \qquad (9.2,1)$$

μ, ε kann komplex sein.
Aus Gl.(9.1,6) ergibt sich für eine Welle in Richtung r

$$A_z = A = \frac{C}{r}\, e^{j(\omega t - kr)}\,. \qquad (9.2,2)$$

Wegen Gl.(6.4,3), d.h. wegen

$$A_z = A_z \cos\theta$$
$$A_\theta = -A_z \sin\theta$$
$$A_\phi = 0 \qquad (9.2,3)$$

und wegen $\partial/\partial\theta = \partial/\partial\phi = 0$ ist

$$(\text{rot}\,\vec{A})_r = 0. \qquad (9.2,4)$$

D.h. man kann wieder Fünf-Komponenten-Wellen ansetzen, nämlich

E-Wellen ($H_r \equiv 0$)	H-Wellen ($E_r \equiv 0$)
$\vec{H} = \mathrm{rot}\,\vec{A}$	$\vec{E} = \mathrm{rot}\,\vec{A}$
$\vec{E} = \frac{1}{j\omega\varepsilon}\,\mathrm{rot}\,\vec{H} \quad (9.2,5)$	$\vec{H} = \frac{-1}{j\omega\mu}\,\mathrm{rot}\,\vec{E}. \quad (9.2,6)$

Mit Gl. (9.2,2) und (9.2,3) sind die Feldkomponenten unter Weglassung des Faktors $e^{j\omega t}$ bei der

E-Welle, $C = C_E$

$$H_r = 0$$

$$H_\theta = (\mathrm{rot}\,\vec{A})_\theta = 0$$

$$E_\phi = \frac{1}{j\omega\varepsilon}\,(\mathrm{rot}\,\vec{H})_\phi = 0$$

$$H_\phi = (\mathrm{rot}\,\vec{A})_\phi = \frac{1}{r}\left(\frac{\partial(rA_\theta)}{\partial r} - \frac{\partial A_r}{\partial\theta}\right) =$$

$$= j\,C_E\,k\,\sin\theta\,\frac{e^{-jkr}}{r}\,(1 + \frac{1}{jkr})$$

$$E_r = \frac{1}{j\omega\varepsilon}\,(\mathrm{rot}\,\vec{H})_r = \frac{1}{r\,\sin\theta}\,\frac{\partial(\sin\theta\,H_\phi)}{\partial\theta} =$$

$$= -\,\frac{2\,C_E k^2}{j\omega\varepsilon}\cos\theta\,\frac{e^{-jkr}}{r}\left[\frac{1}{jkr} + (\frac{1}{jkr})^2\right]$$

$$E_\theta = \frac{1}{j\omega\varepsilon}\,(\mathrm{rot}\,\vec{H})_\theta = -\,\frac{1}{r\,\sin\theta}\,\frac{\partial(r\,\sin\theta\,H_\phi)}{\partial r} =$$

$$= -\,\frac{C_E k^2 \sin\theta}{j\omega\varepsilon}\,\frac{e^{-jkr}}{r}\left[1 + \frac{1}{jkr} + (\frac{1}{jkr})^2\right] \quad (9.2,7)$$

H-Welle, $C = C_H$

$$E_r = E_\theta = H_\phi = 0$$

$$E_\phi = j\,C_H k\,\sin\theta\,\frac{e^{-jkr}}{r}\,(1 + \frac{1}{jkr})$$

$$H_r = \frac{2\,C_H k^2}{j\omega\mu}\,\cos\theta\,\frac{e^{-jkr}}{r}\left[\frac{1}{jkr} + (\frac{1}{jkr})^2\right]$$

$$H_\theta = \frac{C_H k^2 \sin\theta}{j\omega\mu}\,\frac{e^{-jkr}}{r}\left[1 + \frac{1}{jkr} + (\frac{1}{jkr})^2\right]. \quad (9.2,8)$$

Dabei hat man die Feldkomponenten der H-Welle, wegen der Gln.(9.2,5), (9.2,6) aus den Gln.(9.2,7) erhalten, indem hier H_r durch E_r, H_θ durch E_θ, E_ϕ durch H_ϕ, H_ϕ durch E_ϕ, E_r durch H_r, E_θ durch H_θ, $j\omega\varepsilon$ durch $-j\omega\mu$ und C_E durch C_H ersetzt wurden.
Mit

$$Z = \sqrt{\frac{\mu}{\varepsilon}}\,, \qquad k = \omega\sqrt{\mu\varepsilon} \tag{9.2,9}$$

$$j\,C_E k = C_e \quad \text{bei der E-Welle}$$

$$j\,C_H k = C_m \quad \text{bei der H-Welle} \tag{9.2,10}$$

schreibt man bei der

<u>E-Welle</u>

$$H_r = H_\theta = E_\phi = 0$$

$$H_\phi = C_e \sin\theta \, \frac{e^{-jkr}}{r} \left(1 + \frac{1}{jkr}\right)$$

$$E_r = 2\, C_e Z \cos\theta \, \frac{e^{-jkr}}{r} \left[\frac{1}{jkr} + \left(\frac{1}{jkr}\right)^2\right]$$

$$E_\theta = C_e Z \sin\theta \, \frac{e^{-jkr}}{r} \left[1 + \frac{1}{jkr} + \left(\frac{1}{jkr}\right)^2\right] \tag{9.2,11}$$

<u>H-Welle</u>

$$E_r = E_\theta = H_\phi = 0$$

$$E_\phi = C_m \sin\theta \, \frac{e^{-jkr}}{r} \left(1 + \frac{1}{jkr}\right)$$

$$H_r = -2\, \frac{C_m}{Z} \cos\theta \, \frac{e^{-jkr}}{r} \left[\frac{1}{jkr} + \left(\frac{1}{jkr}\right)^2\right]$$

$$H_\theta = -\frac{C_m}{Z} \sin\theta \, \frac{e^{-jkr}}{r} \left[1 + \frac{1}{jkr} + \left(\frac{1}{jkr}\right)^2\right]. \tag{9.2,12}$$

Die Gln.(9.2,11) und (9.2,12) lassen sich auch aus der Lösung der Wellengleichung in Kugelkoordinaten herleiten.

Mit dem Ansatz

$$\vec{A} = A_r,\ 0,\ 0$$

$$A_r = A \qquad (9.2,13)$$

ergibt sich als Lösung der Wellengleichung in Kugelkoordinaten die Gl.(6.4,27), nämlich

$$A_r = \sqrt{kr}\ Z_{\nu+1/2}(kr)\ K_\nu^\mu(\cos\theta)\ e^{\pm j\mu\phi}. \qquad (9.2,14)$$

Bei $\partial/\partial\phi = 0$ nach Gl.(9.1,3) ist

$$\mu = 0, \qquad (9.2,15)$$

und somit wegen Gl.(6.4,67)

$$K_\nu^\mu = K_\nu^0 = C_1 P_\nu + C_2 Q_\nu.$$

Setzt man

$$\nu = 1,$$

so folgt aus Gl.(6.4,56) $Q_1(\cos\theta) \to \infty$ für $\theta \to 0$, d.h. es kommt nur P_1 allein in Betracht. Somit ist

$$K_\nu^\mu(\cos\theta) = K_1^0\ (\cos\theta) = C_1 P_1(\cos\theta) = C_1 \cos\theta$$
$$\text{bei}\ \ \mu = 0,\ \ \nu = 1. \qquad (9.2,16)$$

Für eine Welle in Richtung r ist wegen Gl.(6.3,70)

$$Z_{\nu+1/2}(kr) = H_{\nu+1/2}^{(2)}(kr). \qquad (9.2,17)$$

Bei $\nu = 1$ wird unter Beachtung der Gln.(6.3,54), d.h. unter Benutzung von

$$H_p^{(2)}(kr^*) = (H_p^{(1)}(kr))^*,$$

$$H_{1+1/2}^{(2)}(kr) = -\sqrt{\frac{2}{\pi kr}}\ e^{-jkr}\left(1 + \frac{1}{jkr}\right).^{1)} \qquad (9.2,18)$$

---

1) Siehe z.B.: EMDE, F., JAHNKE, E., Tafeln höherer Funktionen, B.G.Teubner Verlagsges., Leipzig (1952) S.135

Einsetzen von Gl.(9.2,16) und (9.2,17) bei Beachtung von Gl.(9.2,18), (9.2,15) und $\nu = 1$ in Gl.(9.2,14) ergibt

$$A_r = -C_1 \sqrt{\frac{2}{\pi}}\, e^{-jkr}\left(1 + \frac{1}{jkr}\right) \cos\theta. \qquad (9.2,19)$$

Hiermit wird z.B.

$$H_\phi = (\mathrm{rot}\,\vec{A})_\phi = -\frac{1}{r}\frac{\partial A_r}{\partial \theta} =$$

$$= -C_1 \sqrt{\frac{2}{\pi}}\, \frac{e^{-jkr}}{r}\left(1 + \frac{1}{jkr}\right) \sin\theta. \qquad (9.2,20)$$

Abgesehen von der Konstanten stimmt Gl.(9.2,20) mit H_ϕ in Gl.(9.2,11) überein.

D.h. die Felder in Gl.(9.2,11) und (9.2,12) lassen sich auch aus der Lösung der Wellengleichung in Kugelkoordinaten Gl.(9.2,14) mit $\mu = 0$, $\nu = 1$ und den Ansätzen $\vec{H} = \mathrm{rot}(A_r\vec{e}_r)$ bzw. $\vec{E} = \mathrm{rot}(A_r\vec{e}_r)$ herleiten.

<u>Gleichungen der Felder im Nahfeld</u>

Hier ist

$$kr \ll 1$$

$$e^{-jkr} \simeq 1. \qquad (9.2,21)$$

Aus den Gln.(9.2,11) und (9.2,12) ergibt sich dann für die

<u>E-Welle, Nahfeld</u>

$$H_r = H_\theta = E_\phi = 0$$

$$H_\phi = -j\,\frac{C_e \sin\theta}{kr^2}$$

$$E_r = -2\, C_e Z\, \frac{\cos\theta}{k^2 r^3}$$

$$E_\theta = -C_e Z\, \frac{\sin\theta}{k^2 r^3} \qquad (9.2,22)$$

<u>H-Welle, Nahfeld</u>

$$E_r = E_\theta = H_\phi = 0$$

$$E_\phi = -j\, C_m\, \frac{\sin\theta}{kr^2}$$

$$H_r = 2\, \frac{C_m}{Z}\, \frac{\cos\theta}{k^2 r^3}$$

$$H_\theta = \frac{C_m}{Z}\, \frac{\sin\theta}{k^2 r^3} \qquad (9.2,23)$$

Gleichungen der Felder im Fernfeld

Hier ist

$$kr \gg 1. \tag{9.2,24}$$

Unter dieser Bedingung folgt aus den Gln. (9.2,11) und (9.2,12) für die

E-Welle, Fernfeld	H-Welle, Fernfeld
$H_r = H_\theta = E_\phi = 0$	$E_r = E_\theta = H_\phi = 0$
$H_\phi = C_e \sin\theta \dfrac{e^{-jkr}}{r}$	$E_\phi = C_m \sin\theta \dfrac{e^{-jkr}}{r}$
$E_r = -j\, 2C_e Z \cos\theta \dfrac{e^{-jkr}}{kr^2}$	$H_r = j\, 2 \dfrac{C_m}{Z} \cos\theta \dfrac{e^{-jkr}}{kr^2}$
$E_\theta = C_e Z \sin\theta \dfrac{e^{-jkr}}{r} = H_\phi Z$	$H_\theta = \dfrac{-C_m}{Z} \sin\theta \dfrac{e^{-jkr}}{r} = -\dfrac{E_\phi}{Z}$
(9.2,25)	(9.2,26)

9.2.2 Der Zusammenhang zwischen dem elektrischen und magnetischen Punktdipol und dem retardierten Potential

Der elektrische Punktdipol

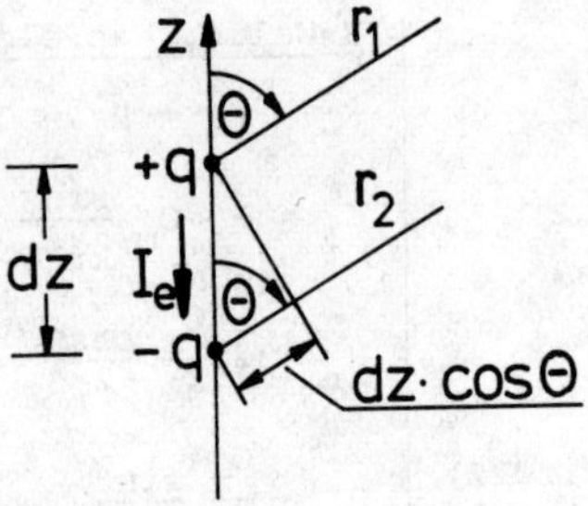

Bild 9.1: Der elektrische Punktdipol

Das Potential des elektrischen Punktdipols ist (s.Gl. (2.5,1))

$$\Phi_e = \frac{q\ dz\ \cos\theta}{4\pi\varepsilon\ r^2} = \frac{M\ \cos\theta}{4\pi\varepsilon\ r^2} \tag{9.2,27}$$

$\vec{M} = q\ dz\ \vec{e}_z$ Dipolmoment.

Mit $\partial/\partial\phi = 0$ ist das elektrische Feld

$$\vec{E} = -\operatorname{grad}\Phi_e = -\vec{e}_r \frac{\partial\Phi_e}{\partial r} - \vec{e}_\theta \frac{1}{r}\frac{\partial\Phi_e}{\partial\theta}\ . \tag{9.2,28}$$

Einsetzen von Gl.(9.2,27) in Gl.(9.2,28) ergibt

$$E_r = -\frac{\partial\Phi_e}{\partial r} = \frac{2\ M\ \cos\theta}{4\pi\varepsilon\ r^3}$$

$$E_\theta = -\frac{1}{r}\frac{\partial\Phi_e}{\partial\theta} = \frac{M\ \sin\theta}{4\pi\varepsilon\ r^3}\ . \tag{9.2,29}$$

Vergleich von Gl.(9.2,29) mit Gl.(9.2,22), d.h. dem Nahfeld der E-Welle ergibt

$$-\frac{C_e Z}{k^2} = \frac{M}{4\pi\varepsilon} = \frac{q\ dz}{4\pi\varepsilon}\ . \tag{9.2,30}$$

Zwischen den Ladungen +q und -q fließe der Wechselstrom

$$I_e = \frac{dq}{dt} = j\omega q. \tag{9.2,31}$$

Einsetzen von Gl.(9.2,31) in Gl.(9.2,30) ergibt

$$C_e = -\frac{k^2}{Z}\frac{I_e dz}{j\omega 4\pi\varepsilon} = j\ \frac{k\ I_e dz}{4\pi}$$

und mit $k = 2\pi/\lambda$ bei reellem μ, ε

$$C_e = j\ \frac{I_e dz}{2\lambda}\ . \tag{9.2,32}$$

Mit Gl.(9.2,32) stimmt also das E-Feld des elektrischen Dipols mit dem Nahfeld Gl.(9.2,22) überein.

Einsetzen von Gl.(9.2,32) in H_ϕ von Gl.(9.2,22) ergibt

$$H_\phi = \frac{k\ I_e dz}{4\pi}\ \frac{\sin\theta}{kr^2} = \frac{I_e dz\ \sin\theta}{4\pi r^2}\ . \qquad (9.2,33)$$

Gl.(9.2,33) ist das Gesetz von Biot-Savart (siehe Gl.(2.7,8)).

Der magnetische Punktdipol

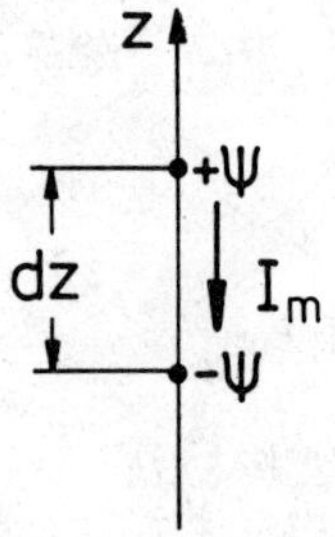

Bild 9.2: Der magnetische Punktdipol

Analog Gl.(9.2,27) ist das Potential des magnetischen Punktdipols

$$\Phi_m = \frac{\psi dz\ \cos\theta}{4\pi\mu\ r^2} \qquad (9.2,34)$$

ψ magnetischer Kraftfluß.

Mit $\partial/\partial\phi = 0$ ist das magnetische Feld

$$\vec{H} = -\ \mathrm{grad}\Phi_m = -\vec{e}_r\ \frac{\partial\Phi_m}{\partial r}\ -\vec{e}_\theta\ \frac{1}{r}\ \frac{\partial\Phi_m}{\partial\theta}\ . \qquad (9.2,35)$$

Einsetzen von Gl.(9.2,34) in Gl.(9.2,35) ergibt

$$H_r = -\ \frac{\partial\Phi_m}{\partial r} = \frac{2\psi dz\ \cos\theta}{4\pi\mu\ r^3}$$

$$H_\theta = -\ \frac{1}{r}\ \frac{\partial\Phi_m}{\partial\theta} = \frac{\psi dz\ \sin\theta}{4\pi\mu\ r^3}\ . \qquad (9.2,36)$$

Vergleich von Gl.(9.2,36) mit Gl.(9.2,23), d.h. dem Nahfeld der H-Welle ergibt

$$\frac{C_m}{Zk^2} = \frac{\psi dz}{4\pi\mu} . \qquad (9.2,37)$$

Analog Gl.(9.2,31) setzt man

$$I_m = j\omega\psi , \qquad (9.2,38)$$

und es wird aus den Gln.(9.2,37), (9.2,38)

$$C_m = -j \, \frac{kI_m dz}{4\pi} ,$$

bzw.

$$C_m = -j \, \frac{I_m dz}{2\lambda} . \qquad (9.2,39)$$

Mit Gl.(9.2,39) stimmt das H-Feld des magnetischen Punktdipols mit dem Nahfeld der H-Welle überein.

<u>Das retardierte Potential</u>

Es war nach Gl.(9.2,2) das retardierte Potential

$$A_z = A = \frac{C}{r} \, e^{j(\omega t - kr)} .$$

Einsetzen von Gl.(9.2,10) und (9.2,32) ergibt

$$A = \frac{C_e}{jkr} \, e^{j(\omega t - kr)} = \frac{jkI_e dz}{4\pi jkr} \, e^{j(\omega t - kr)} .$$

Bei der H-Welle würde an Stelle I_e der Strom $-I_m$ stehen. Daher allgemein

$$A = A_z = \frac{I \, dz}{4\pi r} \, e^{j(\omega t - kr)} . \qquad (9.2,40)$$

A entspricht dem Vektorpotential eines Stromelements $I \, dz \, e^{j\omega t}$ im Ursprung, das im Abstand r als

$$\frac{I \, dz}{4\pi r} \, e^{j\omega\left(t - \frac{r}{v_p}\right)} ,$$

d.h. um die Zeit $\frac{r}{v_p}$ verzögert, wirkt.

Es werden also E- und H-Welle aus einem retardierten Potential berechnet. Das Nahfeld dieser E-Welle stimmt mit dem statischen Feld des elektrischen Punktdipols überein, das Nahfeld dieser H-Welle mit dem statischen Feld des magnetischen Punktdipols. Das bedeutet:

> Die E-Welle mit den Gln.(9.2,11) ist das Strahlungsfeld des in z-Richtung schwingenden elektrischen Punktdipols. Die H-Welle mit den Gln.(9.2,12) ist das Strählungsfeld des in z-Richtung schwingenden magnetischen Punktdipols.

Bei mehreren strahlenden Stromelementen gilt

$$\vec{A} = \frac{1}{4\pi} \int \frac{I}{r} e^{j(\omega t-kr)} d\vec{s} \qquad (9.2,41)$$

r Abstand des Elements vom Aufpunkt

I Strom, der in Richtung $d\vec{s}$ fließt.

Gl.(9.2,41) bedeutet Addition der Wirkung aller strahlenden Elemente. Die Richtung von $\vec{A}$ ist durch die Richtung der Stromelemente bestimmt, die natürlich im einzelnen verschieden sein können. $\vec{A}$ ist Vektor in der Richtung der Summe der Ströme. Haben z.B. alle Stromelemente die gleiche Richtung, so hat $\vec{A}$ auch diese Richtung.

9.3 Beispiele für Antennen

9.3.1 Allgemeine Grundlagen

Voraussetzung: Strom- oder Feldverteilung auf der Antenne bekannt.

Man erhält die Strom- oder Feldverteilung auf der Antenne oftmals näherungsweise dadurch, indem man annimmt, daß die Antenne nicht strahlt, D.h. durch Berechnung der Wellenausbreitung auf Leitungen. Diese

Methode ist natürlich nicht exakt, da hierbei die Rückwirkung der Abstrahlung auf die Antenne vernachlässigt wird. Es interessiert im allgemeinen nur das F e r n f e l d , d.h.

$$kr \gg 1. \qquad (9.3,1)$$

Durch Gl.(9.2,41) ist schon im Prinzip das Verfahren der Berechnung der Abstrahlung angegeben worden. Man summiert also die Wirkung der Elementardipole, die jeweils Kugelwellen nach Gl.(9.2,11) und (9.2,12) abstrahlen. Wegen Voraussetzung Gl.(9.3,1) kommt nur das Fernfeld Gl.(9.2,25) und (9.2,26) in Betracht. Außerdem setzt man

$$E_r = 0 \quad \text{bei E-Wellen}$$

$$H_r = 0 \quad \text{bei H-Wellen} \qquad (9.3,2)$$

da beide prop. $\frac{1}{r^2}$ im Gegensatz zu H_ϕ, E_θ oder E_ϕ, H_θ, die prop. $\frac{1}{r}$ sind. Bei Benutzung von Gl.(9.2,32) und (9.2,39) folgt aus den Gln.(9.2,25), (9.2,26) in einem neuen Koordinatensystem, das durch einen Strich gekennzeichnet ist, für die

E-Welle

$$dE_{\theta'} = j\,\frac{Z\,I_e dz'}{2\lambda}\,\sin\theta'\,\frac{e^{-jkr'}}{r'}$$

$$dH_{\phi'} = \frac{dE_{\theta'}}{Z} \qquad (9.3,3)$$

H-Welle

$$dE_{\phi'} = -j\,\frac{I_m dz'}{2\lambda}\,\sin\theta'\,\frac{e^{-jkr'}}{r'}$$

$$dH_{\theta'} = -\,\frac{dE_{\phi'}}{Z}\,. \qquad (9.3,4)$$

Entsprechend dem Punktdipol wurden hier an Stelle von E_θ, H_ϕ usw. die differentiellen Größen $dE_{\theta'}$, $dH_{\phi'}$

usw. geschrieben. Die Richtung des Dipols ist durch die z'Achse des neuen Koordinatensystems gegeben. Außerdem ist hier

r' Abstand des Dipols vom Aufpunkt P

r Abstand des Koordinatenursprungs vom Aufpunkt P.

Wenn z' die Richtung von z hat und die Abmessung der Antenne << r ist, so wird (s.Bild 9.4)

$$r' \parallel r, \quad \phi' \simeq \phi, \quad \theta' \simeq \theta. \tag{9.3,5}$$

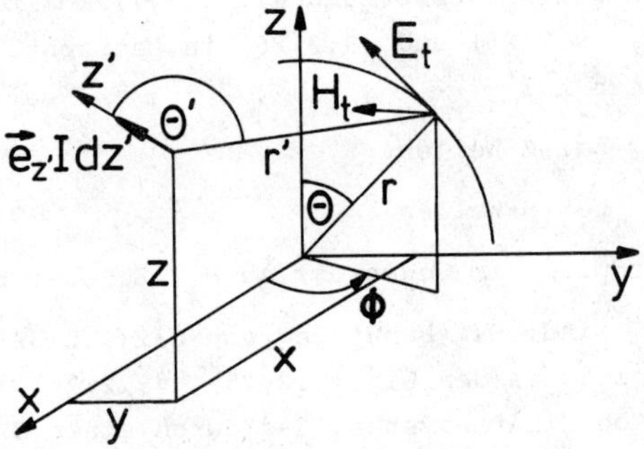

Bild 9.3: Punktdipol, der nicht im Koordinatenursprung liegt

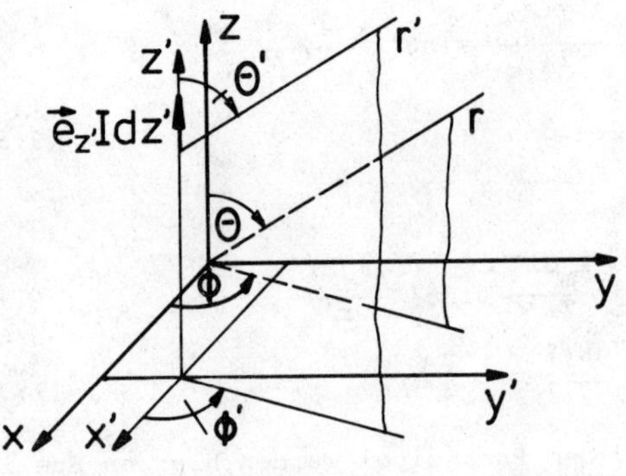

Bild 9.4: Koordinatenbeziehungen für das Fernfeld

Wenn

E_t, H_t die elektrische bzw. magnetische Feldstärke im Aufpunkt P, tangential liegend zur Kugel mit dem Radius r ist,

dann wird

$$P_{kr} = \frac{1}{2} E_t H_t^*$$

oder mit Gl.(9.2,25) und (9.2,26)

$$P_{kr} = \frac{1}{2Z} |E_t|^2. \qquad (9.3,6)$$

Somit wird die gesamte in Richtung r gestrahlte Leistung

$$N_r = \frac{1}{2Z} r^2 \int_{\theta=o}^{\pi} \int_{\phi=o}^{2\pi} |E_t|^2 \sin\theta \, d\phi \, d\theta. \qquad (9.3,7)$$

9.3.2 Der elektrische Punktdipol

Aus Gl.(9.3,3) ergibt sich mit $r' = r$, $z' = z$ und $dz' = s$

$$|E_\theta| = \frac{I_e s Z}{2\lambda} \frac{\sin\theta}{r} = |E_{max}| \sin\theta. \qquad (9.3,8)$$

Hierbei ist die Stromverteilung I_e über die Länge s als konstant angenommen.

Die Funktion

$$\frac{|E_\theta|}{|E_{max}|} = \sin\theta \qquad (9.3,9)$$

gibt das Strahlungsdiagramm des elektrischen Punktdipols an. Dabei heißt die Darstellung in der Ebene ϕ = const. Vertikaldiagramm (Bild 9.5) und in der Ebene $\theta = \frac{\pi}{2}$ Horizontaldiagramm (Bild 9.6).

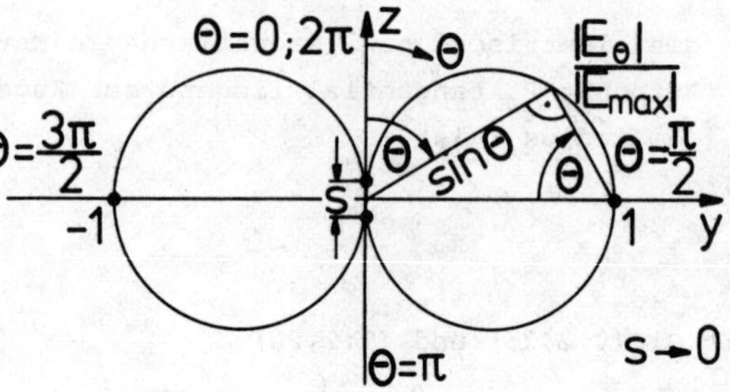

Bild 9.5: Strahlungsdiagramm (Vertikaldiagramm) des elektrischen Punktdipols

Das Vertikaldiagramm besitzt eine Richtcharakteristik (keine Strahlung in Richtung $\theta = 0,\pi$).

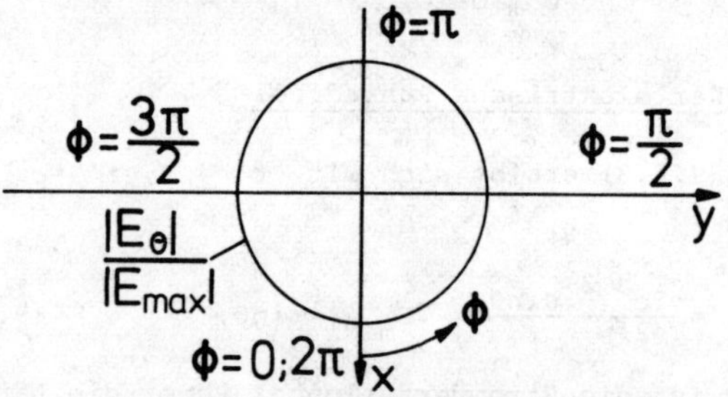

Bild 9.6: Strahlungsdiagramm (Horizontaldiagramm) des elektrischen Punktdipols

Beim elektrischen Punktdipol ist $E_t = E_\theta$.

Einsetzen von Gl.(9.3,8) in Gl.(9.3,7) ergibt

$$N_r = \frac{I_e^2\, s^2 Z}{2(2\lambda)^2} \int\limits_{\theta=0}^{\pi} \int\limits_{\phi=0}^{2\pi} \sin^3\theta \; d\phi d\theta =$$

$$N_r = - \frac{I_e^2 s^2 Z}{2(2\lambda)^2} 2\pi \int_{\theta=0}^{\pi} (1 - \cos^2\theta)\, d\cos\theta =$$

$$= - \frac{I_e^2 s^2 Z\pi}{(2\lambda)^2} \left[\cos\theta - \frac{\cos^3\theta}{3}\right]_{\theta=0}^{\pi} = \frac{I_e^2 s^2 Z\pi}{(2\lambda)^2} \frac{4}{3} .$$

Setzt man

$$N_r = \frac{I_e^2 s^2 Z\pi}{(2\lambda)^2} \frac{4}{3} = \frac{I_e^2}{2} R_s , \qquad (9.3,10)$$

so ist

$$R_s = \frac{2}{3} \pi Z \left(\frac{s}{\lambda}\right)^2$$

R_s Strahlungswiderstand.

Mit $\mu = \mu_o$, $\varepsilon = \varepsilon_o$, $Z = \sqrt{\mu_o/\varepsilon_o}$, $\lambda = \lambda_o$ ergibt sich

$$R_s = 790 \left(\frac{s}{\lambda_o}\right)^2 \Omega. \qquad (9.3,11)$$

9.3.3 Der elektrische λ/2-Dipol

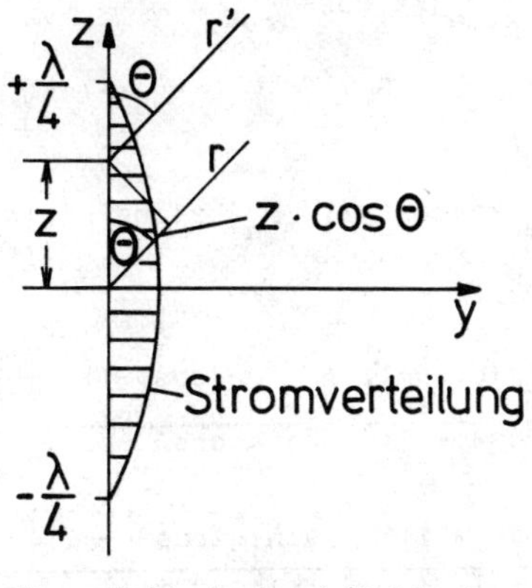

Bild 9.7: Der elektrische λ/2-Dipol

Eine übliche Näherung für die Stromverteilung (Vernachlässigung der Streuung an den Enden des Dipols usw.) ist

$$I_e = I_{max} \cos kz \qquad (9.3,12)$$

$$k = \omega\sqrt{\mu\varepsilon} = \frac{2\pi}{\lambda}$$

$$r' \simeq r - z\cos\theta\ . \qquad (9.3,13)$$

Einsetzen von Gl.(9.3,12) und (9.3,13) in Gl.(9.3,3) ergibt wegen $z' = z$ und damit bei Benutzung von Gl.(9.3,5)

$$dE_\theta = j\,\frac{Z\,I_{max}\cos kz\,dz}{2\lambda}\,\sin\theta\,\frac{e^{-jk(r-z\cos\theta)}}{r-z\cos\theta}\ .$$

Wegen

$$r \gg z\cos\theta \qquad (9.3,14)$$

wird

$$E_\theta = j\,\frac{Z\,I_{max}}{2\lambda}\,\frac{\sin\theta}{r}\,e^{-jkr}\,J \qquad (9.3,15)$$

$$J = \int_{-\frac{\lambda}{4}}^{+\frac{\lambda}{4}} \cos kz\; e^{jkz\cos\theta}dz =$$

$$= \frac{1}{2}\int_{-\frac{\lambda}{4}}^{+\frac{\lambda}{4}} \left(e^{jkz(\cos\theta+1)} + e^{jkz(\cos\theta-1)}\right) dz =$$

$$= \frac{1}{2}\left(\frac{e^{j\frac{2\pi}{\lambda}\,z(\cos\theta+1)}}{j\,k(\cos\theta+1)} + \frac{e^{j\frac{2\pi}{\lambda}(\cos\theta-1)}}{j\,k(\cos\theta-1)}\right)_{-\frac{\lambda}{4}}^{+\frac{\lambda}{4}} =$$

$$= \frac{\sin\left[\frac{\pi}{2}(\cos\theta+1)\right]}{k(\cos\theta+1)} + \frac{\sin\left[\frac{\pi}{2}(\cos\theta-1)\right]}{k(\cos\theta-1)} =$$

$$J = \frac{\cos(\frac{\pi}{2}\cos\theta)\left(\cos\theta - 1 - \cos\theta - 1\right)}{k(\cos^2\theta - 1)}$$

$$= \frac{2\cos(\frac{\pi}{2}\cos\theta)}{k\sin^2\theta} \qquad (9.3,16)$$

Setzt man Gl.(9.3,16) in Gl.(9.3,15) ein, so ergibt sich bei Berücksichtigung von Gl.(9.3,13)

$$|E_\theta| = \frac{I_{max}Z}{2\lambda}\,\frac{\sin\theta}{r}\,\frac{2\cos(\frac{\pi}{2}\cos\theta)}{\frac{2\pi}{\lambda}\sin^2\theta} =$$

$$= \frac{I_{max}Z}{2\pi r}\,\frac{\cos(\frac{\pi}{2}\cos\theta)}{\sin\theta} = |E_{max}|\,\frac{\cos(\frac{\pi}{2}\cos\theta)}{\sin\theta}\;. \qquad (9.3,17)$$

Für $\theta \to 0,\ \pi$ ergibt sich

$$\lim_{\theta\to 0,\pi} \frac{\cos(\frac{\pi}{2}\cos\theta)}{\sin\theta} = \frac{\sin(\frac{\pi}{2}\cos\theta)\,\frac{\pi}{2}\sin\theta}{\cos\theta} = 0.$$

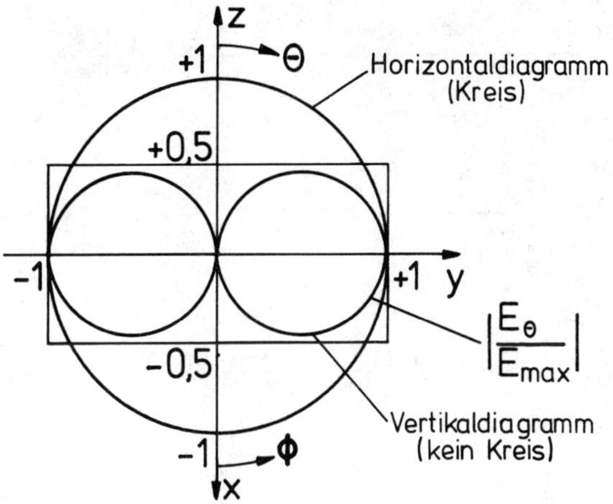

Bild 9.8: Strahlungsdiagramm des elektrischen $\lambda/2$-Dipols

Beim Vertikaldiagramm (kein Kreis!) hat man bessere Bündelung in Richtung $\theta = \frac{\pi}{2}$ als beim Punktdipol. Das Horizontaldiagramm ist aus Symmetriegründen ein Kreis.
Wegen Gl.(9.3,3) gilt Gl.(9.3,6) und somit auch Gl. (9.3,7).
Einsetzen von Gl.(9.3,17) in Gl.(9.3,7) ergibt

$$N_r = \frac{r^2}{2Z}\left(\frac{I_{max}Z}{2\pi r}\right)^2 \int_{\theta=0}^{\pi}\int_{\phi=0}^{2\pi} \frac{\cos^2(\frac{\pi}{2}\cos\theta)}{\sin\theta}\, d\phi d\theta =$$

$$= \frac{I_{max}{}^2 Z}{4\pi}\int_0^{\pi} \frac{\cos^2(\frac{\pi}{2}\cos\theta)}{\sin\theta}\, d\theta = \frac{I_{max}{}^2}{2} R_s. \tag{9.3,18}$$

Mit

$$\frac{\pi}{2}\cos\theta = u, \quad \frac{du}{d\theta} = -\frac{\pi}{2}\sin\theta, \quad \sin\theta^2 = 1 - (\frac{2u}{\pi})^2$$

wird

$$J = \int_0^{\pi} \frac{\cos^2(\frac{\pi}{2}\cos\theta)}{\sin\theta}\, d\theta = -\int_{\frac{\pi}{2}}^{-\frac{\pi}{2}} \frac{\cos^2 u}{1-(\frac{2u}{\pi})^2}\,\frac{2}{\pi}\, du =$$

$$= 2\pi \int_{\frac{\pi}{2}}^{-\frac{\pi}{2}} \frac{\cos^2 u}{(2u)^2 - \pi^2}\, du = \pi \int_{\frac{\pi}{2}}^{-\frac{\pi}{2}} \frac{\cos 2u + 1}{(2u)^2 - \pi^2}\, du =$$

$$= \frac{1}{2}\int_{\frac{\pi}{2}}^{-\frac{\pi}{2}} \frac{(1+\cos 2u)(2u+\pi)-(1+\cos 2u)(2u-\pi)}{(2u+\pi)\ (2u-\pi)}\, du =$$

$$= \frac{1}{2}\int_{\frac{\pi}{2}}^{-\frac{\pi}{2}} \frac{1-\cos(2u-\pi)}{2u-\pi}\, du - \frac{1}{2}\int_{\frac{\pi}{2}}^{-\frac{\pi}{2}} \frac{1-\cos(2u+\pi)}{2u+\pi}\, du$$

und mit den Substitutionen $t = 2u - \pi$ bzw. $t = 2u + \pi$

$$J = \frac{1}{4}\int_0^{-2\pi} \frac{1 - \cos t}{t}\,dt - \frac{1}{4}\int_{2\pi}^{0} \frac{1 - \cos t}{t}\,dt$$

$$= \frac{1}{2}\int_0^{2\pi} \frac{1 - \cos t}{t}\,dt, \quad \text{(da Integrand ungerade in t)}$$

$$= \frac{1}{2}\left(\ln(2\pi\gamma) - \mathrm{Ci}(2\pi)\right)^{1)} \qquad (9.3,19)$$

$\ln\gamma = C = 0{,}5772\ldots$ (s. Gl. (6.3,30))

$$\mathrm{Ci}(x) = -\int_x^{\infty} \frac{\cos t}{t}\,dt$$ [1] Integralkosinus.

Für $x \gg 1$ gilt

$$\mathrm{Ci}(x) = \frac{\sin x}{x}.$$

Somit wird

$$J = \int_0^{\pi} \frac{\cos^2(\frac{\pi}{2}\cos\theta)}{\sin\theta}\,d\theta = \frac{1}{2}\left(\ln(2\pi\gamma) - \mathrm{Ci}(2\pi)\right)$$

$$\simeq \frac{1}{2}\left(\ln(2\pi\gamma) - \frac{\sin 2\pi}{2\pi}\right) = \frac{1}{2}\ln(2\pi\gamma) = 1{,}21. \qquad (9.3,20)$$

Einsetzen von Gl.(9.3,20) in Gl.(9.3,18) ergibt

$$R_s = \frac{Z}{2\pi}\,J = \frac{1{,}21\,Z}{2\pi}.$$

Bei $Z = \sqrt{\mu_o/\varepsilon_o}$ wird

$$R_s = 73\ \Omega. \qquad (9.3,21)$$

---

[1] Siehe z.B.: EMDE, F., JAHNKE, E., Tafeln höherer Funktionen, B.G.Teubner Verlagsges., Leipzig (1952), S.3

Strahlungsdiagramm und R_s sind unabhängig von λ, da nach Voraussetzung die Länge des Dipols immer $\lambda/2$ ist.

9.3.4 Das Äquivalenztheorem und seine Anwendung zur Berechnung des Strahlungsdiagramms des offenen Rechteckhohlleiters

9.3.4.1 Das Äquivalenztheorem

a) Bei der durch eine unendlich gut leitende Scheibe ($\kappa = \infty$) abgeschlossenen Leitung (Bild 9.9) ist

$$J_{ex} = -H_z$$

$$J_{ez} = H_x \,. \qquad (9.3,22)$$

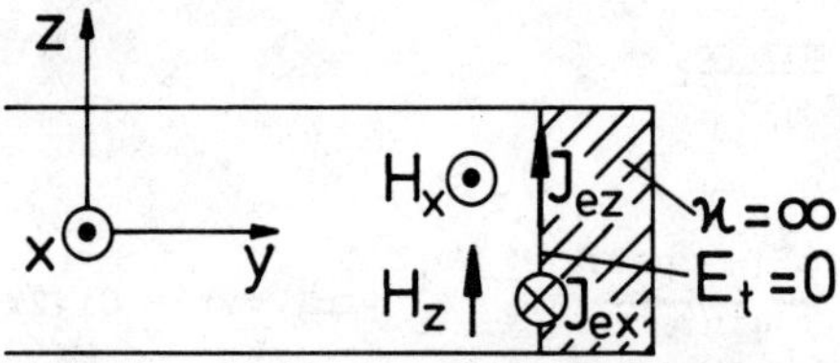

Bild 9.9: Die durch eine unendlich gut leitende Scheibe abgeschlossene Leitung

b) Analog $\text{rot}\,\vec{E} = \vec{S} + j\omega\varepsilon_R\vec{E}$ ist bei komplexem μ $\text{rot}\,\vec{H} = -\vec{M} - j\omega\mu_R\vec{H}$. Der elektrischen Oberflächenstromdichte J_e entspricht daher die magnetische Oberflächenstromdichte $-J_m$. D. h. bei der durch eine Scheibe mit unendlich hoher magnetischer Leitfähigkeit ($\text{Im}(\mu) = \infty$) abgeschlossenen Leitung (Bild 9.10) ist

$$J_{mx} = E_z$$

$$J_{mz} = -E_x \,. \qquad (9.3,23)$$

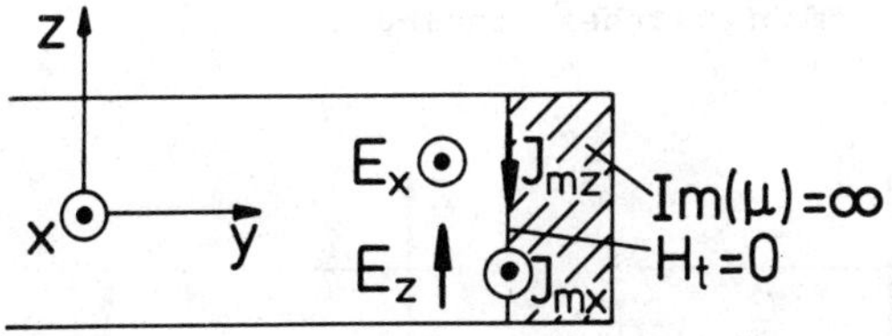

Bild 9.10: Die durch eine Scheibe mit unendlich guter Permeabilität abgeschlossene Leitung

Die Scheibe mit $\mathrm{Im}(\mu) = \infty$ bewirkt, daß sich außen kein Feld befindet und daß die Feldverteilung im Innern der Leitung gleich der einer offenen Leitung bleibt, bei der in der Apertur nur eine transversale elektrische Feldstärke E_t vorhanden ist. D.h. die Scheibe mit $\mathrm{Im}(\mu) = \infty$ hebt das Strahlungsfeld auf, oder anders ausgedrückt: Die Scheibe mit $\mathrm{Im}(\mu) = \infty$ erzeugt im Außenraum ein genau gleiches aber entgegengesetzt gerichtetes Feld wie die offene Leitung, wenn man von den Randstreuungen und Reflexionen absieht (s. unten). Hieraus folgt das Äquivalenztheorem:

> Offene Leitung ≡ Leitung abgeschlossen mit einer permeablen Scheibe ($\mathrm{Im}(\mu) = \infty$) mit dem Strombelag J_m, der genau gleich aber entgegengesetzt gerichtet dem Strombelag ist, der in der permeablen Scheibe bei Abschluß der Leitung fließen würde. (Randstreuung und Reflexion vernachlässigt!)

Zur Berechnung des Strahlungsfeldes setzt man also (Bild 9.11)

$$J_{mx} = - E_z$$
$$J_{mz} = E_x \qquad (9.3,24)$$

E_x, E_z elektrische Feldstärke am Ende der offenen Leitung

J_{mx}, J_{mz} magnetischer Strombelag.

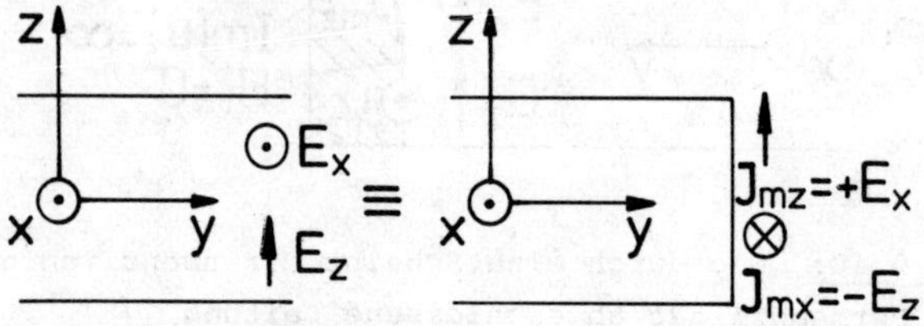

Bild 9.11: Ersatz des Leitungsendes durch die äquivalenten magnetischen Ströme

Man beachte:

Eine exakte Berechnung des Feldes in einem beliebigen Aufpunkt setzt die Lösung des Beugungsproblems mit Erfüllung der Stetigkeitsbedingungen voraus. D.h., es wird die Kenntnis des tangentialen E- und H-Feldes auf einer Hüllfläche um den Aufpunkt vorausgesetzt. Eine solche Hüllfläche ist auch die in der Apertur liegende unendliche Ebene A, die der Oberfläche einer Halbkugel mit dem Radius $R \to \infty$ entspricht (Bild 9.12).

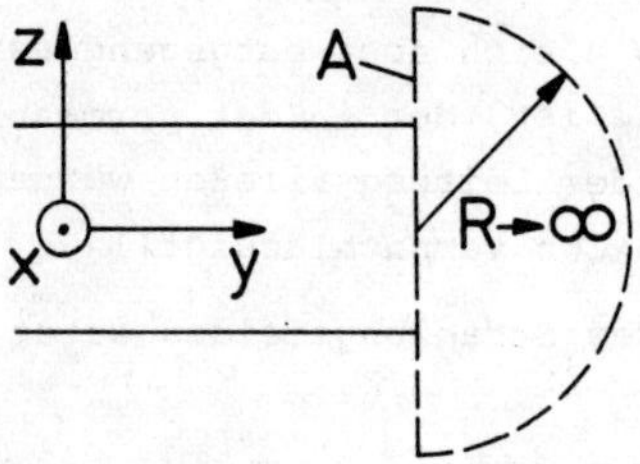

Bild 9.12: Die in der Apertur liegende Fläche A bei der offenen Leitung

Die Berechnung des Feldes wird auch exakt, wenn man das tangentiale E-Feld auf der Hüllfläche und die entsprechende Greensche Funktion oder das tangentiale H-Feld und die entsprechende Greensche Funktion kennt. Die Greenschen Funktionen entsprechen den Eigenfunktionen des jeweiligen Mediums (s. Feldtheorie III). Die Fernfeldnäherungen der Greenschen Funktionen sind das Fernfeld der E- oder H-Welle Gln.(9.2,25), (9.2,26). D.h. die Greenschen Funktionen sind hier $\sim e^{-jkr}/r$ (s. auch unter Feldtheorie III, Ausstrahlungsbedingung).

Das hier formulierte Äquivalenztheorem hat daher folgende Fehler:

1) Fehler wegen Vernachlässigung der Randstreuung. Diese Vernachlässigung bedeutet

1.1) Vernachlässigung des elektrischen Feldes außerhalb der Apertur auf der in Bild 9.12 eingezeichneten Ebene A und damit u.a. Vernachlässigung der rückwärtigen Strahlung außerhalb der Leitung,

1.2) Vernachlässigung der Änderung des elektrischen Feldes in der Apertur gegenüber der Feldverteilung der einfallenden Welle.

2) Fehler wegen Betrachtung der permeablen Scheibe ohne Berücksichtigung des reflektierten Teils der einfallenden Welle.

Der magnetische Strombelag entspricht der zweifachen elektrischen Feldstärke der einfallenden Welle. Es wird natürlich nur die Strahlung nach vorn berechnet, d.h. in Bild 9.12 in Richtung positiver y. Das bedeutet aber Abstrahlung der gesamten ankommenden Energie. D.h. aber Vernachlässigung der reflektierten Energie und damit falsche Berechnung der abgestrahlten Amplitude der Feldstärke.

Das nach dem Äquivalenztheorem berechnete Antennendiagramm ist also schon wegen 1) fehlerhaft und liefert außerdem wegen 2) keine absoluten sondern nur relative Werte. Der gesamte Fehler hängt von der jeweiligen Antennenanordnung und von der Frequenz ab. Man denke daran, daß bei der Frequenz unendlich exakt die gesamte einfallende Energie abgestrahlt wird.

9.3.4.2 Das Strahlungsdiagramm der H_{10}-Welle des offenen Rechteckhohlleiters

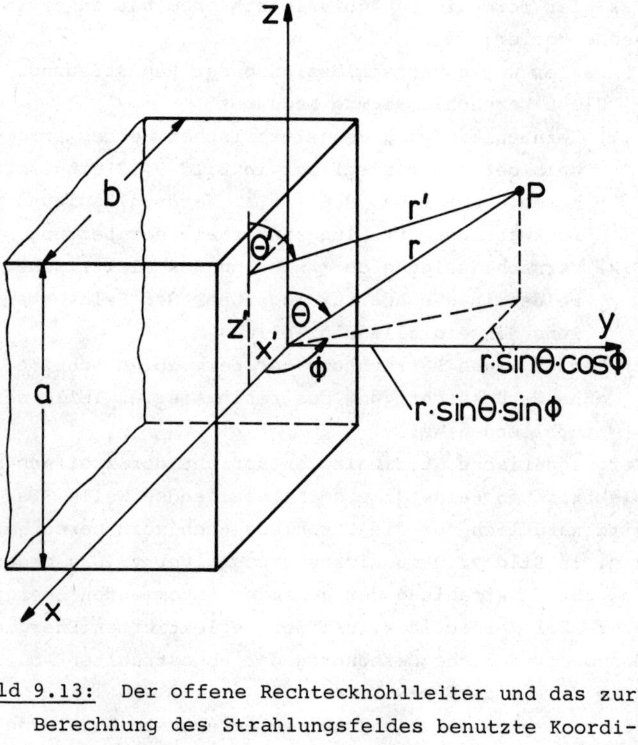

Bild 9.13: Der offene Rechteckhohlleiter und das zur Berechnung des Strahlungsfeldes benutzte Koordinatensystem

Berechnung von r':
Im Fernfeld gilt

$$|x'|,\ |y'| \ll r. \qquad (9.3,25)$$

Gl.(9.3,25) bedeutet, daß die Antennenabmessungen sehr klein gegenüber r sind.
Daher wird

$$\begin{aligned} r'^2 &= (r\cos\theta - z')^2 + (r\sin\theta\sin\phi)^2 + (r\sin\theta\cos\phi - x')^2 \\ &= r^2\cos^2\theta - 2r\,z'\cos\theta + z'^2 + r^2\sin^2\theta\sin^2\phi + \\ &\quad + r^2\sin^2\theta\cos^2\phi - 2r\,x'\sin\theta\cos\phi + x'^2 = \\ &= r^2 + x'^2 + z'^2 - 2r(x'\sin\theta\cos\phi + z'\cos\theta) \\ &\simeq r^2 - 2r(x'\sin\theta\cos\phi + z'\cos\theta) \end{aligned}$$

$$r' \simeq r\sqrt{1 - \frac{2}{r}(x'\sin\theta\cos\phi + z'\cos\theta)}$$

$$r' \simeq r - (x'\sin\theta\cos\phi + z'\cos\theta). \qquad (9.3,26)$$

Die H_{10}-Welle des Hohlleiters entsprechend Bild 9.13 sei derjenige Wellentyp, der nur in x-Richtung, d.h. parallel zur Schmalseite des Hohlleiters ein transversales E-Feld proportional $\cos\frac{\pi}{a}z$ besitzt. Das E-Feld ergibt sich aus dem Ansatz

$$A_y^H = C_H \sin\frac{\pi}{a}z\, e^{\pm jk_y y}$$

$$\vec{E} = \operatorname{rot} A_y^H \vec{e}_y$$

zu

$$E_z = 0$$

$$E_x = -C_H\frac{\pi}{a}\cos\frac{\pi}{a}z\, e^{\pm jk_y y}. \qquad (9.3,27)$$

Wegen Gl.(9.3,24) gilt

$$J_{mz} = (E_x)_{y=0} = -C_H\frac{\pi}{a}\cos\frac{\pi}{a}z = E_1\cos\frac{\pi}{a}z.$$

Der magnetische Strom ist

$$dI_m = J_{mz} dx = E_1 \cos \frac{\pi}{a} z \, dx. \tag{9.3,28}$$

Wegen Gl.(9.3,25) gilt im Fernfeld Gl.(9.3,5) und es wird entsprechend Gl.(9.3,4)

$$d^2E_\phi = -j \frac{dI_m dz}{2\lambda} \sin\theta \frac{e^{-jkr'}}{r'} \tag{9.3,29}$$

Einsetzen von Gl.(9.3,28) in Gl.(9.3,29) ergibt

$$d^2E_\phi = -j \frac{E_1 \cos(\frac{\pi}{a} z) \, dx \, dz}{2\lambda} \sin\theta \frac{e^{-jkr'}}{r'} \, . \tag{9.3,30}$$

Im Nenner von Gl.(9.3,30) darf man wegen Gl.(9.3,25) $r' = r$ setzen. Einsetzen von Gl.(9.3,26) im Exponenten von Gl.(9.3,30) und Integration ergibt

$$|E_\phi| = \frac{E_1}{2\lambda} \frac{\sin\theta}{r} J$$

$$J = \int_{z=-\frac{a}{2}}^{+\frac{a}{2}} \int_{x=-\frac{b}{2}}^{+\frac{b}{2}} \cos \frac{\pi}{a} z \, e^{jkz \cos\theta} e^{jkx \sin\theta \cos\phi} dx \, dz. \tag{9.3,31}$$

Lösung der Integrale:

$$J_1 = \int_{z=-\frac{a}{2}}^{+\frac{a}{2}} \cos \frac{\pi}{a} z \, e^{jkz \cos\theta} \, dz =$$

$$= \frac{1}{2} \int_{z=-\frac{a}{2}}^{+\frac{a}{2}} (e^{jz(k \cos\theta + \frac{\pi}{a})} + e^{jz(k \cos\theta - \frac{\pi}{a})}) \, dz$$

$$J_1 = \frac{1}{2}\left(\frac{e^{jz(k\cos\theta+\frac{\pi}{a})}}{j(k\cos\theta+\frac{\pi}{a})} + \frac{e^{jz(k\cos\theta-\frac{\pi}{a})}}{j(k\cos\theta-\frac{\pi}{a})}\right)\Bigg|_{-\frac{a}{2}}^{+\frac{a}{2}}$$

$$= \frac{\sin\left[\frac{a}{2}(k\cos\theta+\frac{\pi}{a})\right]}{k\cos\theta+\frac{\pi}{a}} + \frac{\sin\left[\frac{a}{2}(k\cos\theta-\frac{\pi}{a})\right]}{k\cos\theta-\frac{\pi}{a}}$$

$$= \frac{k\cos\theta-\frac{\pi}{a}-k\cos\theta-\frac{\pi}{a}}{k^2\cos^2\theta-(\frac{\pi}{a})^2}\cos(\frac{a}{2}k\cos\theta)$$

$$J_1 = \frac{2\frac{a}{\pi}}{1-(\frac{ka}{\pi})^2\cos^2\theta}\cos(\frac{a}{2}k\cos\theta) \qquad (9.3,32)$$

$$J_2 = \int_{x=-\frac{b}{2}}^{+\frac{b}{2}} e^{jkx\sin\theta\cos\phi}dx = \frac{e^{jkx\sin\theta\cos\phi}}{jk\sin\theta\cos\phi}\Bigg|_{-\frac{b}{2}}^{+\frac{b}{2}} =$$

$$J_2 = \frac{2\sin(\frac{b}{2}k\sin\theta\cos\phi)}{k\sin\theta\cos\phi}\,. \qquad (9.3,33)$$

Einsetzen von Gl.(9.3,32) und (9.3,33) in Gl.(9.3,31) ergibt

$$|E_\phi| = \frac{E_1}{2\lambda}\frac{\sin\theta}{r}\frac{4\frac{a}{\pi}\cos(\frac{a}{2}k\cos\theta)\sin(\frac{b}{2}k\sin\theta\cos\phi)}{(1-(\frac{ka}{\pi})^2\cos^2\theta)\,k\sin\theta\cos\phi}\,. \qquad (9.3,34)$$

Mit $k = \omega\sqrt{\mu\varepsilon} = 2\pi/\lambda$ ergibt sich aus Gl.(9.3,34)

$$|E_\phi| = \frac{E_1}{\pi^2}\frac{a}{r}\frac{\cos(\frac{a}{2}k\cos\theta)\sin(\frac{b}{2}k\sin\theta\cos\phi)}{(1-(\frac{2a}{\lambda})^2\cos^2\theta)\cos\phi}\,. \qquad (9.3,35)$$

Das Maximum der Feldstärke $|E_\phi|$ liegt bei $\theta = \phi = \frac{\pi}{2}$, d.h.

$$|E_{max}| = \frac{E_1}{\pi^2}\frac{a}{r}\frac{b}{2}k = \frac{E_1 ab}{\pi r\lambda}\,. \qquad (9.3,36)$$

Es ist für $\phi = \pi/2$ (y, z-Ebene), bei

$\lambda = \lambda_c = 2a$:

$$\frac{|E_\phi|}{|E_{max}|} = \frac{E_1 a}{\pi^2 r} \frac{\pi r \lambda}{E_1 ab} \frac{\cos(\frac{\pi}{2}\cos\theta)}{1 - \cos^2\theta} \frac{b}{2} \frac{2\pi}{\lambda} \sin\theta =$$

$$= \frac{\cos(\frac{\pi}{2}\cos\theta)}{1 - \cos^2\theta} \sin\theta$$

$\lambda = a$:

$$\frac{|E_\phi|}{|E_{max}|} = \frac{\cos(\pi \cos\theta)}{1 - 4\cos^2\theta} \sin\theta$$

$\lambda = \frac{a}{2}$:

$$\frac{|E_\phi|}{|E_{max}|} = \frac{\cos(2\pi \cos\theta)}{1 - 16\cos^2\theta} \sin\theta.$$

Die Strahlungsdiagramme Bild 9.14 zeigen, daß die Bündelung mit abnehmender Wellenlänge λ zunimmt. Jedoch ergeben sich Nebenzipfel (Nebenmaxima) bei kleinem λ.

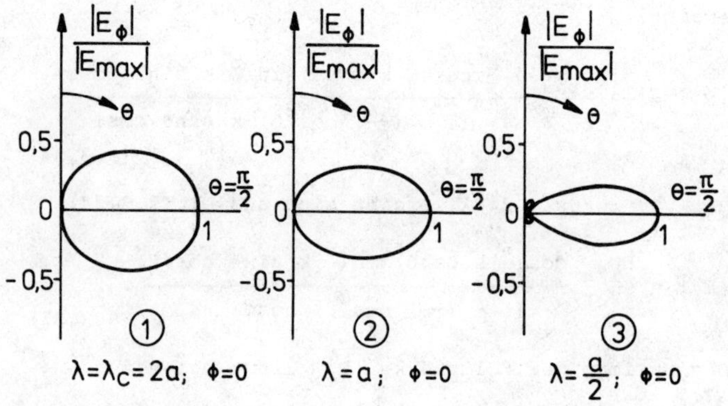

Bild 9.14: Strahlungsdiagramm der H_{10}-Welle des offenen Rechteckhohlleiters

10. DAS REZIPROZITÄTSTHEOREM

10.1 Herleitung des Theorems

Das Reziprozitätstheorem wurde zuerst von H.A.Lorentz 1895 abgeleitet.

Gegeben sei ein Raumgebiet, das mit einem beliebig inhomogenen aber isotropen Medium erfüllt ist. In diesem Raumgebiet seien zwei Quellverteilungen 1 und 2 mit den elektrischen Stromdichten $\vec{S}_1$ bzw. $\vec{S}_2$ und den magnetischen Stromdichten $\vec{M}_1$ bzw. $\vec{M}_2$ vorgegeben. Es gilt

$$\text{rot}\ \vec{H}_{ie} = \vec{S}_i$$

$$\text{rot}\ \vec{E}_{ie} = -\vec{M}_i\ , \quad i = 1,\ 2 \qquad (10.1,1)$$

$\vec{H}_{ie}$, $\vec{E}_{ie}$ eingeprägte magnetische bzw. elektrische Feldstärke der Quellverteilung i.

Die Quellen 1 und 2 erzeugen die Felder 1 bzw. 2 also $\vec{E}_1$, $\vec{H}_1$ bzw. $\vec{E}_2$, $\vec{H}_2$. Alle Felder seien prop. $e^{j\omega t}$. Es gelten die Maxwellschen Gleichungen

$$\text{rot}\ \vec{H}_1 = j\omega\varepsilon\ \vec{E}_1 + \vec{S}_1 \quad |\cdot\vec{E}_2$$

$$\text{rot}\ \vec{E}_1 = -j\omega\mu\ \vec{H}_1 - \vec{M}_1 \quad |\cdot\vec{H}_2$$

$$\text{rot}\ \vec{H}_2 = j\omega\varepsilon\ \vec{E}_2 + \vec{S}_2 \quad |\cdot-\vec{E}_1$$

$$\text{rot}\ \vec{E}_2 = -j\omega\mu\ \vec{H}_2 - \vec{M}_2 \quad |\cdot-\vec{H}_1 \qquad (10.1,2)$$

μ, ε beliebig komplex.

D.h. die Felder 1 und 2 erfüllen unabhängig voneinander (jedes für sich) die Maxwellschen Gleichungen und damit auch die Randbedingungen in dem vorgegebenen Raumgebiet.

Multipliziert man die vier Gleichungen in Gl.(10.1,2) mit den nebengeschriebenen Feldstärken, so ergibt die Summe

$$(\vec{E}_2 \cdot \text{rot}\, \vec{H}_1 - \vec{H}_1 \cdot \text{rot}\, \vec{E}_2) + (\vec{H}_2 \cdot \text{rot}\, \vec{E}_1 - \vec{E}_1 \cdot \text{rot}\, \vec{H}_2) = \\ = \vec{E}_2 \cdot \vec{S}_1 + \vec{H}_1 \cdot \vec{M}_2 - \vec{H}_2 \cdot \vec{M}_1 - \vec{E}_1 \cdot \vec{S}_2 ,$$

d.h.

$$\text{div}\, \{(\vec{E}_1 \times \vec{H}_2) - (\vec{E}_2 \times \vec{H}_1)\} = \vec{E}_2 \cdot \vec{S}_1 + \vec{H}_1 \cdot \vec{M}_2 - \vec{H}_2 \cdot \vec{M}_1 - \vec{E}_1 \cdot \vec{S}_2 \qquad (10.1,3)$$

oder auch bei Anwendung des Gaußschen Satzes

$$\oint \{(\vec{E}_1 \times \vec{H}_2) - (\vec{E}_2 \times \vec{H}_1)\}_n dA = \int_V (\vec{E}_2 \cdot \vec{S}_1 - \vec{H}_2 \cdot \vec{M}_1 - \vec{E}_1 \cdot \vec{S}_2 + \vec{H}_1 \cdot \vec{M}_2)\, dV. \qquad (10.1,4)$$

Gl. (10.1,4) ist das Reziprozitätstheorem für elektromagnetische Wellen.

Dieses Theorem gilt nicht bei anisotropen Medien wie z.B. ferromagnetischen Körpern, Elektronenströmungen im Hochvakuum und bei solchen Gasentladungen, bei denen die Stromdichte an einer Stelle nicht durch die Feldstärke an dieser Stelle bestimmt ist. Wenn jedoch in ionisierten Räumen eine bestimmte Leitfähigkeit definiert werden kann, wie man es z.B. bei der Ionosphäre macht, gilt auch das Reziprozitätstheorem. Jedoch gilt das Theorem nicht für die Ionosphäre bei Anwesenheit eines Magnetfeldes, da dann das Medium anisotrop wird.

10.2 Erweiterung des Poyntingschen Satzes

Analog zu Gl. (10.1,2) kann man auch ansetzen bei μ, ε reell

$$\begin{aligned} \text{rot}\, \vec{H}_1 &= j\omega\varepsilon\, \vec{E}_1 + \vec{S}_1 && |\cdot \vec{E}_2^* \\ \text{rot}\, \vec{E}_1 &= -j\omega\mu\, \vec{H}_1 - \vec{M}_1 && |\cdot \vec{H}_2^* \\ \text{rot}\, \vec{H}_2^* &= -j\omega\varepsilon\, \vec{E}_2^* + \vec{S}_2^* && |\cdot \vec{E}_1 \\ \text{rot}\, \vec{E}_2^* &= j\omega\mu\, \vec{H}_2^* - \vec{M}_2^* && |\cdot \vec{H}_1 \end{aligned} \qquad (10.2,1)$$

Es wird

$$\vec{E}_2^*\cdot\mathrm{rot}\,\vec{H}_1 - \vec{H}_2^*\cdot\mathrm{rot}\,\vec{E}_1 + \vec{E}_1\cdot\mathrm{rot}\,\vec{H}_2^* - \vec{H}_1\cdot\mathrm{rot}\,\vec{E}_2^* =$$
$$= \vec{E}_2^*\cdot\vec{S}_1 + \vec{H}_2^*\cdot\vec{M}_1 + \vec{E}_1\cdot\vec{S}_2^* + \vec{H}_1\cdot\vec{M}_2^*\ ,$$

d.h.

$$-\mathrm{div}\{(\vec{E}_1\times\vec{H}_2^*)-(\vec{H}_1\times\vec{E}_2^*) = \vec{S}_1\cdot\vec{E}_2^* + \vec{S}_2^*\cdot\vec{E}_1 + \vec{M}_1\cdot\vec{H}_2^* + \vec{M}_2^*\cdot\vec{H}_1 \qquad (10.2,2)$$

oder auch bei Anwendung des Gaußschen Satzes

$$-\oint \{(\vec{E}_1\times\vec{H}_2^*)-(\vec{H}_1\times\vec{E}_2^*)\}_n dA =$$
$$= \int_V (\vec{S}_1\cdot\vec{E}_2^* + \vec{S}_2^*\cdot\vec{E}_1 + \vec{M}_1\cdot\vec{H}_2^* + \vec{M}_2^*\cdot\vec{H}_1)\ dV. \qquad (10.2,3)$$

Gl.(10.2,3) ist eine Erweiterung des Poyntingschen Satzes. Bei

$$\vec{S}_1 = \vec{S}_2^* = \vec{M}_1 = \vec{M}_2^* = 0 \qquad (10.2,4)$$

oder bei Ausschluß der Quellen durch besondere Hüllflächen wird

$$\oint (\vec{E}_1\times\vec{H}_2^*)_n dA = \oint (\vec{H}_1\times\vec{E}_2^*)_n dA \qquad (10.2,5)$$

genommen über alle Hüllflächen des Systems.
Aus Gl.(10.2,3) oder (10.2,5) kann man unter anderem bei Beugungsproblemen Beziehungen zwischen den Feldern 1 und 2 ableiten.

10.3 Anwendung des Reziprozitätstheorems auf Antennen

Wenn überhaupt keine Quellen vorhanden sind, gilt nach Gl.(10.1,3) und (10.1,4) immer

$$\mathrm{div}\,\{(\vec{E}_1\times\vec{H}_2)-(\vec{E}_2\times\vec{H}_1)\} = 0 \qquad (10.3,1)$$

oder

$$\oint \{(\vec{E}_1\times\vec{H}_2)-(\vec{E}_2\times\vec{H}_1)\}_n dA = 0 \quad . \tag{10.3,2}$$

Wenn keine Quellen im Unendlichen liegen, so ist im Fernfeld, d.h. z.B. auf einer Kugel mit $r \to \infty$, analog den Kugelwellen im Fernfeld

$$\begin{aligned} \vec{E}_1\times\vec{H}_2 &= -(\vec{e}_r\times\vec{H}_1)\; Z\times\vec{H}_2 = \vec{e}_r Z\; \vec{H}_1\cdot\vec{H}_2 \\ \vec{E}_2\times\vec{H}_1 &= -(\vec{e}_r\times\vec{H}_2)\; Z\times\vec{H}_1 = \vec{e}_r Z\; \vec{H}_1\cdot\vec{H}_2 \end{aligned} \tag{10.3,3}$$

$$Z = \sqrt{\mu/\varepsilon}$$

$\vec{e}_r$ Einheitsvektor in Richtung r.

Somit ist für <u>$r \to \infty$ und natürlich auch für eine unendlich gut leitende Hüllfläche</u>, bei der immer $(\vec{E}_1\times\vec{H}_2)_n = (\vec{E}_2\times\vec{H}_1)_n = 0$ ist

$$\oint \{(\vec{E}_1\times\vec{H}_2)-(\vec{E}_2\times\vec{H}_1)\}_n dA = 0 \tag{10.3,4}$$

und daher wegen Gl.(10.1,4)

$$\int\limits_V (\vec{E}_1\cdot\vec{S}_2 - \vec{H}_1\cdot\vec{M}_2)\, dV = \int\limits_V (\vec{E}_2\cdot\vec{S}_1 - \vec{H}_2\cdot\vec{M}_1)\, dV \quad . \tag{10.3,5}$$

Die Integration braucht nur über eine kleine Umgebung der Quellen $\vec{M}_1$, $\vec{M}_2$, $\vec{S}_1$, $\vec{S}_2$ vorgenommen zu werden, da nur dort $\vec{M}_1$, $\vec{M}_2$, $\vec{S}_1$, $\vec{S}_2$ von Null verschieden sind. Wendet man Gl.(10.3,5) bei

$$\vec{M}_1 = \vec{M}_2 = 0 \tag{10.3,6}$$

auf Antennen an (Bild 10.1), so wird nach Gl.(10.3,5)

$$\int\limits_{V_1} \vec{S}_1\cdot\vec{E}_2\, dV = \int\limits_{V_2} \vec{S}_2\cdot\vec{E}_1\, dV \tag{10.3,7}$$

oder auch

$$I_1\, U_{21} = I_2\, U_{12} \tag{10.3,8}$$

I_1, I_2 Stromquelle an der Antenne 1 bzw. 2

U_{21} Spannung an der Antenne 1, hervorgerufen von Antenne 2

U_{12} Spannung an der Antenne 2, hervorgerufen von Antenne 1.

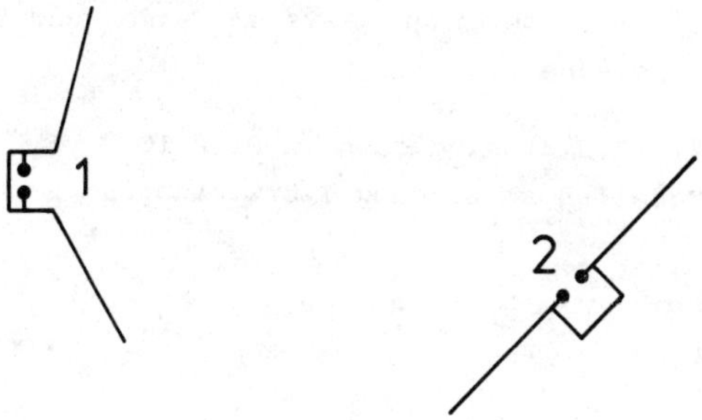

Bild 10.1: Zum Reziprozitätstheorem bei Antennen

Gl.(10.3,8) bedeutet folgendes: Wenn man die Antennen 1 und 2 mit gleichen Strömen $I_1 = I_2 = I$ betreibt, so ist die von der Antenne 1 bei der Antenne 2 hervorgerufene Spannung U_{12} gleich der von der Antenne 2 bei der Antenne 1 hervorgerufenen Spannung U_{21}. Es sei nun die Antenne 1 die Sendeantenne. Bewegt man nun die Antenne 2 auf einer Kugeloberfläche um die Antenne 1, so gibt die Empfangsspannung U_{12} als Funktion der Winkel die Sendecharakteristik von der Antenne 1. Wegen Gl. (10.3,8) ist aber $U_{21} = U_{12}$ wenn bei gleichem Strom die Antenne 2 als Sendeantenne und Antenne 1 als Empfangsantenne dient. D.h.

| Sendecharakteristik = Empfangscharakteristik.

Den Raum zwischen Sende- und Empfangsantenne kann man als Vierpol auffassen (Bild 10.2).

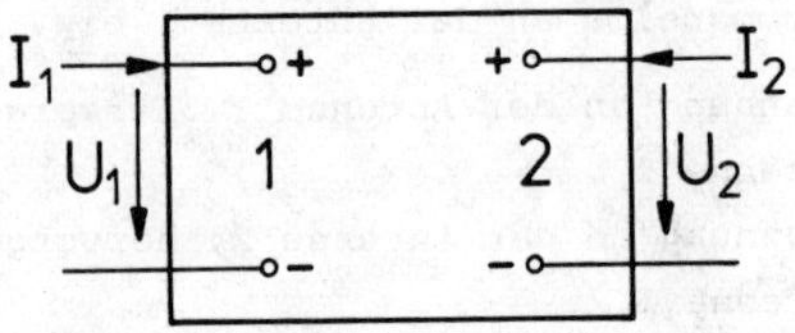

Bild 10.2: Das Übertragungssystem Sende- und Empfangsantenne als Vierpol

Analog Gl.(10.3,8) sind dann in Bild 10.2 I_1 und I_2 die Stromquellen am Eingang 1 bzw. Ausgang 2 und es sind

$$U_1 = U_{21}$$
$$U_2 = U_{12} \; . \qquad (10.3,9)$$

Es gelten die Vierpolgleichungen

$$U_1 = Z_{11} \; I_1 + Z_{12} \, I_2$$
$$U_2 = Z_{21} \; I_1 + Z_{22} \, I_2 \qquad (10.3,10)$$

oder auch

$$\begin{bmatrix} U_1 \\ U_2 \end{bmatrix} = \begin{bmatrix} Z_{11} & Z_{12} \\ Z_{21} & Z_{22} \end{bmatrix} \begin{bmatrix} I_1 \\ I_2 \end{bmatrix}$$

$$(Z) = \begin{bmatrix} Z_{11} & Z_{12} \\ Z_{21} & Z_{22} \end{bmatrix} \quad \text{Widerstandsmatrix.}$$

Analog den Antennen ist für die Stromquelle 1 das Klemmenpaar 2 offen, für die Stromquelle 2 das Klemmenpaar 1 offen. Wenn also nur 1 sendet, ist $I_2 = 0$ und es folgt aus Gl.(10.3,10)

$$\frac{U_2}{I_1} = Z_{21} . \qquad (10.3,11)$$

Wenn nur 2 sendet, ist $I_1 = 0$ und es folgt aus Gl. (10.3,10)

$$\frac{U_1}{I_2} = Z_{12} \ . \qquad (10.3,12)$$

Einsetzen von Gl.(10.3,9) in Gl.(10.3,8) ergibt

$$I_1 U_1 = I_2 U_2$$

oder

$$\frac{U_1}{I_2} = \frac{U_2}{I_1} \ . \qquad (10.3,13)$$

Einsetzen von Gl.(10.3,11) und Gl.(10.3,12) in Gl. (10.3,13) ergibt

$$Z_{12} = Z_{21} . \qquad (10.3,14)$$

Reziprozität bedeutet also beim Vierpol eine symmetrische Widerstandsmatrix.

11. DER EINSCHWINGVORGANG

11.1 Das Fouriersche Integral

11.1.1 Die komplexe Darstellung der Fourier-Reihe

Wenn die Funktion f(x) die Periode 2a hat, d.h.

$$f(x) = f(x + 2a) \qquad (11.1,1)$$

und im Intervall (-a,a) stetig oder nur stückweise stetig ist (endlich viele Sprungstellen hat) und wenn die Integrale

$$A_k = \frac{1}{a} \int_{-a}^{+a} f(x) \cos k \frac{\pi x}{a} \, dx \ , \quad k = 1,2,3,... \qquad (11.1,2)$$

$$B_k = \frac{1}{a} \int_{-a}^{+a} f(x) \sin k \frac{\pi x}{a} \, dx \, , \quad k = 1,2,3,\ldots$$

$$A_o = \frac{1}{2a} \int_{-a}^{+a} f(x) \, dx \qquad (11.1,2)$$

vorhanden sind, dann gilt die Fourier-Entwicklung

$$f(x) = A_o + \sum_{k=1}^{\infty} \left(A_k \cos k \frac{\pi x}{a} + B_k \sin k \frac{\pi x}{a}\right). \qquad (11.1,3)$$

Es werden die Gln.(11.1,2) in die Gl.(11.1,3) eingesetzt und die Integrationsvariable mit ξ bezeichnet. Das Ergebnis lautet dann

$$f(x) = \frac{1}{2a} \int_{-a}^{+a} f(\xi) \, d\xi +$$

$$+ \frac{1}{a} \sum_{k=1}^{\infty} \left\{ \int_{-a}^{+a} f(\xi) \cos k \frac{\pi \xi}{a} \, d\xi \right\} \cos k \frac{\pi x}{a} +$$

$$+ \frac{1}{a} \sum_{k=1}^{\infty} \left\{ \int_{-a}^{+a} f(\xi) \sin k \frac{\pi \xi}{a} \, d\xi \right\} \sin k \frac{\pi x}{a} =$$

$$= \frac{1}{2a} \int_{-a}^{+a} f(\xi) \, d\xi + \frac{1}{a} \sum_{k=1}^{\infty} \int_{-a}^{+a} f(\xi) \cos k\frac{\pi}{a}(x-\xi) \, d\xi$$

$$= \frac{1}{2a} \left\{ \int_{-a}^{+a} f(\xi) \, d\xi + \sum_{k=1}^{\infty} \int_{-a}^{+a} f(\xi) \, e^{jk\frac{\pi}{a}(x-\xi)} \, d\xi + \right.$$

$$\left. + \sum_{k=-\infty}^{-1} \int_{-a}^{+a} f(\xi) \, e^{jk\frac{\pi}{a}(x-\xi)} \, d\xi \right\}.$$

Hierfür schreibt man dann

$$f(x) = \frac{1}{2a} \sum_{k=-\infty}^{+\infty} \int_{-a}^{+a} f(\xi)\, e^{jk\frac{\pi}{a}(x-\xi)}\, d\xi =$$

$$= \sum_{k=-\infty}^{+\infty} C_k\, e^{jk\frac{\pi}{a}x} \qquad (11.1,4)$$

$$C_k = \frac{1}{2a} \int_{-a}^{+a} f(\xi)\, e^{-jk\frac{\pi}{a}\xi}\, d\xi. \qquad (11.1,5)$$

Die Gln. (11.1,4) und (11.1,5) sind die komplexe Darstellung der Fourier-Reihe.
Aus den Gln.(11.1,2) und (11.1,5) ergibt sich sofort der Zusammenhang zwischen A_k, B_k und C_k, nämlich

$$C_k = \begin{cases} \frac{1}{2}\,(A_k - j\,B_k) & \text{für } k > 0 \\ \frac{1}{2}\,(A_{|k|} + j\,B_{|k|}) & \text{für } k < 0 \end{cases}$$

$$C_o = A_o. \qquad (11.1,6)$$

Die Gln.(11.1,4) und (11.1,5) haben unter anderem den Vorteil, daß die Ausnahmestellung des Gliedes mit $k = 0$ fortfällt.

11.1.2 Die Herleitung des Fourier-Integrals

In den Gln.(11.1,4) und (11.1,5) wird

$$k\,\frac{\pi}{a} = \omega_k \qquad (11.1,7)$$

gesetzt. Bei endlichem a bilden die ω_k eine diskrete Folge. Der Unterschied zwischen zwei aufeinander folgenden Werten ω_k ist

$$\Delta\omega_k = \omega_{k+1} - \omega_k = \frac{\pi}{a} . \qquad (11.1,8)$$

Für $a \to \infty$ wird ω_k immer kleiner und die diskrete Folge der ω_k geht in eine kontinuierliche Folge über. Man schreibt dann an Stelle von ω_k die Größe ω. Die Differenz $\Delta\omega_k$ wird jetzt zum Differential

$$d\omega = \lim_{a\to\infty} \Delta\omega_k = \lim_{a\to\infty} \frac{\pi}{a} . \qquad (11.1,9)$$

Aus Gl.(11.1,5) ergibt sich dann unter Benutzung von Gl.(11.1,9) für $a \to \infty$

$$C_k = \lim_{a\to\infty} \frac{1}{2a} \int_{-a}^{+a} f(\xi)\, e^{-j\omega\xi} d\xi =$$

$$= \lim_{a\to\infty} \frac{d\omega}{2\pi} \int_{-a}^{+a} f(\xi)\, e^{-j\omega\xi} d\xi. \qquad (11.1,10)$$

Wegen der kontinuierlichen Folge der ω wird in Gl. (11.1,4) die Summe zum Integral, so daß sich nach Einsetzen von Gl.(11.1,10)

$$f(x) = \lim_{\Omega\to\infty} \lim_{a\to\infty} \int_{\omega=-\Omega}^{+\Omega} e^{j\omega x} \frac{d\omega}{2\pi} \int_{\xi=-a}^{+a} f(\xi)\, e^{-j\omega\xi} d\xi \qquad (11.1,11)$$

ergibt.
Die Reihenfolge der Grenzübergänge in Gl.(11.1,11) ist nicht gleichgültig, sondern muß in der aufgeschriebenen Art durchgeführt werden.
Schreibt man nämlich

$$f(x) = \int_{\omega=-\infty}^{+\infty} e^{j\omega x} \frac{d\omega}{2\pi} \int_{\xi=-\infty}^{+\infty} f(\xi)\, e^{-j\omega\xi} d\xi$$

$$f(x) = \frac{1}{2\pi} \int\limits_{\omega=-\infty}^{+\infty} \int\limits_{\xi=-\infty}^{+\infty} f(\xi)\, e^{j\omega(x-\xi)}\, d\xi\, d\omega =$$

$$= \frac{1}{2\pi} \int\limits_{\xi=-\infty}^{+\infty} \left(\int\limits_{\omega=-\infty}^{+\infty} f(\xi)\, e^{j\omega(x-\xi)}\, d\omega \right) d\xi,$$

so erhält man das sinnlose Integral

$$\int\limits_{-\infty}^{+\infty} e^{j\omega(x-\xi)}\, d\omega = \left. \frac{e^{j\omega(x-\xi)}}{j(x-\xi)} \right|_{-\infty}^{+\infty} .$$

Man muß also immer zuerst den Grenzübergang für $a \to \infty$ ausführen. Damit jedoch das Integral

$$\int\limits_{\xi=-\infty}^{+\infty} f(\xi)\, e^{-j\omega\xi} d\xi$$

einen Sinn hat, muß die Funktion $f(\xi)$ im Unendlichen hinreichend stark verschwinden. Das ist bei physikalischen Problemen fast immer der Fall. Man schreibt nun an Stelle von Gl.(11.1,11) meist

$$f(x) = \frac{1}{2\pi} \int\limits_{\omega=-\infty}^{+\infty} d\omega\, e^{j\omega x} \int\limits_{\xi=-\infty}^{+\infty} f(\xi)\, e^{-j\omega\xi} d\xi$$

$$= \frac{1}{2\pi} \int\limits_{\omega=-\infty}^{+\infty} d\omega \int\limits_{\xi=-\infty}^{+\infty} f(\xi)\, e^{j\omega(x-\xi)}\, d\xi. \qquad (11.1,12)$$

Die Gl.(11.1,12) ist die komplexe Form des "Fourierschen Integrals". Eine Periodizität der Funktion $f(x)$, d.h. ein endliches Entwicklungsintervall $-a \le x \le +a$ ist nicht mehr notwendig. Während man also die Fourierschen Reihen zur Darstellung von periodischen Funktionen benutzt, verwendet man das Fouriersche Integral zur Darstellung nichtperiodischer Funktionen.

Wie beim Satz über die Fourierschen Reihen (s. Gl. (11.1,1) bis (11.1,3)) braucht auch zur Anwendung des Fourierschen Integrals die gegebene Funktion f(x) nur stückweise stetig zu sein und das Integral

$$F(\omega) = \int_{\xi=-\infty}^{+\infty} f(\xi)\, e^{-j\omega\xi} d\xi \qquad (11.1,13)$$

zu existieren. Denn F(ω) ist hier an Stelle der Fourierkoeffizienten C_k bzw. A_k, B_k getreten. Die Funktion F(ω) nennt man die "Fourier-Transformierte" der Funktion f(ξ), da F(ω) durch eine Integraltransformation aus f(ξ) entsteht. In der Technik wird F(ω) auch mit Spektralfunktion bezeichnet.
Nach Einsetzen von Gl. (11.1,13) in Gl. (11.1,12) ergibt sich für das Fouriersche Integral die Schreibweise

$$f(x) = \frac{1}{2\pi} \int_{\omega=-\infty}^{+\infty} F(\omega)\, e^{j\omega x} d\omega. \qquad (11.1,14)$$

Die Gl. (11.1,14) hat denselben Charakter wie die Gl. (11.1,13). Man bezeichnet daher die Funktion f(x) auch als die Fourier-Transformation von F(ω).
Aus Gl. (11.1,13) folgt der Ähnlichkeitssatz:

$\xi \to 0$ in f(ξ) entspricht $\omega \to \infty$ in F(ω)
$\xi \to \infty$ in f(ξ) entspricht $\omega \to 0$ in F(ω)
Oder anders ausgedrückt: Kleinen Werten von ξ entsprechen große Werte von ω und umgekehrt.

Beweis:

$$\int_{\xi=-\infty}^{+\infty} f(\tfrac{\xi}{T})\, e^{-j\omega\xi} d\xi = T \int_{-\infty}^{+\infty} f(\tfrac{\xi}{T})\, e^{-j\omega T(\frac{\xi}{T})}\, d(\tfrac{\xi}{T}) =$$

$$= T\, F(\omega T).$$

D.h. $f(\frac{\xi}{T})$ entspricht $F(\omega T)$.

Führt man $\frac{\xi}{T} = u$ und $\omega T = v$ als neue Variable ein, so wird bei $T \to \infty$ die Größe $u \to 0$, $v \to \infty$. Bei $T \to 0$ geht $u \to \infty$ und $v \to 0$.

Der Ähnlichkeitssatz ist wichtig bei Einschwingvorgängen, wo an Stelle von ξ die Zeit t tritt. $t \to 0$ entspricht dann $\omega \to \infty$ und $t \to \infty$ entspricht $\omega \to 0$.

Zur Berechnung der reellen Form des Fourierschen Integrals wird

$$e^{j\omega(x-\xi)} = \cos\omega(x - \xi) + j \sin\omega(x - \xi)$$

in Gl.(11.1,12) eingesetzt. Da nun

$$I_1 = \int_{\xi=-\infty}^{+\infty} f(\xi) \sin\omega(x - \xi)\, d\xi$$

wegen des Sinus ungerade in ω ist, wird

$$\int_{-\infty}^{+\infty} I_1\, d\omega = 0.$$

Da weiterhin

$$I_2 = \int_{\xi=-\infty}^{+\infty} f(\xi) \cos\omega(x - \xi)\, d\xi$$

wegen des Kosinus gerade in ω ist, wird

$$\int_{-\infty}^{+\infty} I_2\, d\omega = 2 \int_0^{\infty} I_2\, d\omega.$$

Demnach lautet die reelle Schreibweise des Fourierschen Integrals

$$f(x) = \frac{1}{\pi} \int_{\omega=0}^{\infty} d\omega \int_{\xi=-\infty}^{+\infty} f(\xi) \cos\omega(x - \xi)\, d\xi. \tag{11.1,15}$$

Wegen

$$\cos\omega(x-\xi) = \cos\omega x \cos\omega\xi + \sin\omega x \sin\omega\xi$$

kann man für Gl. (11.1,15) auch schreiben

$$f(x) = \int_{\omega=0}^{\infty} A(\omega) \cos\omega x \, d\omega + \int_{\omega=0}^{\infty} B(\omega) \sin\omega x \, d\omega$$

$$A(\omega) = \frac{1}{\pi} \int_{-\infty}^{+\infty} f(\xi) \cos\omega\xi \, d\xi$$

$$B(\omega) = \frac{1}{\pi} \int_{-\infty}^{+\infty} f(\xi) \sin\omega\xi \, d\xi. \qquad (11.1,16)$$

Die $A(\omega)$ und $B(\omega)$ entsprechen den A_k und B_k der Gl. (11.1,2).

Bei $f(x) = f(-x)$ (gerade Funktion) ist $B(\omega) = 0$.
Bei $f(x) = -f(-x)$ (ungerade Funktion) ist $A(\omega) = 0$.

Entsprechend den reinen Kosinus-Reihen bei den Fourierschen Reihen erhält man bei einer geraden Funktion aus dem Fourierschen Integral ein reines Kosinus-Integral. Ebenso erhält man entsprechend den reinen Sinus-Reihen bei den Fourierschen Reihen für eine ungerade Funktion aus dem Fourierschen Integral ein reines Sinus-Integral.
In der Physik ist bei Schwingungsvorgängen ω meist die Kreisfrequenz ($\omega = 2\pi f$, f Frequenz) und $x = t$ (Zeit) die Zeitkoordinate.
Während also die <u>Fouriersche Reihe</u> die Zerlegung eines <u>periodischen zeitlichen Ablaufs</u> f(t) in seine harmonischen Komponenten liefert, ergibt das <u>Fourier-Integral</u> die Zerlegung eines <u>beliebigen zeitlichen Ablaufs</u> f(t) in seine harmonischen Komponenten. Bei der <u>Fourierschen Reihe</u> ergibt sich ein <u>diskretes Spektrum</u>, beim <u>Fourier-Integral</u> ein <u>kontinuierliches Spektrum</u>.

11.1.3 Beispiele zum Fourier-Integral, Sprungfunktion, Stoßfunktion

1. Beispiel: Die für $t > 0$ exponentiell abklingende Zeitfunktion $f(t)$ (Bild 11.1)

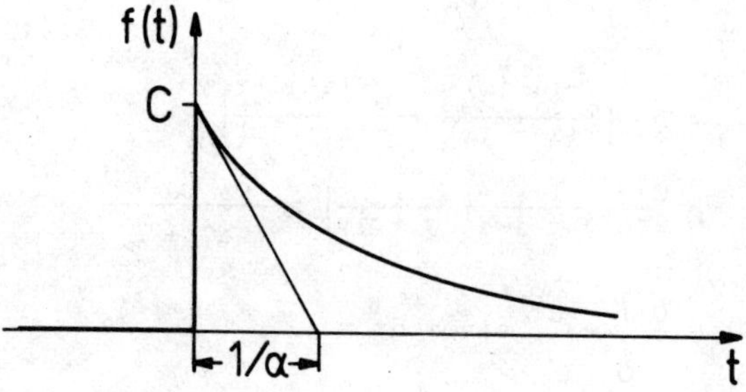

Bild 11.1: Die Zeitfunktion

$$f(t) = \begin{cases} 0 \text{ für } -\infty < t < 0 \\ Ce^{-\alpha t} \text{ für } 0 < t < \infty \end{cases}$$

Aus Gl.(11.1,13) ergibt sich mit τ als Integrationsvariable die Spektralfunktion

$$F(\omega) = C \int_0^\infty e^{-(\alpha+j\omega)\tau}\, d\tau =$$

$$= C \left[\frac{e^{-(\alpha+j\omega)\tau}}{-(\alpha+j\omega)}\right]_0^\infty = \frac{C}{\alpha + j\omega}\,. \qquad (11.1,17)$$

Nach Gl.(11.1,14) kann man dann für die Funktion $f(t)$ schreiben

$$f(t) = \frac{C}{2\pi} \int_{-\infty}^{+\infty} \frac{e^{j\omega t}}{\alpha + j\omega}\, d\omega. \qquad (11.1,18)$$

Die reelle Darstellung des Fourier-Integrals ergibt sich aus den Gln.(11.1,16). Das liefert

$$A(\omega) = \frac{C}{\pi} \int_0^\infty e^{-\alpha\tau} \cos\omega\tau \, d\tau =$$

$$= \frac{C}{2\pi} \int_0^\infty e^{-\alpha\tau} (e^{j\omega\tau} + e^{-j\omega\tau}) \, d\tau =$$

$$= \frac{C}{2\pi} \left(\frac{e^{-(\alpha-j\omega)\tau}}{-(\alpha - j\omega)} + \frac{e^{-(\alpha+j\omega)\tau}}{-(\alpha + j\omega)}\right)_0^\infty =$$

$$= \frac{C}{2\pi} \left(\frac{1}{\alpha - j\omega} + \frac{1}{\alpha + j\omega}\right) = \frac{C\alpha}{\pi(\alpha^2 + \omega^2)}$$

$$B(\omega) = \frac{C}{\pi} \int_0^\infty e^{-\alpha\tau} \sin\omega\tau \, d\tau =$$

$$= \frac{C}{2j\pi} \int_0^\infty e^{-\alpha\tau} (e^{j\omega\tau} - e^{-j\omega\tau}) \, d\tau =$$

$$= \frac{C}{2j\pi} \left(\frac{1}{\alpha - j\omega} - \frac{1}{\alpha + j\omega}\right) = \frac{C\omega}{\pi(\alpha^2 + \omega^2)} . \qquad (11.1,19)$$

Somit wird nach Gl.(11.1,16)

$$f(t) = \frac{C}{\pi} \left(\int_0^\infty \frac{\alpha}{\alpha^2 + \omega^2} \cos\omega t \, d\omega + \int_0^\infty \frac{\omega}{\alpha^2 + \omega^2} \sin\omega t \, d\omega\right). \qquad (11.1,20)$$

Ein Sonderfall der eben behandelten Zeitfunktion $f(t)$ ist die sogenannte "Sprungfunktion" $f_o(t)$ (Bild 11.2). Diese Funktion wird auch mit "Einheitssprung" bezeichnet und entspricht dem Einschalten einer Gleichspannung zur Zeit $t = 0$. Die Sprungfunktion entsteht aus der Funktion $f(t)$, indem man $\alpha = 0$ und $C = 1$ setzt.

D.h.

$$f_o(t) = \begin{cases} 0 \text{ für } -\infty < t < 0 \\ 1 \text{ für } 0 < t < \infty \end{cases}$$

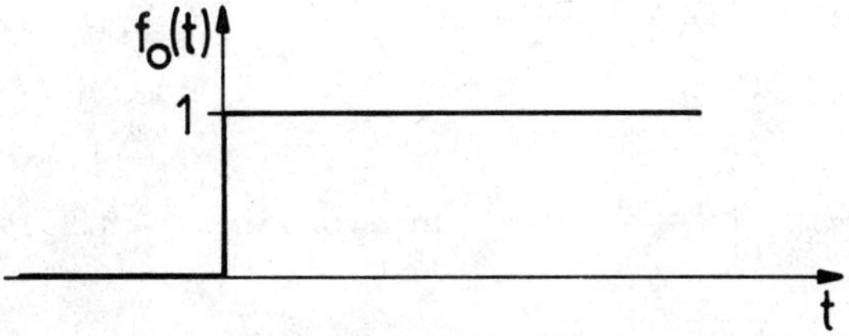

Bild 11.2: Die Sprungfunktion (Einheitssprung)

Bei der Sprungfunktion $f_o(t)$ ist das Integral Gl. (11.1,13) nicht vorhanden. Man kann jedoch die reelle Darstellung (die komplexe Darstellung soll hier nicht betrachtet werden) des Fourier-Integrals für $f_o(t)$ aus Gl.(11.1,20) erhalten, indem man dort nach der Integration des ersten Integrals die Größe $\alpha \to 0$ gehen läßt und $C = 1$ setzt. Bei dem zweiten Integral darf man schon beim Integranden $\alpha = 0$ setzen. Demnach ist

$$f_o(t) = \lim_{\substack{\alpha \to 0 \\ C=1}} f(t) =$$

$$= \frac{1}{\pi}\left(\lim_{\alpha \to 0} \int_0^\infty \frac{\alpha \cos\omega t}{\alpha^2 + \omega^2}\, d\omega + \int_0^\infty \frac{\sin\omega t}{\omega}\, d\omega\right).$$

Den Wert des ersten Integrals kann man durch folgende Überlegung erhalten:

Bei $\alpha \to 0$ tragen nur die Werte des Integranden bei $\omega \to 0$, d.h. $\cos\omega t \to 1$ zum Integral etwas bei. Man kann demnach schreiben

$$\lim_{\alpha \to 0} \int_0^\infty \frac{\alpha \cos\omega t}{\alpha^2 + \omega^2}\, d\omega = \lim_{\alpha \to 0} \int_0^\infty \frac{\alpha}{\alpha^2 + \omega^2}\, d\omega$$

$$\lim_{\alpha\to 0}\int_0^\infty \frac{\alpha}{\alpha^2+\omega^2}\,d\omega = \lim_{\alpha\to 0} \arctan\frac{\omega}{\alpha}\Big|_0^\infty = \lim_{\alpha\to 0}\frac{\pi}{2} = \frac{\pi}{2}\,.$$

Es ist daher

$$f_o(t) = \frac{1}{2} + \frac{1}{\pi}\int_0^\infty \frac{\sin\omega t}{\omega}\,d\omega. \qquad (11.1,21)$$

Es ist

$$Si(x) = \int_0^x \frac{\sin t}{t}\,dt \quad \text{Integralsinus.} \qquad (11.1,22)$$

[1]

Das Integral

$$Si(\infty) = \int_0^\infty \frac{\sin x}{x}\,dx$$

kann man unter anderem folgendermaßen berechnen:

Es ist

$$\int_0^\infty e^{-(y+jp)x}\,dx = \int_0^\infty e^{-yx}\cos px\,dx - j\int_0^\infty e^{-yx}\sin px\,dx$$

$$= \lim_{\Omega\to\infty}\left(-\frac{1}{y+jp}\,e^{-(y+jp)x}\right)_0^\Omega$$

$$= \frac{1}{y+jp} = \frac{y-jp}{y^2+p^2} \quad \text{für } y > 0\,,$$

d.h.

$$\int_0^\infty e^{-xy}\cos px\,dx = \frac{y}{y^2+p^2}$$

$$\int_0^\infty e^{-xy}\sin px\,dx = \frac{p}{y^2+p^2}\,.$$

---

1) Siehe z.B. EMDE, F., JAHNKE, E., Tafeln höherer Funktionen, B.G.Teubner Verlagsges., Leipzig 1952, S.3

Außerdem ist

$$J = \int_{x=0}^{\infty} \left(\int_{y=0}^{\infty} e^{-xy} \sin px \, dy \right) dx = \int_{x=0}^{\infty} \frac{\sin px}{x} \, dx =$$

$$= \int_{y=0}^{\infty} \left(\int_{x=0}^{\infty} e^{-xy} \sin px \, dx \right) dy = \int_{y=0}^{\infty} \frac{p}{y^2 + p^2} \, dy =$$

$$= \int_{0}^{\infty} \frac{1}{1 + (\frac{y}{p})^2} \, d(\frac{y}{p}) = \lim_{\Omega \to \infty} \left(\arc\tan \frac{y}{p} \right)_{y=0}^{y=\Omega} =$$

$$= \lim_{\Omega \to \infty} \left(\arc\tan \frac{\Omega}{p} \right) - \arc\tan 0 = \begin{cases} + \frac{\pi}{2} \text{ für } p > 0 \\ 0 \text{ für } p = 0 \\ - \frac{\pi}{2} \text{ für } p < 0 \,. \end{cases}$$

Demnach ist

$$Si(\infty) = \int_{0}^{\infty} \frac{\sin x}{x} \, dx = \frac{\pi}{2}$$

und allgemein

$$\int_{0}^{\infty} \frac{\sin px}{x} \, dx = \begin{cases} + \frac{\pi}{2} \text{ für } p > 0 \\ 0 \text{ für } p = 0 \\ - \frac{\pi}{2} \text{ für } p < 0 \,. \end{cases} \qquad (11.1,23)$$

Benutzung von Gl.(11.1,23) bei Gl.(11.1,21) ergibt

$$f_o(t) = \frac{1}{2} + \frac{1}{\pi} \cdot \begin{cases} \frac{\pi}{2} \\ 0 \\ - \frac{\pi}{2} \end{cases} = \begin{cases} 1 \quad \text{für} \quad t > 0 \\ \frac{1}{2} \quad \text{für} \quad t = 0 \\ 0 \quad \text{für} \quad t < 0 \,. \end{cases} \qquad (11.1,24)$$

An der Stelle $t = 0$ erhält man demnach aus dem Fourier-Integral für $f_o(t)$ den Wert $\frac{1}{2}$, d.h. wie bei den Fourierschen Reihen den arithmetischen Mittelwert der gegebenen Funktion an der Stelle der Unstetigkeit.

2. Beispiel: Gleichspannungsimpuls (Rechteckimpuls) von der Dauer T und der Höhe C (Bild 11.3)

$$\text{Zeitfunktion } f(t) = \begin{cases} 0 \text{ für } -\infty < t < -\frac{T}{2} \\ C \text{ für } -\frac{T}{2} < t < +\frac{T}{2} \\ 0 \text{ für } \frac{T}{2} < t < \infty \end{cases}$$

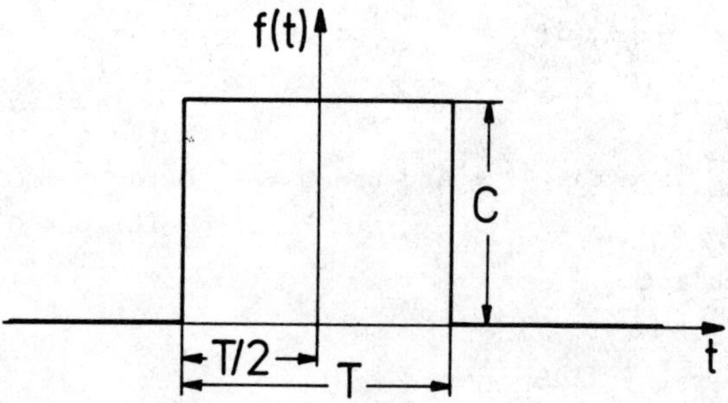

Bild 11.3: Der Rechteckimpuls

Aus Gl.(11.1,13) ergibt sich mit τ als Integrationsvariable die Spektralfunktion

$$F(\omega) = C \int_{-\frac{T}{2}}^{+\frac{T}{2}} e^{-j\omega\tau} d\tau = \frac{C}{j\omega} \left(e^{j\omega\frac{T}{2}} - e^{-j\omega\frac{T}{2}} \right) = \frac{2C}{\omega} \sin \frac{\omega T}{2}. \tag{11.1,25}$$

Aus Gl.(11.1,14) folgt dann

$$f(t) = \frac{C}{\pi} \int_{-\infty}^{+\infty} \frac{1}{\omega} \sin(\omega\frac{T}{2})\, e^{j\omega t}\, d\omega. \tag{11.1,26}$$

Die reelle Darstellung ergibt sich wieder aus den Gln. (11.1,16). Da f(t) eine gerade Funktion ist, wird $B(\omega) = 0$ und

$$A(\omega) = \frac{2C}{\pi}\int_0^{T/2} \cos\omega\tau \, d\tau = \frac{2C}{\omega\pi} \sin\omega\tau \Big|_0^{\frac{T}{2}} = \frac{CT}{\pi} \frac{\sin \frac{1}{2}\omega T}{\frac{1}{2}\omega T} . \tag{11.1,27}$$

Somit ist

$$f(t) = \frac{CT}{\pi}\int_0^{\infty} \frac{\sin\frac{\omega T}{2}}{\frac{\omega T}{2}} \cos\omega t \, d\omega. \tag{11.1,28}$$

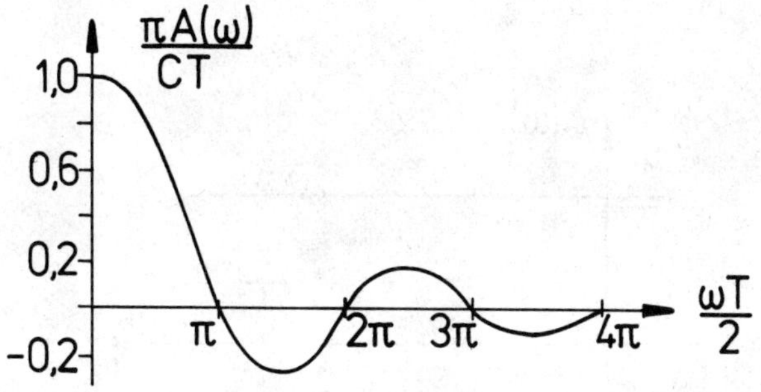

Bild 11.4: Die Spektralfunktion eines einzelnen Rechteck-Impulses

Man beachte die Abnahme von $A(\omega)$ mit wachsendem ω, d.h. wachsender Frequenz.

Mit $T \to 0$ und $CT \to 1$ erhält man aus Gl.(11.1,28) die sogenannte "Stoßfunktion" $f_1(t)$, die gleich der Ableitung der Sprungfunktion Gl.(11.1,21) nach der Zeit ist. D.h.

$$f_1(t) = \lim_{\substack{T\to 0\\ CT\to 1}} \frac{CT}{\pi}\int_0^{\infty} \frac{\sin\frac{\omega T}{2}}{\frac{\omega T}{2}} \cos\omega t \, d\omega$$

und daher

$$f_1(t) = \frac{1}{\pi}\int_0^{\infty} \cos\omega t \, d\omega = \frac{d\, f_o(t)}{dt} . \tag{11.1,29}$$

Die Funktion $f_1(t)$ wird in der Technik auch mit "Einheitsstoß" und in der Physik mit "Dirac-Funktion" bezeichnet. Vergleicht man Gl.(11.1,29) mit Gl.(11.1,16) so ergibt sich, daß bei der Stoßfunktion

$$A(\omega) = \frac{1}{\pi} \qquad (11.1,30)$$

ist. Bei der Stoßfunktion ist die Spektralfunktion $A(\omega)$ also eine Konstante, d.h. unabhängig von der Frequenz (Bild 11.5).

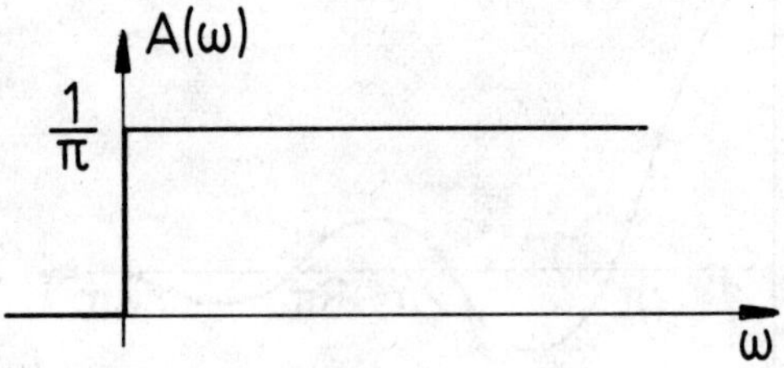

Bild 11.5: Die Spektralfunktion $A(\omega)$ der Stoßfunktion

11.2 Übertragungsfaktor, Stammfunktion

Mit Hilfe des Fourier-Integrals kann man jeden beliebigen zeitlichen Vorgang durch eine Überlagerung von Sinus-Schwingungen darstellen. Das Fourier-Integral wird daher unter anderem bei Schaltvorgängen (Einschwingvorgängen) angewendet.
Bei einem linearen Übertragungssystem kann man den Verlauf eines Schaltvorganges über dieses System folgendermaßen berechnen:
Es wird der Verlauf jeder Teilschwingung des Spektrums berechnet und am Ende des Systems werden alle Teilschwingungen addiert (integriert).

Wenn also (Bild 11.6)

Gegeben: Sendefunktion $s_1(t)$
Gesucht: Empfangsfunktion $s_2(t)$,

so setzt man entsprechend Gl.(11.1,13) und Gl. (11.1,14)

$$s_1(t) = \frac{1}{2\pi} \int_{\omega=-\infty}^{\infty} F_1(\omega)\, e^{j\omega t}\, d\omega$$

$$F_1(\omega) = \int_{\tau=-\infty}^{\infty} s_1(\tau)\, e^{-j\omega\tau} d\tau \qquad (11.2,1)$$

$$s_2(t) = \frac{1}{2\pi} \int_{\omega=-\infty}^{\infty} F_2(\omega)\, e^{j\omega t}\, d\omega. \qquad (11.2,2)$$

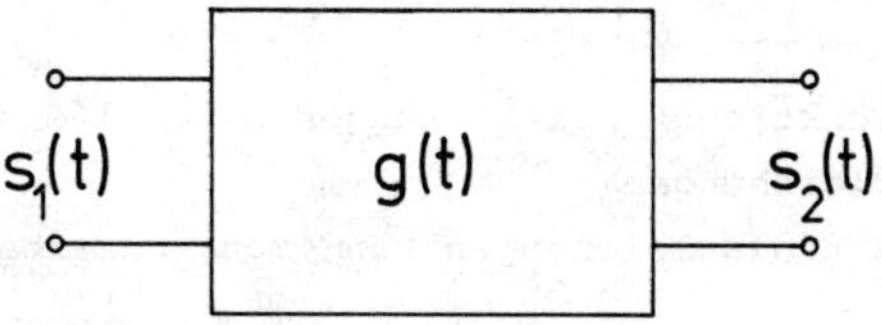

Bild 11.6: Lineares Übertragungssystem

Wenn nun

$G(\omega)$ Übertragungsfaktor des Systems ist ($G(\omega)$ im allgemeinen komplex),

d.h. jede über das System laufende Schwingung wird mit dem Faktor $G(\omega)$ verändert, so ist

$$F_2(\omega) = G(\omega)\, F_1(\omega) = \frac{F_1(\omega)}{W(\omega)}$$

$$W(\omega) = \frac{1}{G(\omega)} \quad \text{Stammfunktion.} \qquad (11.2,3)$$

Einsetzen von Gl.(11.2,3) in Gl.(11.2,2) ergibt

$$s_2(t) = \frac{1}{2\pi} \int_{\omega=-\infty}^{\infty} G(\omega)F_1(\omega)\, e^{j\omega t} d\omega = \frac{1}{2\pi} \int_{\omega=-\infty}^{\infty} \frac{F_1(\omega)}{W(\omega)} e^{j\omega t} d\omega \tag{11.2,4}$$

<u>Beispiele für Stammfunktionen W(ω)</u>

1) Reihenschaltung von Spule und Widerstand

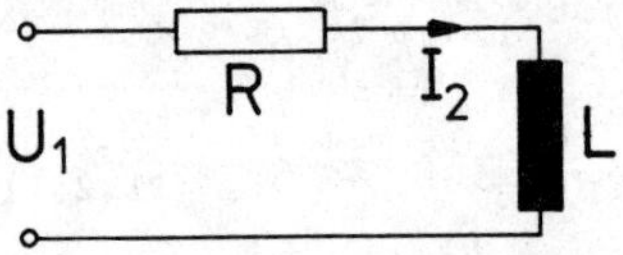

$$W(\omega) = \frac{U_1}{I_2} = R + j\omega L \tag{11.2,5}$$

2) Reihenschaltung von Kondensator und Widerstand

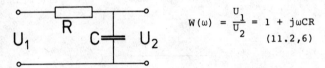

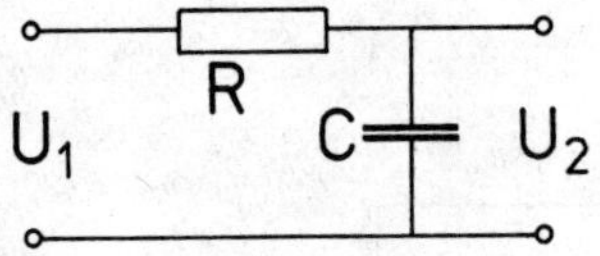

$$W(\omega) = \frac{U_1}{U_2} = 1 + j\omega CR \tag{11.2,6}$$

3) Stammfunktionen bei Leitungen mit Hilfe der Leitungsgleichungen

Die Leitungsgleichungen kann man schreiben

$$Z_L I = A\, e^{-\gamma z} - B\, e^{\gamma z}$$

$$U = A\, e^{-\gamma z} + B\, e^{\gamma z} \tag{11.2,7}$$

I Strom, U Spannung } auf der Leitung

$\gamma = \alpha + j\beta = \sqrt{(R' + j\omega L')(G' + j\omega C')}$ Fortpflanzungskonstante

$Z_L = \sqrt{\frac{R' + j\omega L'}{G' + j\omega C'}}$ Leitungs-Wellenwiderstand

R' Widerstandsbelag L' Induktivitätsbelag

G' Ableitungsbelag C' Kapazitätsbelag

A, B Konstante

3a) Homogene Leitung im Leerlauf

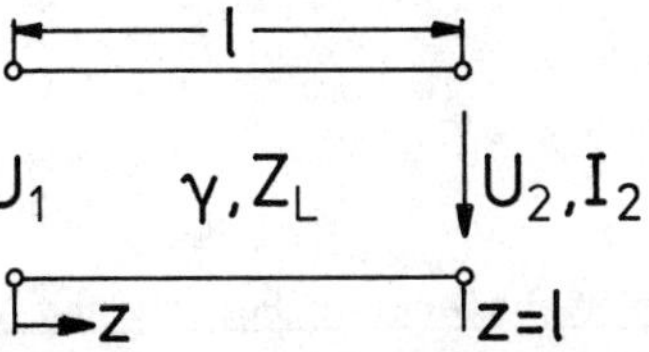

bei $z = l$ ist $I = I_2 = 0$, d.h. nach Gl.(11.2,7)

$A = B\, e^{2\gamma l}$

$$W(\omega) = \frac{U_1}{U_2} = \frac{B(e^{2\gamma l} + 1)}{B(e^{2\gamma l}\, e^{-\gamma l} + e^{\gamma l})} = \cosh\gamma l \quad (11.2,8)$$

3b) Homogene Leitung im Kurzschluß

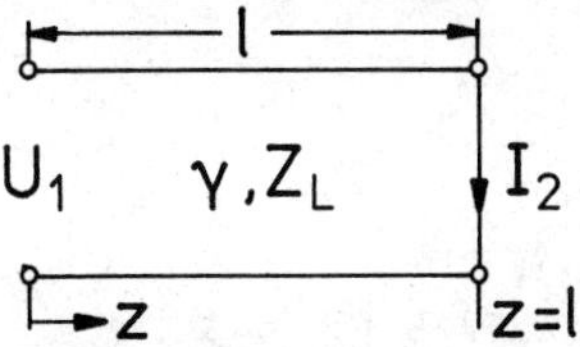

bei $z = l$ ist $U = U_2 = 0$, d.h. nach Gl.(11.2,7)

$A = - B\, e^{2\gamma l}$

$$W(\omega) = \frac{U_1}{I_2} = \frac{-B(e^{2\gamma l} - 1)}{-\frac{B}{Z_L}(e^{2\gamma l}\, e^{-\gamma l} + e^{\gamma l})} = Z_L \sinh\gamma L \quad (11.2,9)$$

3c) Mit dem Leitungswellenwiderstand Z_L abgeschlossene homogene Leitung

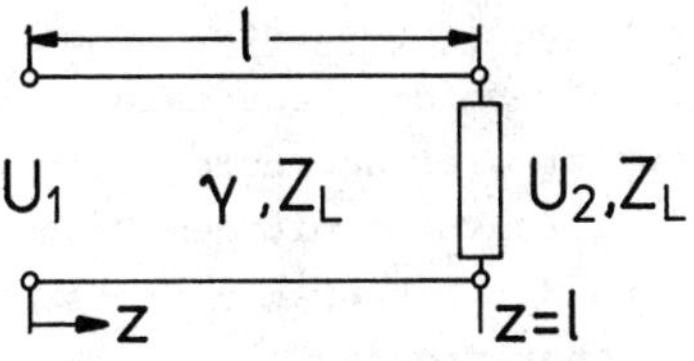

Welle nur in Richtung positiver z, d.h. nach Gl. (11.2,7)

$$B = 0$$

$$W(\omega) = \frac{U_1}{U_2} = \frac{A}{A\, e^{-\gamma l}} = e^{\gamma l}. \qquad (11.2,10)$$

11.3 Mathematische Methoden zur Berechnung von Fourier-Integralen

11.3.1 Der Verschiebungssatz

Die Empfangsfunktion $s_2(t)$ sei in der Form

$$s_2(t) = \frac{1}{2\pi} \int_{-\infty}^{+\infty} F_2(\omega + a)\, e^{j\omega t}\, d\omega$$

$$a = a_R + ja_I \qquad (11.3,1)$$

gegeben. Es ist

$$\int_{-\infty}^{+\infty} F_2(\omega + a)\, e^{j\omega t} d\omega = e^{-jat} \int_{-\infty}^{+\infty} F_2(\omega + a)\, e^{j(\omega+a)t} d\omega$$

$$= e^{-jat} \int_{-\infty+a}^{+\infty+a} F_2(\omega + a)\, e^{j(\omega+a)t} d(\omega + a).$$

Hierfür schreibt man dann

$$\int_{-\infty}^{+\infty} F_2(\omega + a)\, e^{j\omega t} d\omega = e^{-jat} \int_{-\infty+ja_I}^{\infty+ja_I} F_2(\omega)\, e^{j\omega t} d\omega. \qquad (11.3,2)$$

Gl.(11.3,2) ist der Verschiebungssatz. Eine Verschiebung der Kreisfrequenz ω um den konstanten Wert a in der Spektralfunktion ist gleichbedeutend mit einer Multiplikation der Zeitfunktion mit dem Faktor e^{-jat} und einer Verschiebung der Integrationsachse um den Imaginärteil a_I der Konstanten a.

11.3.2 Die Berechnung des Fourier-Integrals mit Hilfe der Residuen

11.3.2.1 Der Integralsatz von Cauchy

Es sei

$$z = x + jy$$
$$w = f(z) = u(x,y) + jv(x,y) \qquad (11.3,3)$$

f(z) analytisch (regulär), d.h. die Ableitungen existieren und sind stetig. Punkte, in denen f(z) nicht regulär ist, heißen singuläre Punkte von f(z).
Somit darf man schreiben:

$$j\,\frac{\partial f}{\partial x} = j\,\frac{\partial f}{\partial z}\,\frac{\partial z}{\partial x} = j\,\frac{\partial f}{\partial z} = j\,\frac{\partial u}{\partial x} - \frac{\partial v}{\partial x}$$
$$\frac{\partial f}{\partial y} = \frac{\partial f}{\partial z}\,\frac{\partial z}{\partial y} = j\,\frac{\partial f}{\partial z} = \frac{\partial u}{\partial y} + j\,\frac{\partial v}{\partial y}\,.$$

Subtraktion der beiden Gleichungen liefert

$$0 = j\,\left(\frac{\partial u}{\partial x} - \frac{\partial v}{\partial y}\right) - \left(\frac{\partial v}{\partial x} + \frac{\partial u}{\partial y}\right).$$

Hieraus folgt

$$\frac{\partial u}{\partial x} = \frac{\partial v}{\partial y}\,, \quad \frac{\partial v}{\partial x} = -\,\frac{\partial u}{\partial y}\,. \qquad (11.3,4)$$

Die Gln.(11.3,4) sind die <u>Cauchy-Riemannschen Differentialgleichungen.</u>
Nun ist

$$f(z)\;dz = (u + jv)\;(dx + jdy)$$
$$= (udx - vdy) + j\;(vdx + udy).$$

Das Linienintegral längs einer beliebigen Kurve zwischen den Punkten A und B der z-Ebene (Bild 11.7) ist

$$\int_A^B f(z)\;dz = \int_A^B (udx - vdy) + j\int_A^B (vdx + udy). \qquad (11.3,5)$$

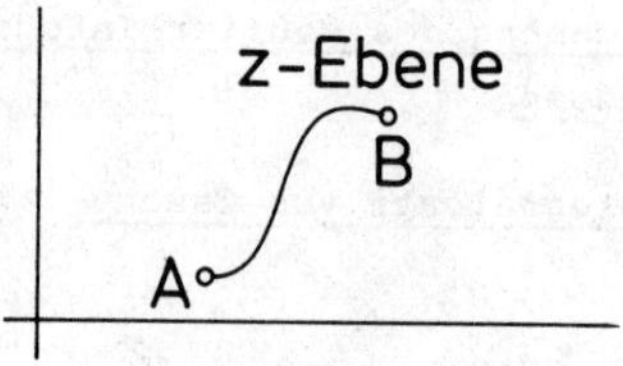

Bild 11.7: Integrationsweg in der z-Ebene

Andererseits ist für

$$\phi = \phi(x,y)$$

das totale Differential

$$d\phi = \frac{\partial\phi}{\partial x}\, dx + \frac{\partial\phi}{\partial y}\, dy = p\, dx + q\, dy.$$

Wegen

$$\frac{\partial^2\phi}{\partial x\partial y} = \frac{\partial^2\phi}{\partial y\partial x}$$

ist

$$\frac{\partial p}{\partial y} = \frac{\partial q}{\partial x}\,.$$

Umgekehrt kann man einen Ausdruck

$$P(x,y)\, dx + Q(x,y)\, dy = d\Phi(x,y) \qquad (11.3,6)$$

setzen, wenn

$$\frac{\partial P}{\partial y} = \frac{\partial Q}{\partial x}\,. \qquad (11.3,7)$$

Es ist dann

$$\int_A^B \left(P(x,y)\, dx + Q(x,y)\, dy\right) = \int_A^B d\Phi(x,y) =$$

$$= \int_{t_A}^{t_B} d\Phi(x(t),y(t)) = \Phi(x(t_B),y(t_B)) - \Phi(x(t_A),y(t_A))$$

$$= \Phi(x_B,y_B) - \Phi(x_A,y_A) = \Phi_B - \Phi_A.$$

(11.3,8)

D.h. das Integral der Gl.(11.3,8) ist unter der Voraussetzung Gl.(11.3,7) vom Integrationsweg unabhängig. Es hängt nur von den Grenzen ab.
Die Cauchy-Riemannschen Diff.Gln.(11.3,4) entsprechen nun der Bedingung Gl.(11.3,7). Somit ist das Integral Gl.(11.3,5), d.h.

$$\int_A^B f(z)\,dz$$

<u>von Weg unabhängig</u>.
Das bedeutet aber auch:
Das geschlossene Linienintegral verschwindet wie Gl. (11.3,8) zeigt. Es gilt daher

$$\oint f(z)\,dz = 0. \qquad (11.3,9)$$

Gl.(11.3,9) ist der <u>Integralsatz von Cauchy</u> (1825), den man auch <u>Hauptsatz der Funktionentheorie</u> nennt.

Voraussetzung hierbei ist, daß der geschlossene Integrationsweg ganz in einem einfach zusammenhängenden Bereich verläuft. Ein Bereich heißt einfach zusammenhängend, wenn man in ihm jede geschlossene Kurve auf einen Punkt zusammenziehen kann.

11.3.2.2 Die Integralformel von Cauchy

Es sei $f(\zeta)$ analytisch in B (Bild 11.8), z Punkt in B und $f(z) \neq 0$.

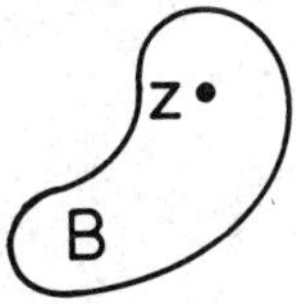

<u>Bild 11.8:</u> Zur Integralformel von Cauchy

Dann ist

$$F(\zeta) = \frac{f(\zeta)}{\zeta - z} \qquad (11.3,10)$$

in B nicht überall analytisch, $F(\zeta)$ hat an der Stelle $\zeta = z$ eine Singularität.

$F(\zeta)$ ist analytisch zwischen C und R. Der Bereich B' (Bild 11.9) ist nicht mehr einfach zusammenhängend, da die Kurve C nicht zu einem Punkte zusammengezogen werden kann. B' ist hier zweifach zusammenhängend (Verallgemeinerung auf mehrfach zusammenhängende Bereiche folgt hieraus).

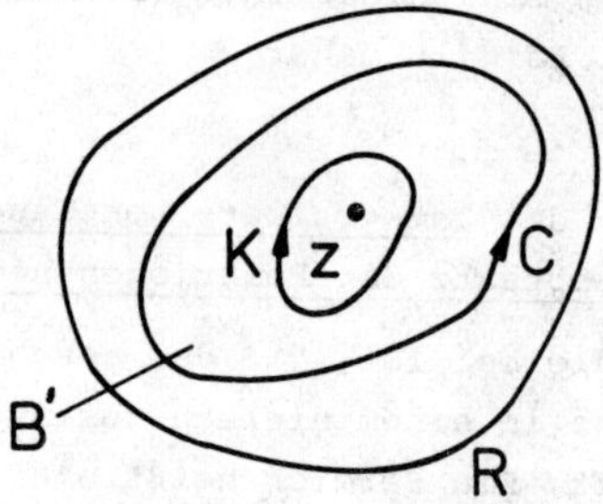

Bild 11.9: Zweifach zusammenhängender Bereich

Durch eine Verbindung zwischen K und C (Bild 11.10) ist die Voraussetzung des Cauchyschen Integralsatzes nämlich, daß der Integrationsweg ganz in einem einfach zusammenhängenden Bereich liegt, erfüllt. Die Integrale auf den Verbindungswegen zwischen K und C heben sich bei der Integration auf. Somit gilt

$$\oint_K F(\zeta)\, d\zeta + \oint_C F(\zeta)\, d\zeta = 0 ,$$

oder bei gleichem Umlaufsinn

$$\oint_C F(\zeta)\, d\zeta = \oint_K F(\zeta)\, d\zeta.$$

Einsetzen von Gl. (11.3,10) ergibt

$$\oint_C \frac{f(\zeta)}{\zeta - z}\, d\zeta = \oint_K \frac{f(\zeta)}{\zeta - z}\, d\zeta. \qquad (11.3,11)$$

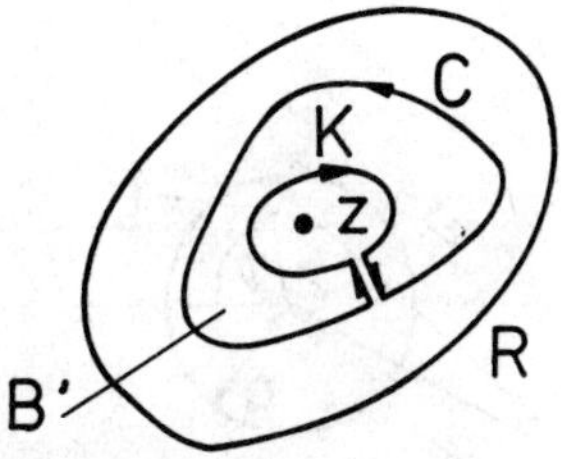

Bild 11.10: Zum Integralsatz von Cauchy

Allgemein gilt:
Sind C, K_1, K_2 ... K_n einfach geschlossene Kurven, so daß C alle K_ν ($\nu = 1,2,\ldots, n$) einschließt, aber die K_ν sich nicht gegenseitig einschließen oder treffen (s. Bild 11.11), ist ferner $F(\zeta)$ analytisch in einem Bereich B, der C, alle K_ν und den Bereich zwischen C und K_ν enthält, so gilt:

$$\oint_C F(\zeta)\, d\zeta = \sum_{\nu=1}^{n} \oint_{K_\nu} F(\zeta)\, d\zeta. \qquad (11.3,12)$$

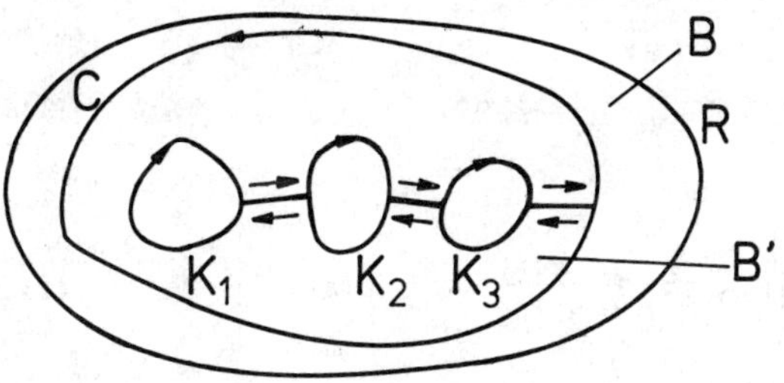

Bild 11.11: Integrationsweg bei mehreren (drei) Singularitäten

Nach Bild 11.12 gilt bei festem z

$$\zeta - z = \rho(\cos\phi + j\sin\phi) = \rho e^{j\phi}$$
$$d\zeta = j\rho e^{j\phi} d\phi. \qquad (11.3,13)$$

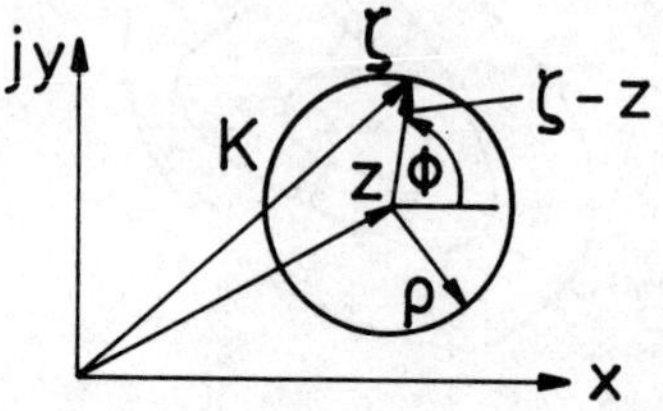

Bild 11.12: Zur Herleitung der Cauchyschen Integralformel

Mit den Gln.(11.3,13) ist

$$\lim_{|\zeta-z|\to 0} \oint_K \frac{f(\zeta)}{\zeta - z}\, d\zeta = \lim_{\rho\to 0} j \int_{\phi=0}^{2\pi} f(z + \rho e^{j\phi})\, d\phi$$
$$= j \int_{\phi=0}^{2\pi} f(z)\, d\phi = 2\pi j\, f(z), \qquad (11.3,14)$$

da f(ζ) differenzierbar und damit auch stetig ist. Bei festem z gilt damit

$$f(z) = \frac{1}{2\pi} \int_0^{2\pi} f(z)\, d\phi, \qquad (11.3,15)$$

d.h.

$$\lim_{|\zeta-z|\to 0} \frac{1}{2\pi j} \oint_K \frac{f(\zeta)}{\zeta - z}\, d\zeta = f(z). \qquad (11.3,16)$$

Einsetzen in Gl.(11.3,11), die für jedes $\rho = |\zeta - z|$ gilt, ergibt

$$f(z) = \frac{1}{2\pi j} \oint_C \frac{f(\zeta)}{\zeta - z}\, d\zeta. \qquad (11.3,17)$$

Gl.(11.3,17) ist die Cauchysche Integralformel.

11.3.2.3 Die Laurent-Reihe

Es sei $f(z)$ analytisch in dem Kreisringbereich (Bild 11.13)

$$r < r_1 < |z| < r_2 < R.$$

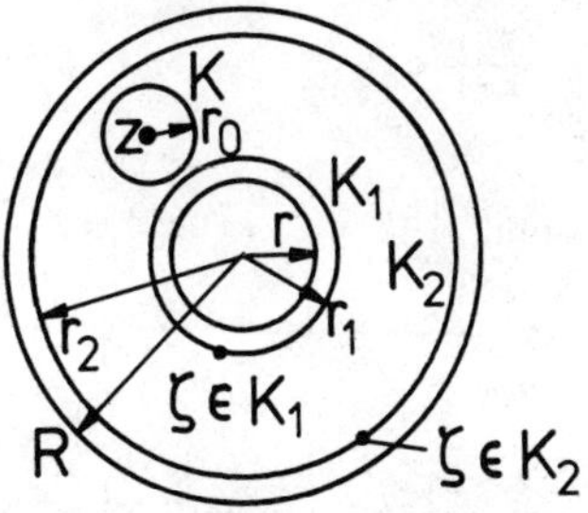

Bild 11.13: Zur Ableitung der Laurent-Reihe

Gl.(11.3,12) ergibt

$$\oint_{K_2} \frac{f(\zeta)}{\zeta - z}\, d\zeta = \oint_{K_1} \frac{f(\zeta)}{\zeta - z}\, d\zeta + \oint_{k} \frac{f(\zeta)}{\zeta - z}\, d\zeta. \qquad (11.3,18)$$

Einsetzen der Cauchyschen Integralformel Gl.(11.3,17) in Gl.(11.3,18) ergibt

$$f(z) = \frac{1}{2\pi j} \oint_{K_2} \frac{f(\zeta)}{\zeta - z}\, d\zeta - \frac{1}{2\pi j} \oint_{K_1} \frac{f(\zeta)}{\zeta - z}\, d\zeta. \qquad (11.3,19)$$

Wegen $\left|\frac{z}{\zeta}\right| < 1$ für $\zeta \in K_2$ ist

$$F_2(z) = \frac{1}{2\pi j} \oint\limits_{K_2} \frac{f(\zeta)}{\zeta - z} d\zeta =$$

$$= \frac{1}{2\pi j} \oint\limits_{K_2} \frac{f(\zeta)}{\zeta} \frac{d\zeta}{1 - \frac{z}{\zeta}} = \frac{1}{2\pi j} \oint\limits_{K_2} \sum_{k=0}^{\infty} \frac{z^k f(\zeta)}{\zeta^{k+1}} d\zeta$$

analytisch in $|z| < r_2$. Man schreibt daher

$$F_2(z) = \frac{1}{2\pi j} \oint\limits_{K_2} \frac{f(\zeta)}{\zeta - z} d\zeta = \sum_{k=0}^{\infty} c_k z^k$$

$$c_k = \frac{1}{2\pi j} \oint\limits_{K_2} \frac{f(\zeta)}{\zeta^{k+1}} d\zeta. \qquad (11.3,20)$$

Ebenso wird wegen $|\frac{\zeta}{z}| < 1$ für $\zeta \in K_1$

$$F_1(z) = \frac{-1}{2\pi j} \oint\limits_{K_1} \frac{f(\zeta)}{\zeta - z} d\zeta = \frac{1}{2\pi j} \oint\limits_{K_1} \frac{f(\zeta)}{z(1 - \frac{\zeta}{z})} d\zeta$$

$$= \frac{1}{2\pi j} \oint\limits_{K_1} \frac{f(\zeta)}{z} \sum_{k=0}^{\infty} (\frac{\zeta}{z})^k d\zeta =$$

$$= \frac{1}{2\pi j} \oint\limits_{K_1} f(\zeta) \sum_{k=1}^{\infty} \frac{z^{-k}}{\zeta^{-k+1}} d\zeta$$

oder

$$F_1(z) = \sum_{k=1}^{\infty} c_{-k} z^{-k}$$

$$c_{-k} = \frac{1}{2\pi j} \oint\limits_{K_1} \frac{f(\zeta)}{\zeta^{-k+1}} d\zeta . \qquad (11.3,21)$$

Demnach gilt nach den Gln.(11.3,19) bis (11.3,21) für

$$r_1 < |z| < r_2$$

$$f(z) = F_1(z) + F_2(z) = \sum_{k=-\infty}^{\infty} c_k z^k. \qquad (11.3,22)$$

c_k und c_{-k} können aus Gl.(11.3,20) bzw. (11.3,21) berechnet werden.

Verallgemeinerung (Beweis wie oben)

Wenn f(z) in dem Kreisring $r < |z - z_\nu| < R$ analytisch und eindeutig ist, dann gilt

$$f(z) = \sum_{k=-\infty}^{\infty} c_k^{(\nu)} (z - z_\nu)^k$$

$$c_k^{(\nu)} = \frac{1}{2\pi j} \oint_{K_\nu} \frac{f(\zeta)}{(\zeta - z_\nu)^{k+1}}\, d\zeta. \qquad (11.3,23)$$

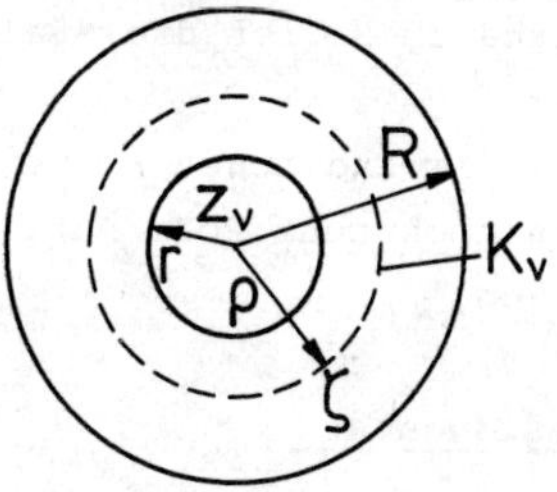

Bild 11.14: Zur Bestimmung der Koeffizienten der Laurent-Reihe

K_ν beliebiger Kreis um z_ν als Mittelpunkt mit einem Radius zwischen r und R (Bild 11.14). Es kann auch $r = 0$ oder $R = \infty$ sein. Die Gl.(11.3,23) ist die Laurent-Reihe.

Wenn f(z) bei $z = z_\nu$ einen Pol m-ter Ordnung hat (Unendlichkeitsstelle m-ter Ordnung) so wird

$$f(z) = \sum_{k=-m}^{\infty} c_k^{(\nu)} (z - z_\nu)^k, \quad c_{-m}^{(\nu)} \neq 0, \quad m > 0. \qquad (11.3,24)$$

Es ist nämlich, wenn $g(\zeta)$ analytisch,

$$f(\zeta) = \frac{g(\zeta)}{(\zeta - z_\nu)^m},$$

d.h. nach Gl.(11.3,21)

$$c_{-k}^{(\nu)} = \frac{1}{2\pi j} \oint_{K_\nu} \frac{g(\zeta)\, d\zeta}{(\zeta - z_\nu)^m (\zeta - z_\nu)^{-k+1}}$$

$$= \frac{1}{2\pi j} \oint_{K_\nu} \frac{g(\zeta)}{(\zeta - z_\nu)^{m+1-k}}\, d\zeta = 0 \quad \text{für} \quad k \geq m + 1.$$

Wenn die Laurent-Reihe m Glieder negativer Ordnung enthält (s. Gl.(11.3,24)), hat f(z) einen Pol m-ter Ordnung an der Stelle $z = z_v$. Die Stelle $z = z_v$ ist <u>außerwesentlich singulär</u>.

Wenn die Laurent-Reihe unendlich viele Glieder negativer Ordnung enthält, so ist die Stelle $z = z_v$ <u>wesentlich singulär</u>.

Eine Funktion, die im Endlichen keine anderen singulären Stellen als <u>höchstens</u> Pole hat, heißt eine <u>meromorphe Funktion</u>.

11.3.2.4 Der Residuensatz

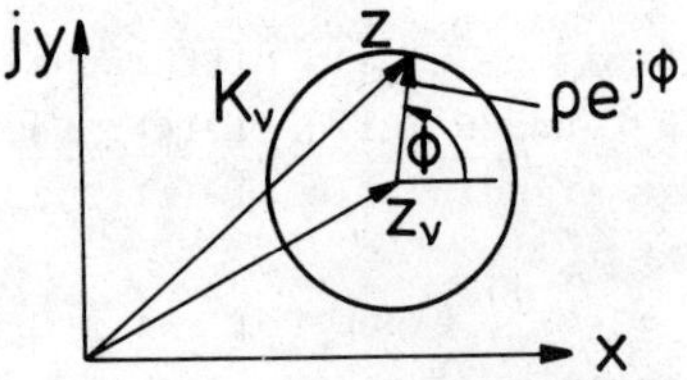

Bild 11.15: Zur Ableitung des Residuensatzes

Entsprechend Gl.(11.3,13) ist nach Bild 11.15

$$z - z_\nu = \rho e^{j\phi}, \qquad dz = j\rho e^{j\phi} d\phi, \qquad (11.3,25)$$

und es wird

$$\oint_{K_\nu} c_k^{(\nu)} (z - z_\nu)^k dz = j\, c_k^{(\nu)}\, \rho^{k+1} \int_0^{2\pi} e^{j(k+1)\phi} d\phi =$$

$$= \begin{cases} 0 & \text{für } k \neq -1 \\ 2\pi j\, c_{-1}^{(\nu)} & \text{für } k = -1 \end{cases} \qquad (11.3,26)$$

Mit Gl.(11.3,26) wird das Umlaufintegral über Gl. (11.3,24)

$$\oint_{K_\nu} f(z)\, dz = 2\pi\, j\, c_{-1}^{(\nu)}$$

oder

$$\frac{1}{2\pi j} \oint_{K_\nu} f(z)\, dz = \operatorname{Res} f(z)\Big|_{z=z_\nu} = c_{-1}^{(\nu)} \qquad (11.3,27)$$

$\operatorname{Res} f(z)\Big|_{z=z_\nu}$ Residuum von $f(z)$ an der Stelle z_ν.

Bei n Polen (Bild 11.16) gilt

$$\oint_C f(z)\, dz = 2\pi j \sum_{\nu=1}^{n} c_{-1}^{(\nu)}. \qquad (11.3,28)$$

Das Umlaufintegral ist proportional der Summe der Residuen, die von der Kurve umschlossen werden.

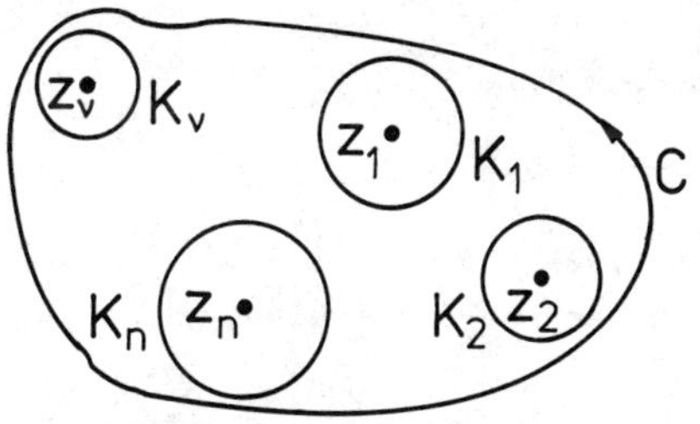

Bild 11.16: Zur Anwendung des Residuensatzes

<u>Beispiel:</u> Anwendung des Residuensatzes auf die Funktionen f(t) und $f_o(t)$ vom Kapitel 11.1.3.

Nach Kapitel 11.1.3 kann man für

$$f(t) = \begin{cases} 0 & \text{für } -\infty < t < 0 \\ Ce^{-\alpha t} & \text{für } 0 < t < \infty \end{cases}$$

$$f_o(t) = \begin{cases} 0 & \text{für } -\infty < t < 0 \\ 1 & \text{für } 0 < t < \infty \end{cases} \qquad (11.3,29)$$

auch schreiben (s.Gl.(11.1,18))

$$f(t) = \frac{C}{2\pi} \int_{-\infty}^{+\infty} \frac{e^{j\omega t}}{\alpha + j\omega} d\omega = \frac{C}{2\pi j} \int_{-\infty}^{+\infty} \frac{e^{j\omega t}}{\omega - j\alpha} d\omega$$

$$f_o(t) = \lim_{\substack{C \to 1 \\ \alpha \to 0}} f(t) = \frac{1}{2\pi j} \int_{-\infty}^{+\infty} \frac{e^{j\omega t}}{\omega} d\omega. \qquad (11.3,30)$$

Setzt man in Gl.(11.3,30)

$$f(\omega) = \frac{e^{j\omega t}}{\omega - j\alpha} \qquad (11.3,31)$$

so hat $f(\omega)$ einen Pol 1. Ordnung (m = 1 in Gl. (11.3,24)) bei $\omega = j\alpha$ und

$$g(\omega) = (\omega - j\alpha)\, f(\omega) = e^{j\omega t} \qquad (11.3,32)$$

ist bei $\omega = j\alpha$ analytisch und hat dort die Taylor-Entwicklung

$$g(\omega) = a_o + a_1(\omega - j\alpha) + \dots$$

$$a_o = g(j\alpha) = e^{-\alpha t}. \qquad (11.3,33)$$

Mit Gl.(11.3,32) und Gl.(11.3,33) hat daher $f(\omega)$ um $\omega = j\alpha$ die Laurent-Entwicklung

$$f(\omega) = \frac{a_o}{\omega - j\alpha} + a_1 + a_2(\omega - j\alpha) + \ldots \quad (11.3,34)$$

Ein Vergleich von Gl. (11.3,34) mit Gl. (11.3,24) liefert

$$a_o = c_{-1}^{(1)} = e^{-\alpha t} \quad . \qquad (11.3,35)$$

Zur Berechnung des Integrals Gl.(11.3,30) mit der Bezeichnung nach Gl.(11.3,31) wird nun der Residuensatz G.(11.3,28) angewandt. D.h. man macht das Integral zum Teil eines Umlaufintegrals. Das Umlaufintegral ist dann zweckmäßig das Integral nach Gl.(11.3,30) plus dem Integral über einen Halbkreis mit dem Radius $R \to \infty$ (Bild 11.17, 11.18).

Für $t > 0$ muß der Integrationsweg über den oberen Halbkreis verlaufen (Bild 11.17).

Denn es ist mit

$$\omega = R\,e^{j\phi} \quad , \quad d\omega = j\,R\,e^{j\phi}d\phi$$

und mit Gl.(11.3,31)

$$\lim_{R\to\infty} \int_{\frown} f(\omega)d\omega =$$

$$= \lim_{R\to\infty} j \int_{\phi=0}^{\pi} \frac{e^{jtR(\cos\phi + j\sin\phi)}}{R\,e^{j\phi} - j\alpha} R\,e^{j\phi}d\phi = 0 \quad ,$$

$$\text{für } t > 0 \quad (11.3,36)$$

da der Zähler für $R \to \infty$, $t > 0$ und $0 < \phi < \pi$ exponentiell gegen Null geht.

Dann wird wegen Gl.(11.3,28) und Gl.(11.3,35)

$$\oint f(\omega)\,d\omega = 2\pi j\,e^{-\alpha t} = \int_{-\infty}^{+\infty} f(\omega)\,d\omega \quad . \qquad (11.3,37)$$

Einsetzen in Gl.(11.3,30) ergibt

$$\left.\begin{aligned} f(t) &= Ce^{-\alpha t} \\ f_o(t) &= \lim_{\substack{C\to 1\\ \alpha\to 0}} f(t) = 1 \end{aligned}\right\} \quad \text{für } t > 0. \qquad (11.3,38)$$

Die Gln. (11.3,38) stimmen für $t > 0$ mit den Gln. (11.3,29) überein.

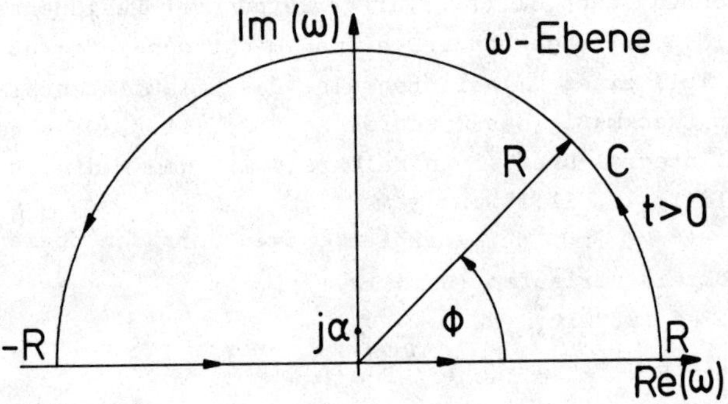

Bild 11.17: Integrationsweg bei $t > 0$

Für $t < 0$ muß der Integrationsweg über den unteren Halbkreis verlaufen (Bild 11.18), da dann entsprechend Gl. (11.3,36)

$$\lim_{R\to\infty} \int_{\smile} f(\omega)\, d\omega = 0 \qquad \text{für } t < 0. \qquad (11.3,39)$$

Außerdem ist

$$\oint f(\omega)\, d\omega = 0 \qquad \text{für } t < 0, \qquad (11.3,40)$$

da kein Pol umschlossen wird.

Mit Gl. (11.3,39) und (11.3,40) ergibt sich aus Gl. (11.3,30)

$$f(t) = f_o(t) = 0 \qquad \text{für } t < 0. \qquad (11.3,41)$$

Gl. (11.3,41) stimmt für $t < 0$ mit den Gln. (11.3,29) überein.

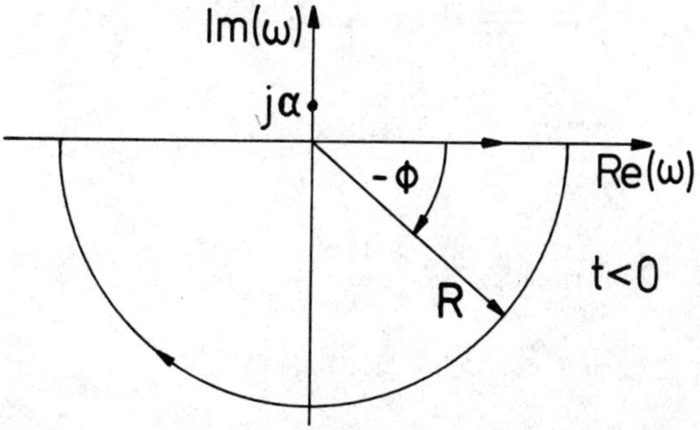

Bild 11.18: Integrationsweg für $t < 0$

Für $t = 0$ ergibt sich aus Gl.(11.3,30)

$$f(t) = \frac{C}{2\pi j} \lim_{\Omega\to\infty} \int_{-\Omega}^{+\Omega} \frac{d\omega}{\omega - j\alpha} = \frac{C}{2\pi j} \lim_{\Omega\to\infty} \ln(\omega - j\alpha)\Big|_{-\Omega}^{+\Omega} =$$

$$= \frac{C}{2\pi j} \lim_{\Omega\to\infty} \left[\ln(\Omega - j\alpha) - \ln(-\Omega - j\alpha)\right] =$$

$$= \frac{C}{2\pi j} \lim_{\Omega\to\infty} \ln \frac{\frac{j\alpha}{\Omega} - 1}{\frac{j\alpha}{\Omega} + 1} = \frac{C}{2\pi j} \ln(-1),$$

d.h.

$$f(t) = \frac{C}{2}$$

$$f_o(t) = \lim_{C\to 1} f(t) = \frac{1}{2}. \qquad (11.3,42)$$

Es ergibt sich also der Mittelwert der Funktion an der Stelle $t = 0$. Die Funktion $f(t)$ an der Stelle $t = 0$ kann man auch mit Hilfe des Residuensatzes ausrechnen, indem man die Integration über den oberen Halbkreis (Bild 11.17, Fall a)) oder über den unteren Halbkreis (Bild 11.18, Fall b)) verlaufen läßt. Die Gl.(11.3,27) und Gl.(11.3,35) ergibt im Fall a) $\oint \frac{d\omega}{\omega - j\alpha} = 2\pi j \operatorname{Res} \frac{1}{\omega - j\alpha}\Big|_{\omega=j\alpha} = 2\pi j$

$$= \int_{-\alpha}^{\infty} \frac{d\omega}{\omega - j\alpha} + \lim_{|\omega|\to\infty} \int_{\curvearrowleft} \frac{d\omega}{\omega - j\alpha} ,$$

$$\lim_{|\omega|\to\infty} \int_{\curvearrowleft} \frac{d\omega}{\omega - j\alpha} = \lim_{R\to\infty} \int_0^{\pi} \frac{Re^{j\phi}}{Re^{j\phi} - j\alpha} d\phi = j\int_0^{\pi} d\phi = j\pi ,$$

und damit nach Gl. (11.3,30)

$$f(0) = \frac{C}{2\pi j} \int_{-\infty}^{\infty} \frac{d\omega}{\omega - j\alpha} = \frac{C}{2\pi j} (2\pi j - \pi j) = \frac{C}{2} ,$$

im Fall b) $\oint \frac{d\omega}{\omega - j\alpha} = \int_{-\infty}^{\infty} \frac{d\omega}{\omega - j\alpha} + \lim_{|\omega|\to\infty} \int_{\curvearrowright} \frac{d\omega}{\omega - j\alpha} = 0,$

da kein Pol umschlossen wird.

$$\lim_{|\omega|\to\infty} \int_{\curvearrowright} \frac{d\omega}{\omega - j\alpha} = \lim_{R\to\infty} \int_0^{-\pi} \frac{Re^{j\phi}}{Re^{j\phi} - j\alpha} d\phi = j\int_0^{-\pi} d\phi = -j\pi$$

und damit nach Gl. (11.3,30)

$$f(0) = \frac{C}{2\pi j} \int_{-\infty}^{\infty} \frac{d\omega}{\omega - j\alpha} = \frac{C}{2\pi j} j\pi = \frac{C}{2} .$$

Geht man sofort von der Sprungfunktion $f_0(t)$ aus, so muß man den Pol, der jetzt im Nullpunkt des Koordinatensystems liegt ($\omega = 0$ ergibt nach Gl. (11.3,30) den Pol), entsprechend dem Integrationsweg bei der Funktion $f(t)$ umgehen, da $f_0(t)$ aus $f(t)$ als Grenzfall für $\alpha \to 0$ entsteht und der Pol bei $f(t)$ oberhalb der reellen Achse liegt (Bild 11.19 bis 11.21).
Für $t = 0$ kann man $f_0(t)\big|_{t=0} = f_0(0)$ aus der Darstellung durch das Fourierintegral folgendermaßen berechnen:

a) Ohne Residuensatz

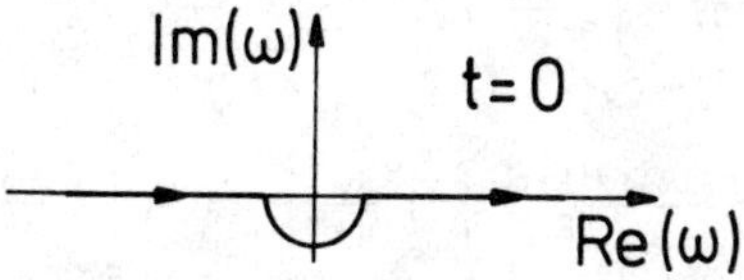

Bild 11.19: Integrationsweg für $f_o(t)$ bei $t = 0$

Aus Gl.(11.3,3o) ergibt sich nun

$$f_o(0) = \frac{1}{2\pi j}\int_{-\infty}^{+\infty}\frac{d\omega}{\omega} = \frac{1}{2\pi j}\int_{-\infty}^{+\infty}\frac{d\omega}{\omega}\,. \qquad (11.3,43)$$

$\frac{1}{\omega}$ ist auf der reellen ω-Achse eine ungerade Funktion, d.h. das Integral verschwindet auf der reellen Achse. Es bleibt mit

$$\omega = \varepsilon e^{j\phi},\ d\omega = j\varepsilon\, e^{j\phi}d\phi$$

$$f_o(0) = \frac{1}{2\pi j}\int_{\cup}\frac{d\omega}{\omega} = \frac{1}{2\pi j}\int_{-\pi}^{0} j\, d\phi = \frac{1}{2}\,,$$

siehe hierzu auch Gl.(11.1,24).

b) Mit Residuensatz, Integrationsweg über den oberen Halbkreis

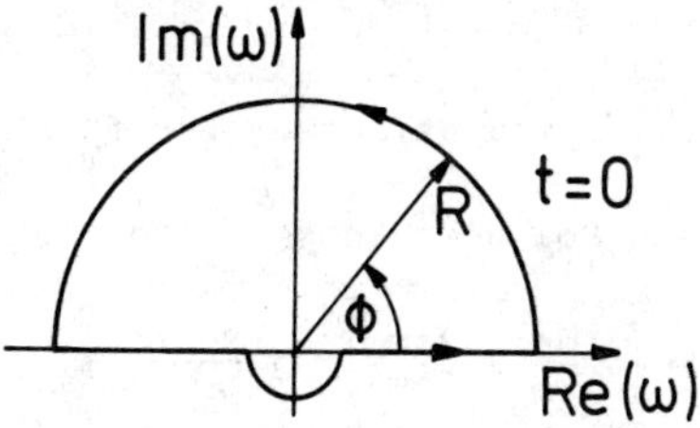

Bild 11.20: Integrationsweg für $f_o(t)$ bei $t = 0$

Wegen Gl.(11.3,37) ist

$$\oint \frac{d\omega}{\omega} = 2\pi j = \int\limits_{\underset{\smile}{-\infty}}^{+\infty} \frac{d\omega}{\omega} + \lim_{|\omega| \to \infty} \int\limits_{\frown} \frac{d\omega}{\omega}$$

$$= \int\limits_{\underset{\smile}{-\infty}}^{\infty} \frac{d\omega}{\omega} + \lim_{R \to \infty} \int\limits_{0}^{\pi} j \frac{Re^{j\phi}}{Re^{j\phi}} \, d\phi = \int\limits_{\underset{\smile}{-\infty}}^{\infty} \frac{d\omega}{\omega} + j\pi \; ,$$

und somit

$$\int\limits_{\underset{\smile}{-\infty}}^{\infty} \frac{d\omega}{\omega} = \int\limits_{-\infty}^{\infty} \frac{d\omega}{\omega} - j\pi = j\pi \qquad (11.3,44)$$

und

$$f_o(o) = \frac{1}{2\pi j} \int\limits_{\underset{\smile}{-\infty}}^{\infty} \frac{d\omega}{\omega} = \frac{1}{2} \; .$$

c) Mit Residuensatz, Integrationsweg über den unteren Halbkreis

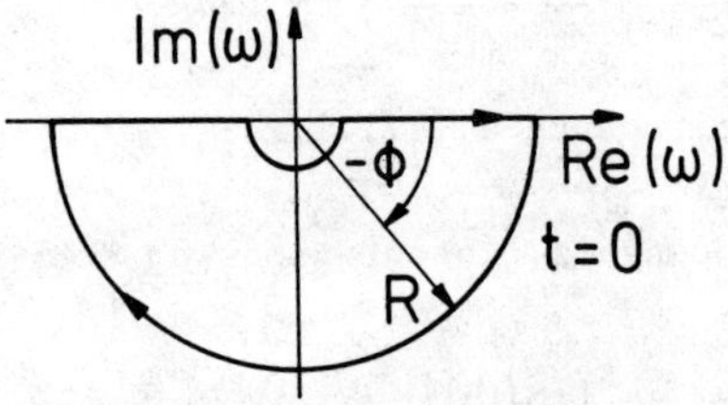

Bild 11.21: Integrationsweg für $f_o(t)$ bei $t = 0$

Da hier kein Pol umschlossen wird, ist

$$\oint \frac{d\omega}{\omega} = 0 = \int\limits_{\underset{\smile}{-\infty}}^{\infty} \frac{d\omega}{\omega} + \lim_{R \to \infty} \int\limits_{0}^{-\pi} j \frac{Re^{j\phi}}{Re^{j\phi}} \, d\phi$$

$$= \int\limits_{\underset{\smile}{-\infty}}^{\infty} \frac{d\omega}{\omega} - j\pi \; ,$$

und somit wiederum

$$\int\limits_{\substack{-\infty\\ \smile\!\!\!\to}}^{\infty} \frac{d\omega}{\omega} = \oint \frac{d\omega}{\omega} + j\pi = j\pi .$$

Eine entsprechende Rechnung ergibt für $t > 0$ mit einem Integrationsweg entsprechend Bild 11.20 und für $t < 0$ mit einem Integrationsweg entsprechend Bild 11.21 die Ergebnisse Gl.(11.3,38) und (11.3,41), d.h.

$$f_o(t) = \frac{1}{2\pi j} \int\limits_{-\infty}^{\infty} \frac{e^{j\omega t}}{\omega}\, d\omega = \frac{1}{2\omega j} \int\limits_{\substack{-\infty\\ \smile\!\!\!\to}}^{\infty} \frac{e^{j\omega t}}{\omega}\, d\omega$$

$$= \begin{cases} 1 \text{ für } t > 0 \\ 0 \text{ für } t < 0 \end{cases} . \qquad (11.3,45)$$

Das Zeichen $\smile\!\!\!\to$ bedeutet, daß der Pol bei $\omega = 0$ unterhalb der reellen Achse umgangen werden muß. Mit Gl. (11.3,44) und (11.3,45) wird daher

$$\int\limits_{\substack{-\infty\\ \smile\!\!\!\to}}^{\infty} \frac{e^{j\omega t}}{\omega}\, d\omega = \begin{cases} 2\pi j & \text{für } t > 0 \\ \pi j\cdot & \text{für } t = 0 \\ 0 & \text{für } t < 0 . \end{cases} \qquad (11.3,46)$$

<u>Man beachte nochmals:</u> Der Integrationsweg des Integrals Gl.(11.3,46) ergibt sich aus dem Integrationsweg des Fourierintegrals für f(t) (Gl.11.3,30)), da

$$f_o(t) = \lim_{\substack{C\to 1\\ \alpha\to 0}} f(t) .$$

Der Pol des Integranden muß unterhalb der reellen Achse umgangen werden, da er aus dem Pol $\omega = j\alpha$, der oberhalb der reellen Achse liegt, entsteht.

Es soll nun das Integral

$$\int\limits_{-\infty}^{\infty} \frac{e^{j\omega t}}{\omega}\, d\omega = \int\limits_{-\infty}^{\infty} f(\omega)\, d\omega \qquad (11.3,47)$$

betrachtet werden .

Das Integral wird für $t > 0$ und $t < 0$ mit Hilfe des Residuensatzes berechnet. Der Pol bei $\omega = 0$ wird entsprechend dem Satze über uneigentliche Integrale berücksichtigt (Hauptwert des uneigentlichen Integrals). Man kann daher den Integrationsweg nach Bild 11.22 bis 11.25 wählen, wie im folgenden gezeigt wird. Hierbei muß entsprechend den oben angeführten Überlegungen für $t > 0$ das Umlaufintegral über einen Halbkreis mit $R \to \infty$ in der oberen Halbebene und für $t < 0$ über einen Halbkreis mit $R \to \infty$ in der unteren Halbebene verlaufen. Das Integral über den Halbkreis $R \to \infty$ ist dann jeweils Null.

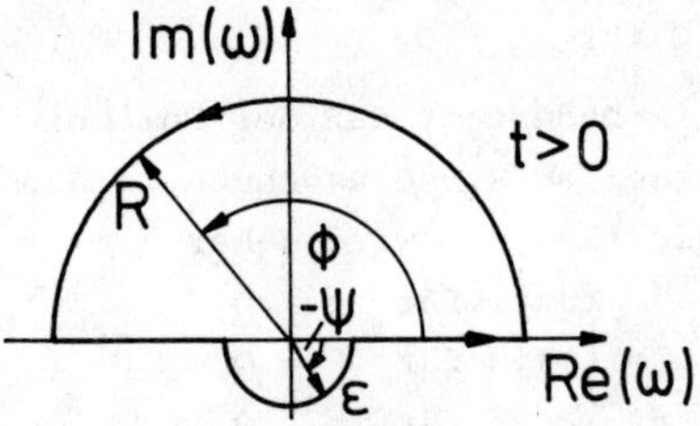

Bild 11.22: Zur Berechnung von $\int_{-\infty}^{\infty} \frac{e^{j\omega t}}{\omega}\, d\omega$ für $t > 0$

Es ist nach Bild 11.22

$$\oint f(\omega)d\omega = 2\pi j = \lim_{\varepsilon\to 0} \int_{-\infty}^{\varepsilon} \frac{e^{j\omega t}}{\omega}\, d\omega + \lim_{\varepsilon\to 0} \int_{\smile} \frac{e^{j\omega t}}{\omega}\, d\omega$$

$$+ \lim_{\varepsilon\to 0} \int_{\varepsilon}^{+\infty} \frac{e^{j\omega t}}{\omega}\, d\omega + \lim_{R\to\infty} \int_{\frown} \frac{e^{j\omega t}}{\omega}\, d\omega. \qquad (11.3,48)$$

Das letzte Integral hat analog Gl.(11.3,36) für $t > 0$ den Wert Null.

Somit folgt für $t > 0$

$$\int_{-\infty}^{\infty} \frac{e^{j\omega t}}{\omega}\, d\omega = 2\pi j - \lim_{\varepsilon\to 0} j \int_{-\pi}^{0} \frac{e^{jt\varepsilon(\cos\psi + j\sin\psi)}}{\varepsilon e^{j\psi}}\, \varepsilon e^{j\psi} d\psi$$

$$= 2\pi j - \lim_{\varepsilon\to 0} j \int_{-\pi}^{0} \left(1 + j\varepsilon t(\cos\psi + j\sin\psi)\right) d\psi$$

$$= j2\pi - j\pi = j\pi.$$

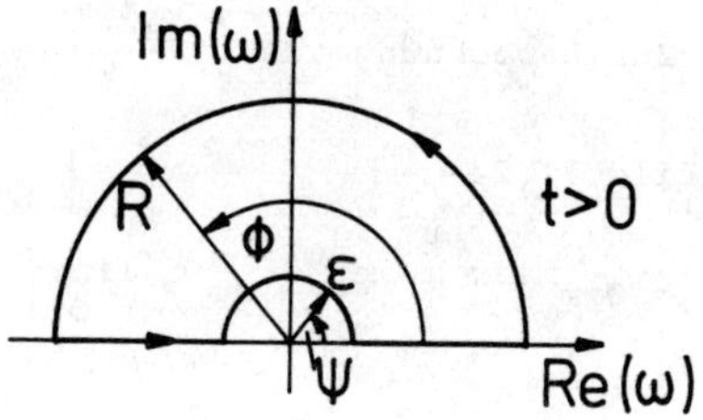

Bild 11.23: Zur Berechnung von $\int_{-\infty}^{\infty} \frac{e^{j\omega t}}{\omega}\, d\omega$ für $t > 0$

Es ist nach Bild 11.23

$$\oint f(\omega)\, d\omega = 0 = \lim_{\varepsilon\to 0} \int_{-\infty}^{\varepsilon} \frac{e^{j\omega t}}{\omega}\, d\omega + \lim_{\varepsilon\to 0} \int_{\curvearrowright} \frac{e^{j\omega t}}{\omega}\, d\omega$$

$$+ \lim_{\varepsilon\to 0} \int_{\varepsilon}^{+\infty} \frac{e^{j\omega t}}{\omega}\, d\omega + \lim_{R\to\infty} \int_{\curvearrowleft} \frac{e^{j\omega t}}{\omega}\, d\omega. \qquad (11.3,49)$$

Das Integral über den Halbkreis $R \to \infty$ ist wie in Gl. (11.3,48) Null. Somit folgt für $t > 0$ mit

$$\lim_{\varepsilon\to 0} \int_{\curvearrowright} \frac{e^{j\omega t}}{\omega}\, d\omega = \lim_{\varepsilon\to 0} j \int_{\pi}^{0} \frac{e^{jt\varepsilon(\cos\psi + j\sin\psi)}}{\varepsilon e^{j\psi}}\, \varepsilon e^{j\psi} d\psi$$

$$= -j\pi$$

$$\int_{-\infty}^{\infty} \frac{e^{j\omega t}}{\omega}\, d\omega = 0 + j\pi = j\pi.$$

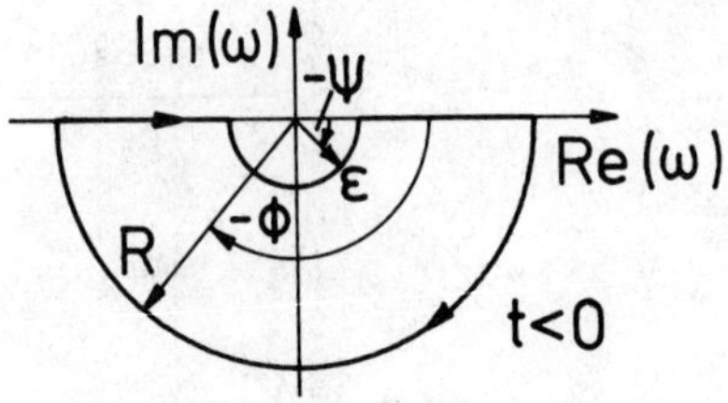

Bild 11.24: Zur Berechnung von $\int_{-\infty}^{\infty} \frac{e^{j\omega t}}{\omega}\, d\omega$ für $t < 0$

Es ist nach Bild 11.24

$$\oint f(\omega)\, d\omega = 0 = \lim_{\varepsilon \to 0} \int_{-\infty}^{\varepsilon} \frac{e^{j\omega t}}{\omega}\, d\omega + \lim_{\varepsilon \to 0} \int_{\curvearrowleft} \frac{e^{j\omega t}}{\omega}\, d\omega$$

$$+ \lim_{\varepsilon \to 0} \int_{\varepsilon}^{+\infty} \frac{e^{j\omega t}}{\omega}\, d\omega + \lim_{R \to \infty} \int_{\curvearrowright} \frac{e^{j\omega t}}{\omega}\, d\omega. \tag{11.3,50}$$

Für $t < 0$ hat nun das Integral über den Halbkreis $R \to \infty$ den Wert Null, und das Integral über den Halbkreis $\varepsilon \to 0$, wie in Gl.(11.3,48), den Wert $j\pi$. Somit ist für $t < 0$

$$\int_{-\infty}^{\infty} \frac{e^{j\omega t}}{\omega}\, d\omega = 0 - j\pi = -j\pi.$$

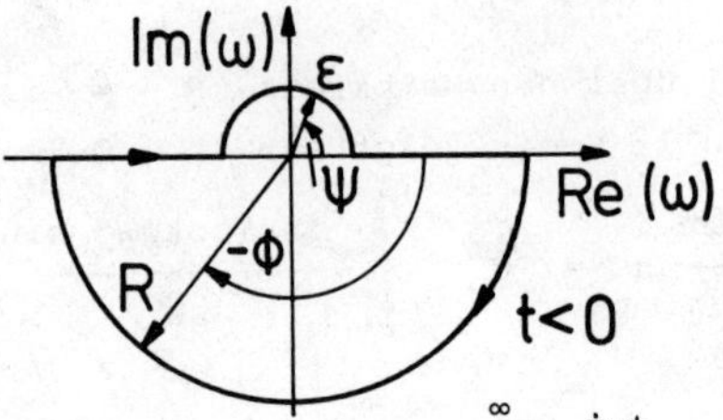

Bild 11.25: Zur Berechnung von $\int_{-\infty}^{\infty} \frac{e^{j\omega t}}{\omega}\, d\omega$ für $t < 0$

Es ist nach Bild 11.25

$$\oint f(\omega)\, d\omega = -\oint f(\omega)\, d\omega = -2\pi j =$$

$$= \lim_{\varepsilon\to 0}\int_{-\infty}^{\varepsilon} \frac{e^{j\omega t}}{\omega}\, d\omega + \lim_{\varepsilon\to 0}\int_{\frown} \frac{e^{j\omega t}}{\omega}\, d\omega$$

$$+ \lim_{\varepsilon\to 0}\int_{\varepsilon}^{+\infty} \frac{e^{j\omega t}}{\omega}\, d\omega + \lim_{R\to\infty}\int_{\smile} \frac{e^{j\omega t}}{\omega}\, d\omega. \qquad (11.3,51)$$

Für $t < 0$ hat das Integral über den Halbkreis $R \to \infty$ den Wert Null, und das Integral über den Halbkreis $\varepsilon \to 0$, wie in Gl.(11.3,49), den Wert $-j\pi$.

Somit ist für $t < 0$

$$\int_{-\infty}^{\infty} \frac{e^{j\omega t}}{\omega}\, d\omega = -j2\pi - (-j\pi) = -j\pi.$$

Für $t = 0$ kann man unter anderem den Integrationsweg nach Bild 11.22, d.h. Gl.(11.3,48) wählen. Jedoch ist jetzt nicht mehr das letzte Integral auf der rechten Seite Null.

Es wird für $t = 0$

$$\oint f(\omega)\, d\omega = 2\pi j = \int_{-\infty}^{\infty} \frac{d\omega}{\omega} + \lim_{\varepsilon\to 0}\int_{\smile} \frac{d\omega}{\omega} + \lim_{R\to\infty}\int_{\frown} \frac{d\omega}{\omega}$$

$$= \int_{-\infty}^{\infty} \frac{d\omega}{\omega} + \lim_{\varepsilon\to 0} j\int_{-\pi}^{0} \frac{\varepsilon e^{j\psi}}{\varepsilon e^{j\psi}}\, d\psi + \lim_{R\to\infty} j\int_{0}^{\pi} \frac{Re^{j\phi}}{Re^{j\phi}}\, d\phi$$

$$= \int_{-\infty}^{\infty} \frac{d\omega}{\omega} + j\pi + j\pi \qquad (11.3,52)$$

d.h.

$$\int_{-\infty}^{\infty} \frac{d\omega}{\omega} = 0.$$

Man denke an die Fläche zwischen der Hyperbel $\frac{1}{\omega}$ und der ω-Achse (Bild 11.26).

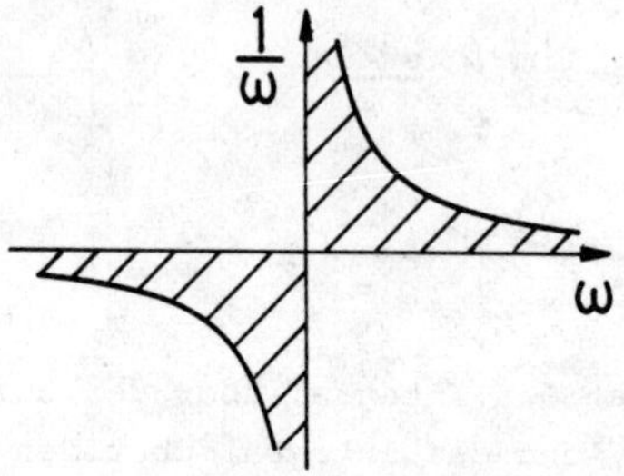

Bild 11.26: Die Hyperbel $\frac{1}{\omega}$

Somit ist das Integral Gl.(11.3,47), d.h.

$$\int_{-\infty}^{\infty} \frac{e^{j\omega t}}{\omega}\, d\omega = \begin{cases} j\pi & \text{für } t > 0 \\ 0 & \text{für } t = 0 \\ -j\pi & \text{für } t < 0 \, . \end{cases} \qquad (11.3,53)$$

Nun ist aber

$$\int_{-\infty}^{\infty} \frac{e^{j\omega t}}{\omega}\, d\omega = \int_{-\infty}^{\infty} \frac{\cos\omega t + j\sin\omega t}{\omega}\, d\omega = 2j \int_{0}^{\infty} \frac{\sin\omega t}{\omega}\, d\omega,$$

da $\frac{\cos\omega t}{\omega}$ eine ungerade Funktion (Integral verschwindet), und $\frac{\sin\omega t}{\omega}$ eine gerade Funktion ist.

Somit wird mit Gl.(11.3,53)

$$\int_{0}^{\infty} \frac{\sin\omega t}{\omega}\, d\omega = \begin{cases} \frac{\pi}{2} & \text{für } t > 0 \\ 0 & \text{für } t = 0 \\ -\frac{\pi}{2} & \text{für } t < 0. \end{cases} \qquad (11.3,54)$$

Gl.(11.3,54) stimmt mit Gl.(11.1,23) überein.

11.3.3 Integration bei Verzweigungsschnitten

Verzweigungsschnitte treten auf, wenn z.B. die Stammfunktion $W(\omega)$ algebraisch irrationale Funktionen enthält. Ein Beispiel hierfür ist die Stammfunktion der Gl.(11.2,10)

$$W(\omega) = e^{\gamma l}$$
$$\gamma = \sqrt{(R' + j\omega L')(G' + j\omega C')} \;. \qquad (11.3,55)$$

Die Gln.(11.3,55) sind algebraisch irrationale Funktionen der Kreisfrequenz ω. Die Funktion γ ist wegen der Quadratwurzel d o p p e l d e u t i g . Nur an den Nullstellen des Radikanden $(R'+ j\omega L')(G'+ j\omega C')$, der hier ein Polynom zweiten Grades ist, ist γ eindeutig. Die Nullstellen des Radikanden werden daher "Verzweigungspunkte" genannt. Der "Verzweigungsschnitt" ist die Verbindungslinie zwischen den Verzweigungspunkten. An den Verzweigungspunkten ist $\frac{d\gamma}{d\omega} \sim \frac{1}{2\gamma} = \infty$. D.h. Nullstellen des Radikanden sind singuläre Punkte der Funktion γ. Wegen der Doppeldeutigkeit von γ liegt ω auf der "Riemannschen Fläche", die hier aus zwei Blättern besteht. Die Blätter sind durch den Verzweigungsschnitt verbunden. Bei einem vollen Umlauf um einen der Verzweigungspunkte gelangt man aus dem einen Blatt in das andere und γ wechselt das Vorzeichen.

Man denke z.B. an die einfache Funktion $z = \sqrt{w}$, bei der einem Umlauf um $z = 0$ zwei Umläufe um $w = 0$ entsprechen ($w=0$ Verzweigungspunkt). Der entsprechende Punkt $z = 0$ der z-Ebene heißt Kreuzungspunkt. Ein weiterer Verzweigungspunkt ist hier $w = \infty$, da diesem Punkt eindeutig der Punkt $z = \infty$ entspricht. Auch hier hat man in der w-Ebene eine zweiblättrige Fläche, und man gelangt nach einem Umlauf um $w = 0$ von einem

Blatt in das andere und z wechselt das Vorzeichen (Bild 11.27).

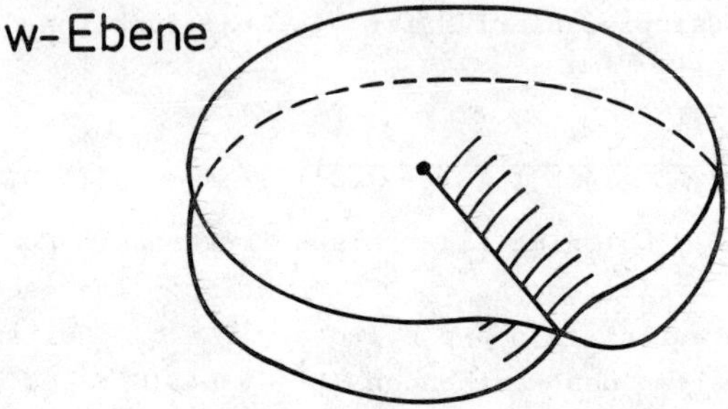

Bild 11.27: Zweiblättrige Riemannsche Fläche der Funktion $w = z^2$

Im allgemeinen Fall

$$z = c\sqrt{(w - c_1)(w - c_2)\ \ldots\ (w - c_n)}$$

sind $c_1, c_2, \ldots, c_n$ Verzweigungspunkte. Aber $w = \infty$ ist nur dann Verzweigungspunkt, wenn n ungerade ist.

Die mehrblättrige Riemannsche Fläche der Funktion

$$z = \sqrt{a_o w^n + a_1 w^{n-1} + \ldots + a_n}$$

heißt für $n > 4$ hyperelliptisch, für $n = 4$ oder $n = 3$ elliptisch.

Es habe f(z) Verzweigungspunkte bei $z = z_1$ und $z = z_2$ (Bild 11.28).

Da $z = z_1$ und $z = z_2$ singuläre Punkte sind, gilt wie bei einem Pol (s. Gl.(11.3,12))

$$\oint_C f(z)\ dz = \oint_K f(z)\ dz$$

oder man schreibt auch

$$\oint_C f(z)dz = \int_{z_1 \leftrightarrow z_2} f(z)dz. \qquad (11.3,56)$$

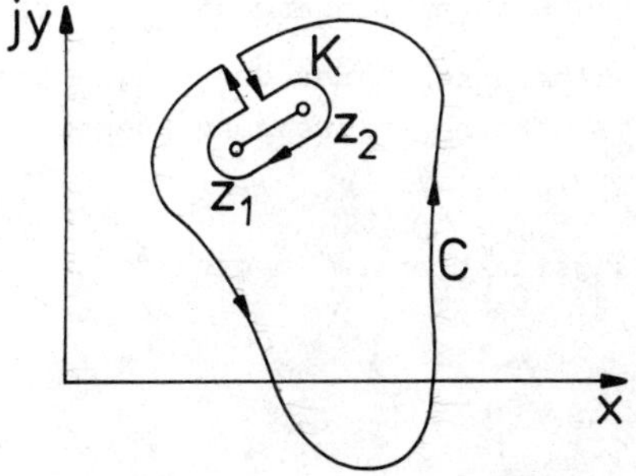

Bild 11.28: Integrationsweg bei einem Verzweigungsschnitt zwischen z_1 und z_2.

Das Linienintegral über die äußere geschlossene Kurve ist gleich dem Linienintegral über den innerhalb der Kurve gelegenen Verzweigungsschnitt. Liegen innerhalb der äußeren Kurve noch Pole, so kommt noch die Summe der Residuen nach Gl.(11.3,28) dazu.

Allgemein gilt:

Der Wert eines geschlossenen Linienintegrals ist gleich der Summe der Residuen und der Summe der Linienintegrale über die Verzweigungsschnitte, die innerhalb der geschlossenen Kurve liegen.

11.4 Formel von O.Heaviside für Schaltvorgänge

11.4.1 Die Herleitung der Formel von Heaviside

Gegeben sei

1) E Gleichspannung

2) $s_1(t) = E\, f_o(t) = \frac{E}{2\pi j} \int\limits_{\omega=-\infty}^{+\infty} \frac{e^{j\omega t}}{\omega}\, d\omega$ (11.4,1)

Sendefunktion am Eingang des Übertragungssystems

3) $W(\omega)$ Stammfunktion des Übertragungssystems. $W(\omega)$ habe keine Verzweigungspunkte

Gesucht sei

die Empfangsfunktion am Ausgang des Systems (s. Gl. (11.2,4))

$$s_2(t) = \frac{E}{2\pi j} \int\limits_{\omega=-\infty}^{\infty} \frac{e^{j\omega t}}{\omega W(\omega)}\, d\omega \qquad (11.4,2)$$

$\omega W(\omega) = 0$ ergibt Pole des Integranden bei

a) $\omega = \omega_o = 0$

b) $W(\omega) = W(\omega_\nu) = 0, \quad \nu = 1,2,3,\ldots, n$ (11.4,3)

ω_ν einfache Nullstelle von $W(\omega)$, "Eigenfrequenzen" des Übertragungssystems.

Die Größen ω_ν sind im allgemeinen komplex. Bei passiven Netzwerken (Netzwerke ohne Stromquellen und Verstärker) liegen die ω_ν in der oberen Halbebene (s. Bild 11.29).

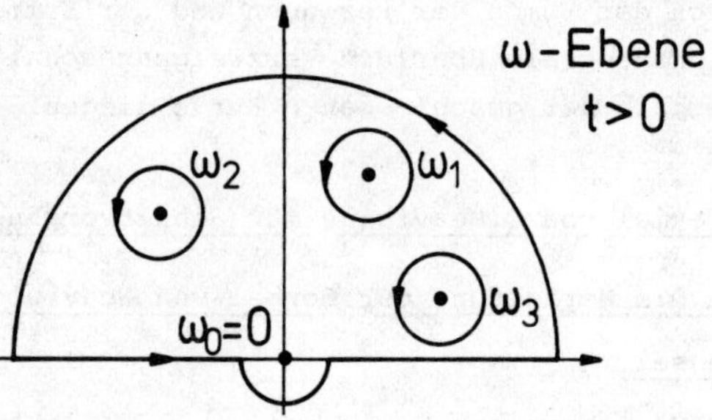

Bild 11.29: Zur Herleitung der Heavisideschen Formel

Die Entwicklung von $W(\omega)$ um $\omega = \omega_\nu$ in eine Taylorreihe ergibt

$$W(\omega) = W'(\omega_\nu)(\omega - \omega_\nu) + \frac{1}{2} W''(\omega_\nu)(\omega - \omega_\nu)^2 + \dots \,. \tag{11.4,4}$$

Es sei

$$W'(\omega_\nu) = \left(\frac{dW}{d\omega}\right)_{\omega=\omega_\nu} \neq 0. \tag{11.4,5}$$

Einsetzen von Gl.(11.4,4) in Gl.(11.4,2) ergibt

$$s_2(t) = \frac{E}{2\pi j} \int_{\omega=-\infty}^{+\infty} \frac{e^{j\omega t}\, d\omega}{\omega\left[W'(\omega_\nu)(\omega-\omega_\nu) + \frac{1}{2} W''(\omega_\nu)(\omega-\omega_\nu)^2 + \dots\right]}. \tag{11.4,6}$$

Es ist

$$f(\omega) = \frac{e^{j\omega t}}{\omega W(\omega)} \,.$$

Die Funktion

$$g_o(\omega) = \omega f(\omega) = \frac{e^{j\omega t}}{W(\omega)}$$

ist bei $\omega = \omega_o = 0$ analytisch und hat dort die Entwicklung

$$g_o(\omega) = a_o^{(o)} + a_1^{(o)}\omega + \dots$$

$$a_o^{(o)} = g_o(0) = \frac{1}{W(0)} \,.$$

Somit hat $f(\omega)$ in $\omega = \omega_o = 0$ die Laurent-Entwicklung

$$f(\omega) = \frac{a_o^{(o)}}{\omega} + a_1^{(o)} + a_2^{(o)}\omega + \dots \,.$$

Vergleich mit Gl.(11.3,24) liefert bei $\omega \mathrel{\hat{=}} z$

$$a_o^{(o)} = c_{-1}^{(o)} = \frac{1}{W(0)} \,. \tag{11.4,7}$$

Weiterhin ist

$$g_\nu(\omega) = (\omega-\omega_\nu)\ f(\omega) = \frac{e^{j\omega t}}{\omega\left(W'(\omega_\nu) + \frac{1}{2}\ W''(\omega_\nu)(\omega-\omega_\nu) + \ldots\right)}$$

bei $\omega = \omega_\nu$ analytisch und hat dort die Entwicklung

$$g_\nu(\omega) = a_o^{(\nu)} + a_1^{(\nu)}(\omega-\omega_\nu) + \ldots$$

$$a_o^{(\nu)} = g_\nu(\omega_\nu) = \frac{e^{j\omega_\nu t}}{\omega_\nu W'(\omega_\nu)} .$$

$f(\omega)$ hat also in $\omega = \omega_\nu$ die Laurent-Entwicklung

$$f(\omega) = \frac{a_o^{(\nu)}}{\omega-\omega_\nu} + a_1^{(\nu)} + a_2^{(\nu)}(\omega-\omega_\nu) + \ldots .$$

Vergleich mit Gl.(11.3,24) liefert bei $\omega \mathrel{\widehat{=}} z$

$$a_o^{(\nu)} = c_{-1}^{(\nu)} = \frac{e^{j\omega_\nu t}}{\omega_\nu W'(\omega_\nu)} . \qquad (11.4,8)$$

Mit den Gln.(11.4,7) und (11.4,8) sind also die Residuen des Integranden Gl.(11.4,6)

$$c_{-1}^{(\nu)} = \begin{cases} \dfrac{1}{W(0)} & \text{bei } \nu = 0 \\[2ex] \dfrac{e^{j\omega_\nu t}}{\omega_\nu W'(\omega_\nu)} & \text{bei } \nu = 1,2,3,\ldots,n. \end{cases} \qquad (11.4,9)$$

Nach dem Residuensatz (Gl.(11.3,27)) wird dann

$$s_2(t) = \begin{cases} 0 & \text{für } t \leq 0 \\[2ex] \dfrac{E}{W(0)} + E \sum\limits_{\nu=1}^{n} \dfrac{e^{j\omega_\nu t}}{\omega_\nu W'(\omega_\nu)} & \text{für } t \geq 0 \end{cases} \qquad (11.4,10)$$

Oliver Heaviside 1850-1925. Exakte Begründung durch K.W.Wagner.

Gl.(11.4,10) zeigt folgendes:

Durch den Schaltvorgang werden n Eigenfrequenzen ω_ν des Systems angestoßen. Bei verlustfreiem System bleiben die Schwingungen bestehen. Bei einem System mit Verlusten wird ω_ν komplex mit positivem Imaginärteil. Die Schwingungen klingen ab. Der zweite Summand in Gl. (11.4,10) geht gegen Null und es gilt $s_2(t) = E/W(0)$ für $t \to \infty$. Der zweite Summand in Gl.(11.4,10) ist physikalisch der Ausgleichsvorgang, der nach einer gewissen Zeit beendet ist. Ist ω_ν positiv imaginär (kein Realteil!), so sind keine Schwingungen vorhanden. Der Endzustand tritt "schleichend" ein.
Wenn an Stelle von $s_1(t) = E\, f_0(t)$, d.h. an Stelle eines Einschaltens einer Gleichspannung, die Funktion $s_1(t) = M\, f_1(t) = M\, f_0'(t)$, d.h. kurzer Spannungsstoß mit dem Impulsmoment $M = ET$, gilt, so wird die Empfangsfunktion $T\, s_2'(t)$. D.h. man differenziert Gl. (11.4,10) nach t, wobei $E/W(0)$ verschwindet, wie es bei einem kurzen Stoß sein muß.
Setzt man (s. Kapitel 11.1.3) bei f(t) die Größe $\alpha = -j\Omega$, so entspricht das dem Einschalten einer Wechselspannung mit der Kreisfrequenz Ω (Bild 11.30). Es ist dann

$$s_1(t) = \begin{cases} 0 & \text{für } -\infty < t < 0 \\ Ee^{j\Omega t} & \text{für } 0 < t < \infty \end{cases}$$

die komplexe Schreibweise der Sendefunktion. Analog dem Bild 11.30 ist $E = |E|e^{j\psi}$. Die Darstellung der Sendefunktion durch das Fourierintegral wird entsprechend Gl.(11.1,18)

$$s_1(t) = \frac{E}{2\pi j} \int\limits_{\omega=-\infty}^{+\infty} \frac{e^{j\omega t}}{\omega - \Omega}\, d\omega. \qquad (11.4,11)$$

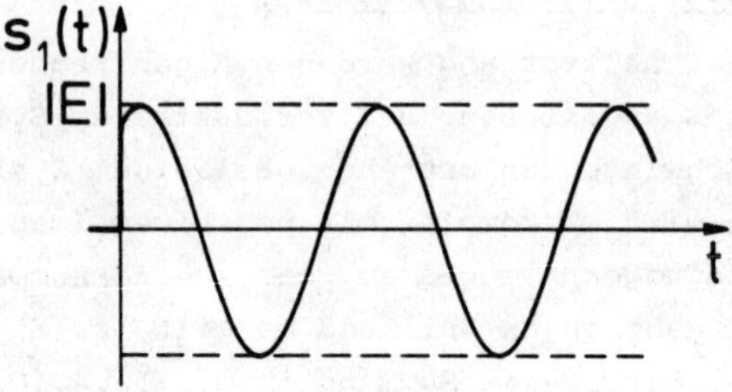

Bild 11.30: Die Wechselspannung
$s_1(t) = |E|\cos(\Omega t + \psi)$ für $0<t<\infty$ und $-\frac{\pi}{2}<\psi<0$

Es wird dann die Empfangsfunktion

$$s_2(t) = \frac{E}{2\pi j} \int_{\omega=-\infty}^{\infty} \frac{e^{j\omega t}d\omega}{(\omega - \Omega)W(\omega)} \quad . \tag{11.4,12}$$

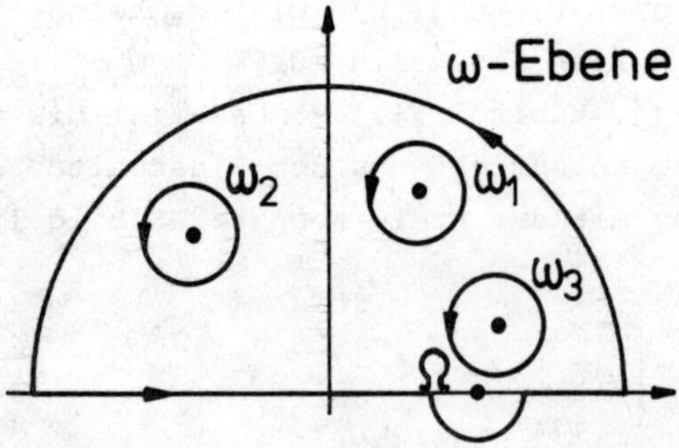

Bild 11.31: Integrationsweg für t>0 bei Gl.(11.4,12)

Hieraus folgt nach Gl.(11.4,10)

$$s_2(t) = \begin{cases} 0 \quad \text{für} \quad t \leq 0 \\ \dfrac{E\, e^{j\Omega t}}{W(\Omega)} + \sum\limits_{\nu=1}^{n} \dfrac{e^{j\omega_\nu t}}{(\omega_\nu - \Omega)W'(\omega_\nu)} \quad . \end{cases} \tag{11.4,13}$$

Der erste Summand ist der Endzustand, der zweite Summand ergibt den Ausgleichsvorgang.

11.4.2 Anwendungsbeispiele der Formel von O.Heaviside

1)

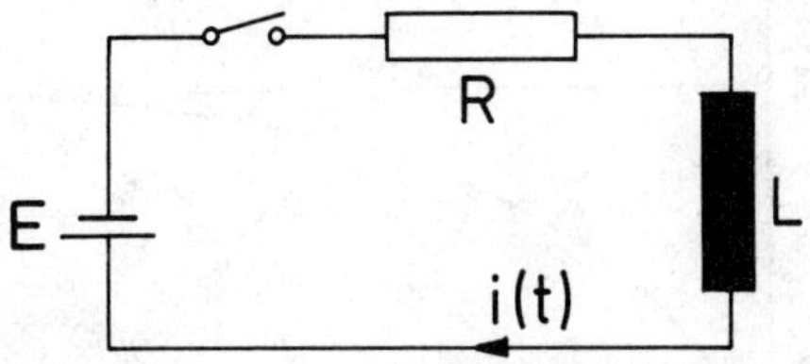

Bild 11.32: Einschalten einer Spule mit Widerstand

Aus Gl.(11.2,5) folgt

$$W(\omega) = R + j\omega L. \tag{11.4,14}$$

Einsetzen in Gl.(11.4,3) ergibt

$$W(\omega) = W(\omega_\nu) = R + j\omega L = 0, \quad \nu = 1$$

$$\omega_1 = \frac{jR}{L}$$

$$W(0) = R$$

$$W'(\omega_1) = jL. \tag{11.4,15}$$

Gl.(11.4,10) liefert

$$s_2(t) = i(t) = \frac{E}{W(0)} + \frac{E\,e^{j\omega_1 t}}{\omega_1 W'(\omega_1)}$$

$$= \frac{E}{R} + \frac{E\,e^{-\frac{R}{L}t}}{-R} = \frac{E}{R}\left(1 - e^{-\frac{t}{T_L}}\right) \tag{11.4,16}$$

$T_L = \frac{L}{R}$ Zeitkonstante der Spule

Der Endwert des Stromes ist dann

$$i(\infty) = \frac{E}{R}.$$

Je größer die Zeitkonstante T_L ist, um so später wird der Endwert $i(\infty)$ erreicht.

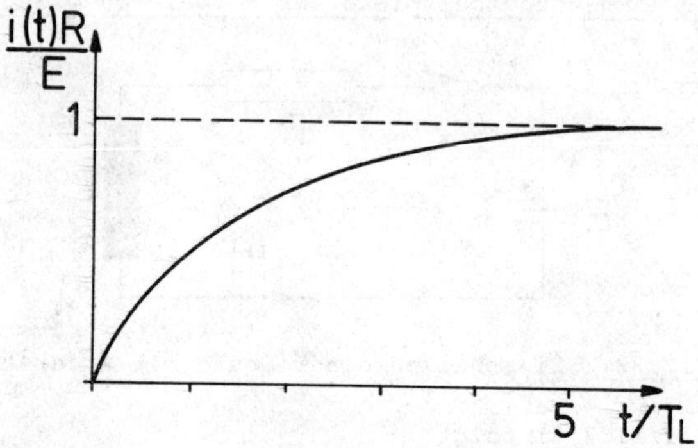

Bild 11.33: Stromverlauf beim Einschalten einer Gleichspannung an einer Reihenschaltung von Spule und Widerstand

2)

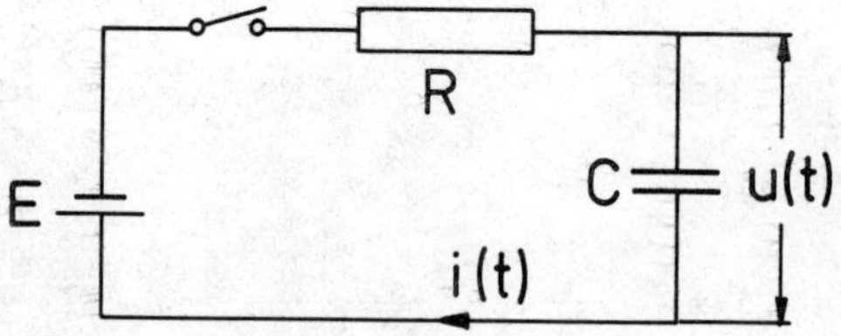

Bild 11.34: Einschalten eines Kondensators über einen Vorwiderstand

Aus Gl.(11.2,6) folgt

$$W(\omega) = 1 + j\omega CR$$

$$W(\omega) = W(\omega_\nu) = 1 + j\omega CR = 0, \ \nu = 1$$

$$\omega_1 = \frac{j}{CR} \qquad (11.4,17)$$

$$W(0) = 1$$
$$W'(\omega_1) = jCR. \qquad (11.4,17)$$

Gl.(11.4,10) liefert mit den Gln.(11.4,17)

$$s_2(t) = u(t) = \frac{E}{W(0)} + \frac{E\, e^{j\omega_1 t}}{\omega_1\; W'(\omega_1)}$$

$$u(t) = E\,(1 - e^{-t/T_c})$$

$$i(t) = C\,\frac{du}{dt} = C\,\frac{E}{T_c}\,e^{-t/T_c} = \frac{E}{R}\,e^{-t/T_c} \qquad (11.4,18)$$

T_c = RC Zeitkonstante

Der Strom i(0) im Schaltmoment wächst mit abnehmendem R.

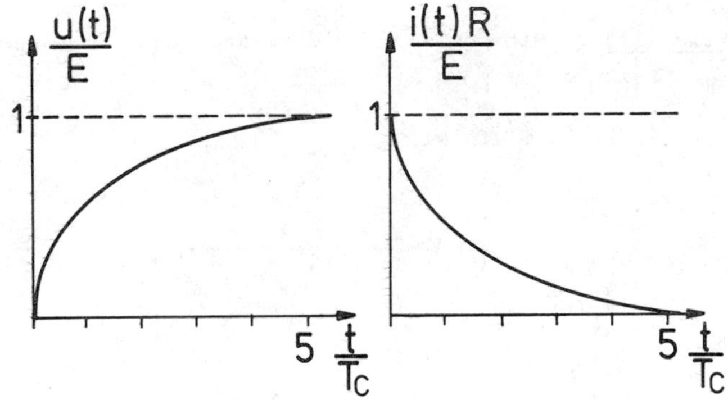

Bild 11.35: Verlauf von Strom und Spannung am Kondensator beim Einschalten einer Gleichspannung an einer Reihenschaltung von Kondensator und Widerstand

11.5 Ausbreitung des Schaltvorgangs bei einem mit seinem Leitungswellenwiderstand abgeschlossenen Kabel

11.5.1 Widerstand der Leitung konstant

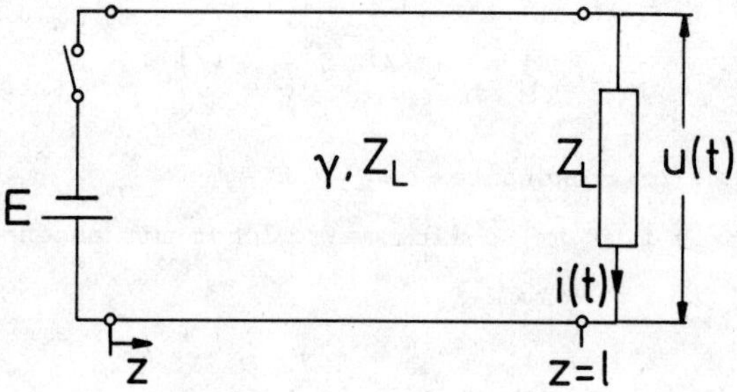

Bild 11.36: Mit dem Wellenwiderstand abgeschlossene Leitung

Aus Gl.(11.2,10) folgt

$$W(\omega) = \frac{U_1}{U_2} = e^{\gamma l}$$

$$\gamma = \alpha + j\beta = \sqrt{(R' + j\omega L')(G' + j\omega C')} \ . \qquad (11.5,1)$$

Es gilt $s_1(t)$ nach Gl.(11.4,1), d.h.

$$s_1(t) = E\, f_o(t) = \frac{E}{2\pi j} \int\limits_{\omega=-\infty}^{+\infty} \frac{e^{j\omega t}}{\omega}\, d\omega. \qquad (11.5,2)$$

Demnach wird entsprechend Gl.(11.2,4)

$$s_2(t) = u(t) = \frac{E}{2\pi j} \int\limits_{\omega=-\infty}^{+\infty} \frac{e^{j\omega t}}{\omega W(\omega)}\, d\omega$$

$$s_2(t) = \frac{E}{2\pi j} \int\limits_{\omega=-\infty}^{+\infty} \frac{e^{j\omega t}\, e^{-\gamma l}}{\omega}\, d\omega$$

$$= \frac{E}{2\pi j} \int\limits_{-\infty}^{+\infty} e^{j\omega t - \sqrt{(R' + j\omega L')(G' + j\omega C')}\, l}\, \frac{d\omega}{\omega} \, . \tag{11.5,3}$$

Der Einfachheit wegen sei

$G' = 0$

und zunächst

$R' = \text{const.},$

d.h. frequenzunabhängig (gilt nicht streng, man denke an den Skineffekt!).

$W(\omega)$ hat hier Verzweigungspunkte. Die Heavisidesche Formel ist daher nicht anwendbar.

Es wird sich zeigen, daß der Strom $i(t)$ am Kabel leichter zu berechnen ist als $u(t)$. Es ist

$$i(t) = \frac{u(t)}{Z_L} \, . \tag{11.5,4}$$

Aus Gl.(11.2,7) folgt bei $G' = 0$

$$Z_L = \sqrt{\frac{R' + j\omega L'}{j\omega C'}} \, . \tag{11.5,5}$$

Einsetzen von Gl.(11.5,3) in Gl.(11.5,4) bei Benutzung von Gl.(11.5,5) und $G' = 0$ ergibt

$$i(t) = \frac{EC'l}{2\pi} \int\limits_{-\infty}^{+\infty} \frac{e^{j\omega t - \sqrt{(R' + j\omega L')\, j\omega C'}\, l}}{\sqrt{(R' + j\omega L')\, j\omega C'}\, l}\, d\omega. \tag{11.5,6}$$

Aus Gl.(11.5,5) ergibt sich

$$\lim_{\omega\to\infty} Z_L = Z_\infty = \sqrt{\frac{L'}{C'}} \, . \tag{11.5,7}$$

Aus Gl.(11.5,1) ergibt sich bei $G' = 0$

$$\lim_{\omega\to\infty} \gamma = \gamma_\infty = \sqrt{j\omega C'R' - \omega^2 L'C'} =$$

$$\gamma_\infty = j\omega\sqrt{L'C'}\,\sqrt{1 - j\,\frac{R'}{\omega L'}} =$$

$$= j\omega\sqrt{L'C'}\,\left(1 - j\,\frac{R'}{2\omega L'}\right) =$$

$$= j\omega\sqrt{L'C'} + \frac{R'}{2}\sqrt{\frac{C'}{L'}} = j\beta_\infty + \alpha_\infty . \qquad (11.5,8)$$

Somit wird

$$\beta_\infty = \omega\sqrt{L'C'}\,, \qquad \tau_\infty = \frac{\beta_\infty}{\omega} = \sqrt{L'C'}$$

$$\alpha_\infty = \frac{R'}{2}\sqrt{\frac{C'}{L'}} = \frac{R'}{2Z_\infty}\,. \qquad (11.5,9)$$

Man setzt

$$a_\infty = \alpha_\infty l\,, \qquad t_\infty = \tau_\infty\, l \text{ (Laufzeit)}. \qquad (11.5,10)$$

Es wird dann

$$\gamma l = \sqrt{(R' + j\omega L')\,j\omega C'}\; l = \sqrt{j\omega C'R'l^2 - \omega^2 L'C'l^2} =$$

$$= \sqrt{j\,\frac{2\sqrt{L'/C'}\;\omega C'R'l^2}{2\sqrt{L'/C'}} - (\omega t_\infty)^2} =$$

$$= \sqrt{j\,2a_\infty\omega\, t_\infty - (\omega t_\infty)^2 + a_\infty^2 - a_\infty^2}$$

$$= \sqrt{-\left[(\omega t_\infty - ja_\infty)^2 + a_\infty^2\right]}. \qquad (11.5,11)$$

Einsetzen von Gl.(11.5,11) in Gl.(11.5,6) ergibt

$$i(t) = \frac{EC'l}{2\pi j}\int_{-\infty}^{+\infty} \frac{e^{j\left(\omega t - \sqrt{(\omega t_\infty - ja_\infty)^2 + a_\infty^2}\right)}}{\sqrt{(\omega t_\infty - ja_\infty)^2 + a_\infty^2}}\,d\omega =$$

$$= \frac{EC'l}{2\pi j}\int_{-\infty}^{+\infty} \frac{e^{j\left(\omega t - \sqrt{t_\infty^2(\omega - j\,a_\infty/t_\infty)^2 + a_\infty^2}\right)}}{\sqrt{t_\infty^2(\omega - j\,a_\infty/t_\infty)^2 + a_\infty^2}}\,d\omega .$$

Mit

$$a = -j\,\frac{a_\infty}{t_\infty}$$

ergibt sich dann bei Benutzung des Verschiebungssatzes Gl.(11.3,2)

$$i(t) = \frac{EC'l}{2\pi j}\, e^{-a_\infty \frac{t}{t_\infty}} \int\limits_{-\infty - j\frac{a_\infty}{t_\infty}}^{+\infty - j\frac{a_\infty}{t_\infty}} \frac{e^{j(\omega t - \sqrt{(\omega t_\infty)^2 + a_\infty^2})}}{\sqrt{(\omega t_\infty)^2 + a_\infty^2}}\, d\omega . \qquad (11.5,12)$$

Verzweigungspunkte sind die Nullstellen des Radikanden d.h.

$$(\omega t_\infty)^2 + a_\infty^2 = 0$$

ergibt die Verzweigungspunkte

$$\omega_1 = -j\,\frac{a_\infty}{t_\infty} \qquad \omega_2 = j\,\frac{a_\infty}{t_\infty} . \qquad (11.5,13)$$

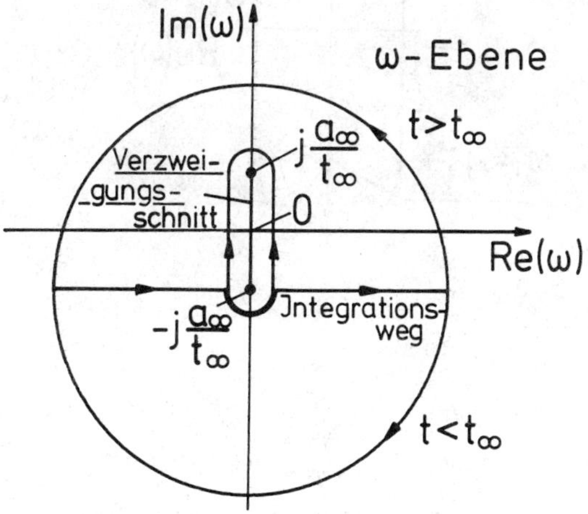

Bild 11.37: Integrationsweg für das Integral der Gl.(11.5,12)

Der Integrationsweg entspricht dem im Bild 11.17 bzw. 11.18 beschriebenen. Für $t < t_\infty$ wird das Integral Null, da beim Umlaufintegral keine singulären Punkte eingeschlossen werden. Es ist also i(t) für $t<t_\infty$ Null. D.h. die Wellenfront breitet sich mit der Geschwindigkeit

$$v_p = \frac{l}{\tau_\infty} = \frac{1}{\sqrt{L'C'}} \tag{11.5,14}$$

aus. Vor Beendigung der Laufzeit t_∞ ist das Kabelende strom- und spannungslos.
Für $t > t_\infty$ ist das Umlaufintegral wegen Gl. (11.3,56) gleich dem Integral um den Verzweigungsschnitt.

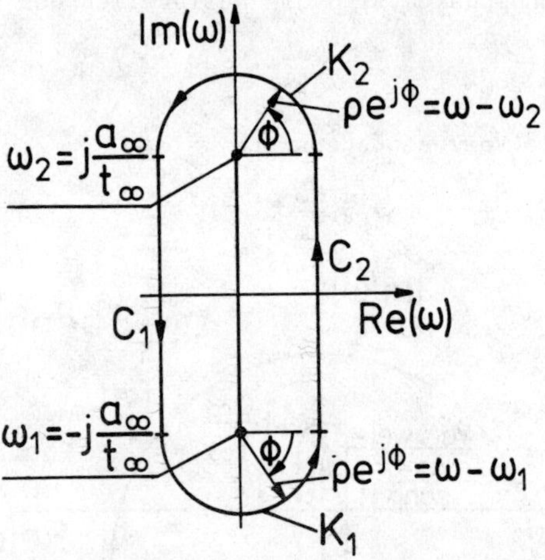

Bild 11.38: Der Integrationsweg beim Integral Gl. (11.5,12) für $t > t_\infty$

Es ist daher nach Bild 11.37 und 11.38

$$\int_{-\infty-ja_\infty/t_\infty}^{+\infty-ja_\infty/t_\infty} \frac{e^{j(\omega t-\sqrt{(\omega t_\infty)^2+a_\infty^2})}}{\sqrt{(\omega t_\infty)^2 + a_\infty^2}}\, d\omega = \oint = \int_{C_1} + \int_{K_1} + \int_{C_2} + \int_{K_2} . \tag{11.5,15}$$

Es ist auf K_2 mit $\rho \to 0$

$$\sqrt{(\omega t_\infty)^2 + a_\infty^2} = \sqrt{(\omega_2 + \rho e^{j\phi})^2\, t_\infty^2 + a_\infty^2} =$$

$$= \sqrt{2\omega_2\, \rho e^{j\phi}\, t_\infty^2}\,.$$

Es ist auf K_1 mit $\rho \to 0$

$$\sqrt{(\omega t_\infty)^2 + a_\infty^2} = \sqrt{2\omega_1\, \rho e^{j\phi}\, t_\infty^2}\,.$$

Somit

$$\int_{K_2} = j \int_{\phi=0}^{\pi} \frac{e^{j(\omega_2+\rho e^{j\phi})t - \sqrt{2\omega_2 \rho e^{j\phi} t_\infty^2}}}{\sqrt{2\omega_2\, \rho e^{j\phi}\, t_\infty^2}}\, \rho e^{j\phi} d\phi = 0$$

für $\rho \to 0$. (11.5,16)

Ebenso

$$\int_{K_1} = 0 \quad \text{für} \quad \rho \to 0. \qquad (11.5,17)$$

Es bleibt

$$\oint = \int_{C_1} + \int_{C_2} = \int_{\omega=\omega_2}^{\omega=\omega_1}\!\!\downarrow \; + \int_{\omega=\omega_1}^{\omega=\omega_2}\!\!\uparrow\,. \qquad (11.5,18)$$

Die Doppeldeutigkeit der Wurzel in den Integralen Gl. (11.5,18), die durch ihre entgegengesetzten Vorzeichen auf den gegenüberliegenden Ufern des Verzweigungsschnittes zum Ausdruck kommt, wird durch nachfolgende Substitution umgangen:

$$j\,\frac{\omega t_\infty}{a_\infty} = \cos x\,, \qquad \sqrt{1 + \left(\frac{\omega t_\infty}{a_\infty}\right)^2} = \sin x$$

$$d\omega = j\,\frac{a_\infty}{t_\infty}\,\sin x\; dx. \qquad (11.5,19)$$

Es ist

$\omega_2 = \omega_1\, e^{-j\pi}$ auf der linken Seite des Verzweigungsschnittes,

$\omega_2 = \omega_1\, e^{j\pi}$ auf der rechten Seite des Verzweigungsschnittes.

Somit

$$j\,\frac{\omega_2 t_\infty}{a_\infty} = j\,\frac{t_\infty}{a_\infty}\,\omega_1\, e^{-j\pi} = j\,\frac{t_\infty}{a_\infty}\left(-j\,\frac{a_\infty}{t_\infty}\right) e^{-j\pi} =$$

$$= \cos(-\pi) = \cos x_2 \quad \text{auf der linken Seite}$$

$$j\,\frac{\omega_2 t_\infty}{a_\infty} = \cos\pi = \cos x_2 \quad \text{auf der rechten Seite}$$

$$j\,\frac{\omega_1 t_\infty}{a_\infty} = \cos 0 = \cos x_1 \quad \text{auf der linken und rechten Seite.}$$

Hiermit kann man für Gl.(11.5,18) schreiben

$$\oint = \int_{x=-\pi}^{0} + \int_{x=0}^{\pi} = \int_{x=-\pi}^{+\pi} . \qquad (11.5,20)$$

Es wird nun Gl.(11.5,20) in Gl.(11.5,15) und diese in Gl.(11.5,12) eingesetzt. Mit der Substitution Gl. (11.5,19) wird dann

$$i(t) = \frac{EC'l}{2\pi j}\, e^{-a_\infty \frac{t}{t_\infty}} \int_{-\pi}^{+\pi} \frac{e^{j(\omega t - a_\infty \sin x)}}{a_\infty \sin x}\, j\,\frac{a_\infty}{t_\infty} \sin x\, dx,$$

und mit

$$\frac{C'l}{t_\infty} = \frac{C'}{\tau_\infty} = \frac{1}{Z_\infty} \quad \text{(s. Gl.(11.5,7), (11.5,9), (11.5,10))}$$

$$j\omega t = \frac{a_\infty}{t_\infty}\, t \cos x \quad \text{(s. Gl.(11.5,19)}$$

$$i(t) = \frac{E}{2\pi Z_\infty} e^{-a_\infty \frac{t}{t_\infty}} \int_{-\pi}^{+\pi} e^{a_\infty \left(\frac{t}{t_\infty} \cos x - j \sin x\right)} dx. \tag{11.5,21}$$

Einführen von

$$\cosh\phi = \frac{t/t_\infty}{\sqrt{(t/t_\infty)^2 - 1}}$$

$$\sinh\phi = \sqrt{\cosh^2\phi - 1} = \sqrt{\frac{(t/t_\infty)^2}{(t/t_\infty)^2 - 1} - 1} =$$

$$= \frac{1}{\sqrt{(t/t_\infty)^2 - 1}}$$

ergibt

$$t/t_\infty \cos x - j \sin x =$$

$$= \sqrt{(t/t_\infty)^2 - 1} \cosh\phi \cos x - j \sin x =$$

$$= \sqrt{(t/t_\infty)^2 - 1} (\cosh\phi \cos x - j \sinh\phi \sin x) =$$

$$= \sqrt{(t/t_\infty)^2 - 1} \cos(x + j\phi).$$

Damit wird Gl.(11.5,21)

$$i(t) = \frac{E}{2\pi Z_\infty} e^{-a_\infty \frac{t}{t_\infty}} \int_{-\pi}^{+\pi} e^{a_\infty \sqrt{(t/t_\infty)^2 - 1} \cos(x+j\phi)} dx$$

und mit $x + j\phi = z$

$$i(t) = \frac{E}{2\pi Z_\infty} e^{-a_\infty \frac{t}{t_\infty}} \int_{-\pi+j\phi}^{\pi+j\phi} e^{a_\infty \sqrt{(t/t_\infty)^2 - 1} \cos z} dz. \tag{11.5,22}$$

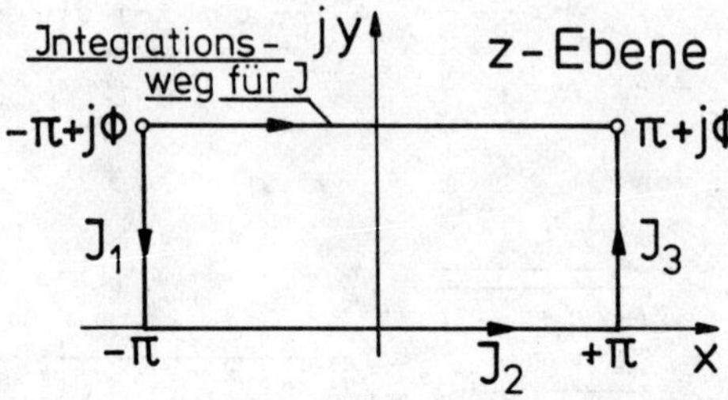

Bild 11.39: Integrationsweg für das Integral der Gl. (11.5,22)

Das Integral

$$I = \int_{-\pi+j\phi}^{\pi+j\phi} e^{a_\infty \sqrt{(t/t_\infty)^2-1}\,\cos z}\, dz = \int_{-\pi+j\phi}^{\pi+j\phi} e^{K \cos z} dz \qquad (11.5,23)$$

ist vom Wege unabhängig und es gilt daher (s. Bild 11.39)

$$I = I_1 + I_2 + I_3$$

$$I_1 = \int_{-\pi+j\phi}^{-\pi} e^{K \cos z} dz$$

$$I_2 = \int_{-\pi}^{+\pi} e^{K \cos z} dz$$

$$I_3 = \int_{\pi}^{\pi+j\phi} e^{K \cos z} dz. \qquad (11.5,24)$$

Es ist

bei I_1: $z = -\pi + jy$, $dz = j\,dy$, $\cos z = -\cosh y$,
bei I_3: $z = \pi + jy$, $dz = j\,dy$, $\cos z = -\cosh y$,

und somit

$$I_1 = j \int_{\phi}^{0} e^{-K \cosh y}\, dy$$

$$I_3 = j \int_{0}^{\phi} e^{-K \cosh y}\, dy = - I_1. \qquad (11.5,25)$$

Das heißt wegen Gl.(11.5,24)

$$I = I_2 = \int_{-\pi}^{+\pi} e^{K \cos z}\, dz.$$

Einsetzen in Gl.(11.5,22) ergibt

$$i(t) = \frac{E}{2\pi Z_\infty}\, e^{-a_\infty \frac{t}{t_\infty}} \int_{-\pi}^{+\pi} e^{a_\infty \sqrt{(t/t_\infty)^2 - 1}\, \cos z}\, dz. \qquad (11.5,26)$$

Es ist nun die Integraldarstellung der Besselschen Funktion der Ordnung Null [1)]

$$J_o(\xi) = \frac{1}{2\pi} \int_{-\pi}^{+\pi} e^{j\xi \cos z}\, dz. \qquad (11.5,27)$$

Hierbei wird bei Beachtung von $i(t) = 0$ für $t < t_\infty$ und wegen $J_o(jy) = J_o(-jy)$ (s. Gl.(6.3,47))

$$i(t) = \begin{cases} 0 & \text{für } t < t_\infty \\ \frac{E}{Z_\infty}\, e^{-a_\infty \frac{t}{t_\infty}}\, J_o\left(j a_\infty \sqrt{\left(\frac{t}{t_\infty}\right)^2 - 1}\right) & \text{für } t > t_\infty. \end{cases} \qquad (11.5,28)$$

---

1) siehe z.B. MAGNUS, W., OBERHETTINGER, F., Formeln und Sätze für die speziellen Funktionen der Mathematischen Physik. Springer Verlag (1948), S.36

D.h. $i(t)$ springt von 0 auf

$$i(t_\infty) = \frac{E}{Z_\infty} e^{-a_\infty} \qquad (11.5,29)$$

bei $t = t_\infty$, da $J_o(0) = 1$.

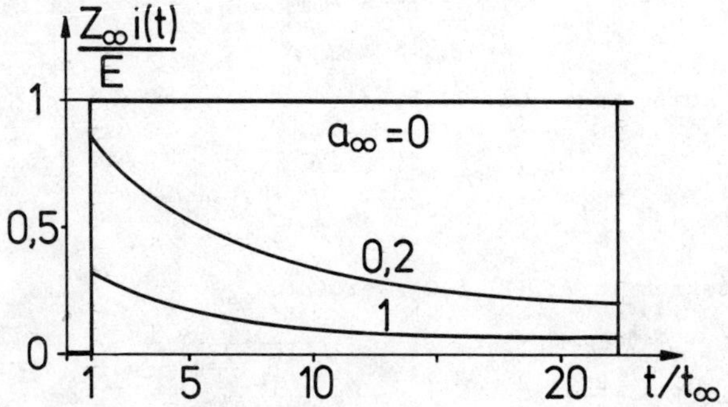

Bild 11.40: Der Strom $i(t)$ am Ende einer mit ihrem Wellenwiderstand abgeschlossenen Leitung nach dem Anlegen einer Gleichspannung E am Leitungsanfang zur Zeit $t = 0$

Aus der Leitungsgleichung entsprechend Gl.(5.6,41), nämlich

$$\frac{\partial i}{\partial z} = - C' \frac{\partial u}{\partial t} ,$$

ergibt sich in Abhängigkeit der Leitungslänge $z = l$

$$u(t) = - \frac{1}{C'} \int \frac{\partial i}{\partial l} \, dt. \qquad (11.5,30)$$

Es ist

$$\frac{\partial i}{\partial l} = - \infty \quad \text{für} \quad t = t_\infty , \qquad (11.5,31)$$

da $i(t_\infty)$ auf Null springt, wenn $\frac{t}{t_\infty}$ kleiner als 1 wird, d.h. wenn l wächst.

Zur Bestimmung von $\frac{\partial i}{\partial l}$ für $t > t_\infty$ schreibt man an Stelle von Gl. (11.5,28)

$$i(t) = \frac{E}{Z_\infty} e^{-a_\infty \frac{t}{t_\infty}} J_0(j \sqrt{(\frac{a_\infty t}{t_\infty})^2 - a_\infty^2}).$$

Es wird dann mit $a_\infty = \alpha_\infty l$

$$\frac{\partial i}{\partial l} = - \frac{E}{Z_\infty} e^{-a_\infty \frac{t}{t_\infty}} \frac{J_1(j\sqrt{(a_\infty t/t_\infty)^2 - a_\infty^2})j(-2\, a_\infty \alpha_\infty)}{2\sqrt{(a_\infty t/t_\infty)^2 - a_\infty^2}}$$

$$= - \frac{Ea_\infty}{Z_\infty l} e^{-a_\infty \frac{t}{t_\infty}} \frac{J_1(j\, a_\infty \sqrt{(t/t_\infty)^2 - 1})}{j\sqrt{(t/t_\infty)^2 - 1}} \text{ für } t > t_\infty. \qquad (11.5,32)$$

Aus Gl. (11.5,30) folgt dann

$$u(t) = - \lim_{\Delta l \to 0} \frac{1}{C'} \left(\frac{\Delta i}{\Delta l}\right)_{t=t_\infty} \Delta t - \frac{1}{C'} \int_{t_\infty}^{t} \left(\frac{\partial i}{\partial l}\right)_{t>t_\infty} dt. \qquad (11.5,33)$$

Es ist nun bei Benutzung von Gl. (11.5,29)

$$- \lim_{\Delta l \to 0} \frac{1}{C'} \left(\frac{\Delta i}{\Delta l}\right)_{t=t_\infty} \Delta t = \lim_{\Delta l \to 0} \frac{i(t_\infty)}{C'} \frac{\Delta t}{\Delta l} =$$

$$= \frac{i(t_\infty)}{C'} \tau_\infty = \frac{i(t_\infty)}{C'} \sqrt{L'C'} = i(t_\infty)\, Z_\infty = E\, e^{-a_\infty} \qquad (11.5,34)$$

Einsetzen von Gl. (11.5,32) und Gl. (11.5,34) in Gl. (11.5,33) ergibt dann bei $\frac{t}{t_\infty} = x$, $dt = t_\infty\, dx = \sqrt{L'C'}\, l\, dx$

$$u(t) = E \left[e^{-a_\infty} + a_\infty \int_{x=1}^{t/t_\infty} \frac{e^{-a_\infty x} J_1(ja_\infty \sqrt{x^2 - 1})}{j\sqrt{x^2 - 1}} dx \right]. \qquad (11.5,35)$$

Da nach Gl. (6.3,56)

$$J_1(\xi) \approx \frac{\xi}{2} \qquad \text{für } |\xi| \ll 1$$

ist, darf man schreiben

$$u(t) = E\left\{e^{-a_\infty} + \frac{a_\infty^2}{2}\int\limits_{x=1}^{t/t_\infty} e^{-a_\infty x}\,dx\right\} =$$

$$= E\left\{e^{-a_\infty} - \frac{a_\infty}{2}\left(e^{-a_\infty \frac{t}{t_\infty}} - e^{-a_\infty}\right)\right\},$$

somit

$$u(t) = E\,e^{-a_\infty}\left\{1 + \frac{a_\infty}{2}\left(1 - e^{-a_\infty\left(\frac{t}{t_\infty} - 1\right)}\right)\right\}$$

$$\text{für } a_\infty\sqrt{\left(\frac{t}{t_\infty}\right)^2 - 1} \ll 1. \qquad (11.5,36)$$

Es ist demnach

$$u(t_\infty) = E\,e^{-a_\infty} = i(t_\infty)\,Z_\infty. \qquad (11.5,37)$$

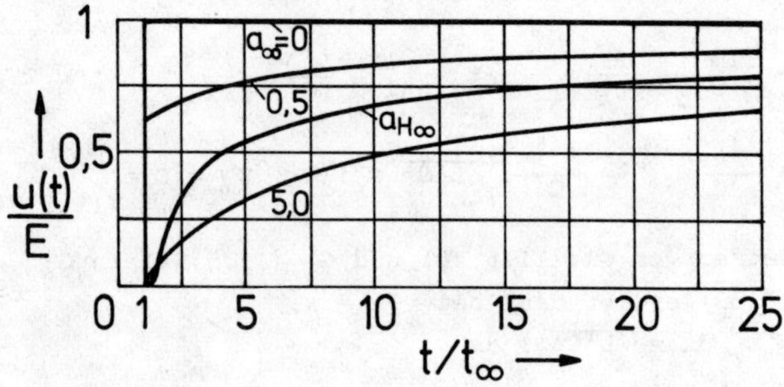

Bild 11.41: Spannung u(t) am Ende einer mit ihrem Wellenwiderstand abgeschlossenen Leitung, d.h. auch Spannung u(t) an der Stelle z = 1 einer unendlich langen Leitung, nach Anlegen einer Gleichspannung zur Zeit t = 0

Gl.(11.5,35) läßt sich nicht geschlossen lösen. Eine graphische Auswertung ist in [1] angegeben (Bild 11.41)

Die Kurve für $a_{H\infty}$ in Bild 11.41 (u(t) nach Gl. (11.5,44)) wurde berechnet für eine Bandleitung ohne Randstreuung (Bild 11.42) mit den Daten

$$a = 10 \text{ mm}, \quad b = 1{,}6 \text{ mm}, \quad l = 100 \text{ km},$$

$$\rho = \frac{1}{\kappa} = 2{,}8 \ \mu\Omega \ \text{(Alu)}, \quad Z_L = 60 \ \Omega .$$

An Stelle des Gleichstromwiderstandes R' gilt der Hochfrequenzwiderstand W_H nach Gl.(11.5,38).

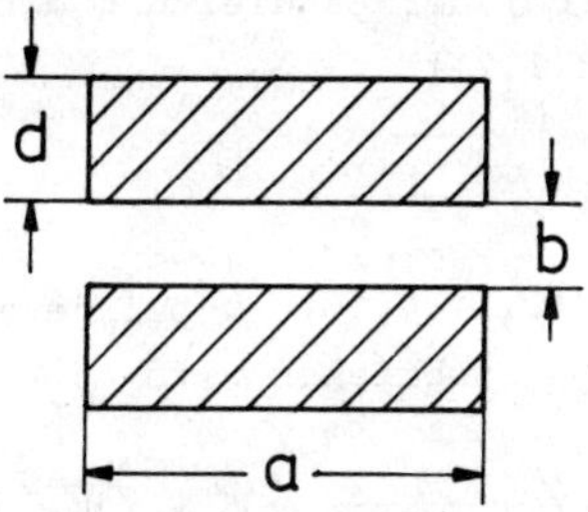

Bild 11.42: Die Bandleitung

11.5.2 Einfluß des Skineffektes auf die Wellenfront

Wegen R' = const. ist die Wellenfront bei $t/t_\infty = 1$ hier unendlich steil. In Wirklichkeit ist das nicht der Fall, da R' eine Funktion der Frequenz ist. Man denke an den Skineffekt bei hohen Frequenzen. Infolge des Ähnlichkeitssatzes Kapitel 11.1.2 entspricht $t \to \infty$ die Frequenz $\omega \to 0$, d.h. $t \to \infty$ bedeutet Gleichstrom und damit R' = const. D.h. i(t) und u(t) nach Gl. (11.5,28) und Gl.(11.5,35) sind streng richtig für

[1] siehe z.B. KADEN, H., Impulse und Schaltvorgänge in der Nachrichtentechnik. R.Oldenbourg, München 1957, S.95

$t \to \infty$. Weiterhin entspricht wegen des Ähnlichkeitssatzes der Zeit $t - t_\infty \to 0$, d.h. $t/t_\infty \to 1$, d.h. dem Erscheinen der Wellenfront an der Stelle $z = l$, die Frequenz $\omega \to \infty$. D.h. es ist in der Gl.(11.5,1) oder (11.5,11) an Stelle von R' der Hochfrequenzwiderstand R_H einzusetzen. R_H berechnet sich entsprechend den Abmessungen der Leitung aus Z_M nach Gl.(5.2,16). Hiernach war

$$Z_M = \sqrt{j\,\frac{\mu_R\omega}{\kappa}}\;.$$

Damit wird z.B. bei der Bandleitung mit der Breite a (s. hierzu Gl.(8.1,21))

$$W_H = \frac{2Z_m}{a} = 2\sqrt{\frac{j\omega\mu_R}{\kappa}}\,\frac{1}{a}\;. \qquad (11.5,38)$$

Somit wird mit Gl.(11.5,10), wobei jetzt an Stelle von a_∞ die Größe $a_{H\infty}$ geschrieben wird

$$a_{H\infty} = \frac{W_H\, l}{2Z_\infty} = \sqrt{\frac{j\omega\mu_R}{\kappa}}\,\frac{l}{Z_\infty b} = K\, l\,\sqrt{j\omega}. \qquad (11.5,39)$$

Analog Gl.(11.5,11) ist dann

$$\gamma l = \sqrt{j\,2\,a_{H\infty}\,\omega t_\infty - (\omega t_\infty)^2} = j\omega\, t_\infty\sqrt{1 - j\,\frac{2a_{H\infty}}{\omega t_\infty}}\;. \qquad (11.5,40)$$

Im allgemeinen ist bei großem ω

$$|2\,a_{H\infty}| \ll \omega t_\infty\;, \qquad (11.5,41)$$

so daß man schreiben darf

$$\gamma l \approx j\omega t_\infty + a_{H\infty}. \qquad (11.5,42)$$

Einsetzen von Gl.(11.5,42) in Gl.(11.5,3) und Benutzung von Gl.(11.5,39) ergibt

$$u(t) = \frac{E}{2\pi j} \int_{-\infty}^{+\infty} \frac{e^{j\omega t}\, e^{-\gamma l}}{\omega}\, d\omega =$$

$$= \frac{E}{2\pi j} \int_{-\infty}^{+\infty} \frac{e^{j\omega(t-t_\infty)}\, e^{-Kl\sqrt{j\omega}}}{\omega}\, d\omega$$

und mit $j\omega = p$

$$u(t) = \frac{E}{2\pi j} \int_{-j\infty}^{+j\infty} \frac{e^{p(t-t_\infty)}\, e^{-Kl\sqrt{p}}}{p}\, dp = \qquad (11.5,43)$$

$$= E\left[1 - \phi\left(\frac{Kl}{2\sqrt{t - t_\infty}}\right)\right], \quad \text{für } t > t_\infty \qquad (11.5,44)$$

$$\phi(x) = \frac{2}{\sqrt{\pi}} \int_0^x e^{-u^2}\, du \quad \text{Gaußsches Fehlerintegral}^{1)} \qquad (11.5,45)$$

und natürlich $u(t) = 0$ für $t < t_\infty$. Beweis folgt in Kapitel 11.5.3.

Es ist

$$\phi(\infty) = 1$$

d.h.

$$u(t) = 0 \quad \text{bei} \quad t = t_\infty. \qquad (11.5,46)$$

Es gilt für $x \gg 1$ [2)]

---

1) tabelliert u.a. in EMDE, F., JAHNKE, E., Tafeln höherer Funktionen. B.G.Teubner Verlagsges., Leipzig (1952), S.24

2) siehe z.B. MAGNUS, W., OBERHETTINGER, F., Formeln und Sätze für die speziellen Funktionen der Mathematischen Physik. Springer Verlag (1948), S.126

$$1 - \phi(x) \simeq \frac{2}{\sqrt{\pi}} \frac{e^{-x^2}}{2x} \left(1 - \frac{1}{2x^2} + \frac{1\cdot 3}{(2x^2)^2} - \frac{1\cdot 3\cdot 5}{(2x^2)^3} + - \ldots\right) \tag{11.5,47}$$

Einsetzen von Gl.(11.5,47) in Gl.(11.5,44) liefert

$$\left.\frac{du(t)}{dt}\right|_{t=t_\infty} = 0.$$

Durch Gl.(11.5,44) kann man bei Benutzung von Gl. (11.5,47) den genauen Verlauf der Wellenfront ermitteln (s.Bild 11.41).

Durch den Skineffekt wird die Entstehung einer senkrechten Wellenfront verhindert. Die Natur macht im makroskopischen Bereich keine Sprünge.

11.5.3 Die Lösung des Integrals Gl.(11.5.43)

Die Gln.(11.1,13) und (11.1,14) lauteten

$$F(\omega) = \int_{\xi=-\infty}^{+\infty} f(\xi)\, e^{-j\omega\xi}\, d\xi$$

$$f(x) = \frac{1}{2\pi} \int_{\omega=-\infty}^{+\infty} F(\omega)\, e^{j\omega x}\, d\omega. \tag{11.5,48}$$

Mit

$$\xi = t\,, \quad f(\xi) = A(t)$$

$$A(t) = 0 \quad \text{für} \quad t < 0$$

$$c + j\omega = p, \quad d\omega = \frac{1}{j}\, dp$$

$$F(\omega) = \frac{f(p)}{p} \tag{11.5,49}$$

wird aus den Gln.(11.5,48)

$$f(p) = L\{A(t)\} = p \int_0^\infty A(t)\, e^{-pt}\, dt \qquad (11.5,50)$$

$$A(t) = L^{-1}\{f(p)\} = \frac{1}{2\pi j} \int_{c-j\infty}^{c+j\infty} \frac{f(p)}{p}\, e^{pt}\, dp \qquad (11.5,51)$$

c beliebig, jedoch so, daß f(p) absolut konvergent ist; Grenzübergänge nach $\pm j\infty$ im Sinne des Cauchyschen Hauptwertes

$L\{A(t)\}$ Laplacesche Transformation

$L^{-1}\{f(p)\}$ reziproke Transformation, Umkehrtransformation.

Die Integration einer Funktion von ξ zwischen den Grenzen O und t sei durch das Symbol Q gegeben. D.h.

$$\int_0^t A(\xi)\, d\xi = Q\, A(t). \qquad (11.5,52)$$

Damit ist nach Gl.(11.5,50)

$$L\{Q\, A(t)\} = L\{\int_0^t A(\xi)\, d\xi\} = p \int_0^\infty dt\, e^{-pt} \int_0^t A(\xi)\, d\xi.$$

Mit

$$dt\, e^{-pt} = dv; \qquad v = -\frac{e^{-pt}}{p}$$

$$\int_0^t A(\xi)\, d\xi = u; \qquad A(t)\, dt = du$$

ergibt die partielle Integration

$$L\{Q\, A(t)\} = \left(-e^{-pt} \int_0^t A(\xi)\, d\xi\right)_{t=0}^{\infty} + \int_0^\infty e^{-pt}\, A(t)\, dt$$

$$= \int_0^\infty e^{-pt}\, A(t)\, dt\ ,$$

da der erste Term auf der rechten Seite an beiden Grenzen Null ist. D.h. bei Benutzung von Gl.(11.5,5o)

$$L\{Q\ A(t)\} = \frac{1}{p}\ L\{A(t)\}. \qquad (11.5,53)$$

2-fache Integration der Funktion $A(\xi)$ zwischen den Grenzen O und t bedeutet

$$Q\ Q\ A(t) = Q^2 A(t) = \int_0^t \left(\int_0^\xi A(\xi_1)\ d\xi_1\right) d\xi.$$

Somit folgt, wenn man jetzt in der Rechnung $A(t)$ durch $Q\ A(t)$ ersetzt,

$$L\{Q^2 A(t)\} = \frac{1}{p}\ L\{Q\ A(t)\} = \frac{1}{p^2}\ L\{A(t)\}$$

oder allgemein

$$L\{Q^n A(t)\} = \frac{1}{p^n}\ L\{A(t)\}. \qquad (11.5,54)$$

<u>Zunächst Beweis von</u>

$$L\{A(t)\} = L\left\{\frac{a}{2\sqrt{\pi}}\ \frac{e^{-\frac{a^2}{4t}}}{t\sqrt{t}}\right\} = p\ e^{-a\sqrt{p}}. \qquad (11.5,55)$$

Einsetzen von Gl.(11.5,55) in Gl.(11.5,5O) ergibt

$$L\{A(t)\} = p \int_0^\infty \frac{a}{2\sqrt{\pi}}\ \frac{e^{-(pt+\frac{a^2}{4t})}}{t\sqrt{t}}\ dt. \qquad (11.5,56)$$

Es ist

$$-pt - \frac{a^2}{4t} = -\left(\sqrt{pt} - \frac{a}{2\sqrt{t}}\right)^2 - a\sqrt{p}.$$

Einsetzen in Gl.(11.5,56) ergibt

$$L\{A(t)\} = p\ e^{-a\sqrt{p}} \int_0^\infty \frac{a}{2\sqrt{\pi}}\ \frac{e^{-\left(\sqrt{pt}-\frac{a}{2\sqrt{t}}\right)^2}}{t\sqrt{t}}\ dt$$

und mit der Substitution

$$\frac{a}{2\sqrt{t}} = v\ , \qquad \frac{dv}{dt} = -\ \frac{a}{4t\sqrt{t}}$$

$$L\{A(t)\} = p\ e^{-a\sqrt{p}} \int\limits_0^\infty \frac{a}{2\sqrt{\pi}}\ \frac{e^{-(\frac{a\sqrt{p}}{2v} - v)^2}}{t\sqrt{t}}\ \frac{4t\sqrt{t}}{a}\ dv$$

$$= p\ e^{-a\sqrt{p}}\ \frac{2}{\sqrt{\pi}} \int\limits_0^\infty e^{-(\frac{a\sqrt{p}}{2v} - v)^2}\ dv$$

$$= p\ e^{-a\sqrt{p}}\ \frac{2}{\sqrt{\pi}} \int\limits_0^\infty e^{-(\frac{b}{v} - v)^2}\ dv \qquad (11.5,57)$$

mit der Abkürzung $b = \frac{a\sqrt{p}}{2}$

Mit der Substitution

$$\frac{b}{v} = w, \qquad dv = -\ \frac{b\,dw}{w^2}$$

wird dann aus Gl.(11.5,57)

$$L\{A(t)\} = p\ e^{-a\sqrt{p}}\ \frac{2}{\sqrt{\pi}} \int\limits_0^\infty \frac{b}{w^2}\ e^{-(\frac{b}{w} - w)^2}\ dw. \qquad (11.5,58)$$

Addition von Gl.(11.5,57) und (11.5,58) ergibt, wenn in Gl.(11.5,58) an Stelle von w wieder v geschrieben wird,

$$2\ L\{A(t)\} = p\ e^{-a\sqrt{p}}\ \frac{2}{\sqrt{\pi}} \int\limits_0^\infty (1 + \frac{b}{v^2})\ e^{-(\frac{b}{v} - v)^2}\ dv\ ,$$

und mit der erneuten Substitution

$$u = \frac{b}{v} - v\ , \qquad du = -\ (1 + \frac{b}{v^2})\ dv$$

und der Gl.(6.3,19)

$$L\{A(t)\} = p\, e^{-a\sqrt{p}}\, \frac{1}{\sqrt{\pi}} \int_{-\infty}^{\infty} e^{-u^2}\, du = p\, e^{-a\sqrt{p}}, \tag{11.5,59}$$

was zu beweisen war.

<u>Lösung des Integrals Gl.(11.5,43)</u>

<u>Behauptung:</u>

$$L\{1 - \Phi(\frac{a}{2\sqrt{t}})\} = e^{-a\sqrt{p}} \tag{11.5,60}$$

Φ Gaußsches Fehlerintegral

<u>Beweis:</u>

Nach Gl.(11.5,55) war

$$L\{A(t)\} = L\left\{\frac{a}{2\sqrt{\pi}}\, \frac{e^{-\frac{a^2}{4t}}}{t\sqrt{t}}\right\} = p^{-a\sqrt{p}}. \tag{11.5,61}$$

Aus Gl.(11.5,52) und (11.5,53) folgt

$$\frac{1}{p}\, L\{A(t)\} = L\left\{\int_0^t A(\xi)\, d\xi\right\}. \tag{11.5,62}$$

Einsetzen von Gl.(11.5,61) in Gl.(11.5,62) ergibt

$$e^{-a\sqrt{p}} = \frac{1}{p}\, L\left\{\frac{a}{2\sqrt{\pi}}\, \frac{e^{-\frac{a^2}{4t}}}{t\sqrt{t}}\right\} = L\left\{\int_0^t \frac{a}{2\sqrt{\pi}}\, \frac{e^{-\frac{a^2}{4\xi}}}{\xi\sqrt{\xi}}\, d\xi\right\}$$

$$= L\{A_1(t)\}$$

$$A_1(t) = \int_0^t \frac{a}{2\sqrt{\pi}}\, \frac{e^{-\frac{a^2}{4\xi}}}{\xi\sqrt{\xi}}\, d\xi. \tag{11.5,63}$$

Die Substitution

$$\frac{a}{2\sqrt{\xi}} = u, \quad du = -\frac{a\,d\xi}{4\xi\sqrt{\xi}}$$

ergibt

$$A_1(t) = \frac{2}{\sqrt{\pi}} \int_{a/(2\sqrt{t})}^{\infty} e^{-u^2}\, du =$$

$$= \frac{2}{\sqrt{\pi}} \int_0^{\infty} e^{-u^2}\, du - \frac{2}{\sqrt{\pi}} \int_0^{a/(2\sqrt{t})} e^{-u^2}\, du =$$

$$= 1 - \phi\left(\frac{a}{2\sqrt{t}}\right). \qquad (11.5,64)$$

Einsetzen von Gl.(11.5,64) in Gl.(11.5,63) ergibt die Behauptung Gl.(11.5,60), d.h.

$$L\{A_1(t)\} = L\left\{1 - \phi\left(\frac{a}{2\sqrt{t}}\right)\right\} = e^{-a\sqrt{p}} = f(p). \qquad (11.5,65)$$

Andererseits ist dann entsprechend Gl.(11.5,50) und (11.5,51)

$$A_1(t) = \frac{1}{2\pi j} \int_{-j\infty}^{+j\infty} \frac{f(p)}{p}\, e^{pt}\, dp$$

und somit

$$1 - \Phi\left(\frac{a}{2\sqrt{t}}\right) = \frac{1}{2\pi j} \int_{-j\infty}^{+j\infty} \frac{e^{-a\sqrt{p}}}{p}\, e^{pt}\, dp. \qquad (11.5,66)$$

Setzt man in Gl.(11.5,66) an Stelle von a die Größe Kl und an Stelle von t die Größe $t - t_\infty$, ergibt sich Gl.(11.5,43), was zu beweisen war.

Sachverzeichnis

Ähnlichkeitssatz 156
Antennen 126 ff
Antennenabstrahlung 115 ff
Antennendiagramm 139 f
Apertur 137
Äquivalenztheorem 136
Ausbreitungskonstante 91, 100
Ausgleichsvorgang 201
außerwesentlich singulär 180
Ausstrahlungsbedingung 14, 139

Bandleitung, Dämpfung 17 ff, 43 ff
Bandleitung, Leistungswellenwiderstand 18
Bandleitung mit Verlusten 32
Bereich, einfach zusammenhängender 173
Bereich, mehrfach zusammenhängender 174
Besselsche Funktionen 82, 215
Biot-Savart Gesetz 124

Cauchysche Integralformel 177
Cauchy-Riemannsche Differentialgleichungen 171

d'Alembert Lösung 115
Dämpfung 48, 52, 54, 78 ff
Dämpfungskonstante 77
Dämpfungskonstante, H_{mo}-Welle 62
Dämpfungskonstante, H_{on}-Welle 62
$\lambda/2$-Dipol 131 ff
Dipolmoment 123
Dirac-Funktion 166
Draht, dielektrischer 68
dünner Außenleiter 99 f

ebene Schicht 13 ff
EH-Wellen 32
Eigenfrequenz 198
Eigenfunktionen 139
Eigenwerte 63 ff, 82 ff
Eigenwerte, Bandleitung 16
Eigenwerte, dielektrische Platte 16
Eigenwerte, Gln. zur Bestimmung 16, 39
Eigenwerte, leitende Platte 16
Einheitssprung 160
Einschwingvorgang 151 ff
elektrischer Punktdipol 122
elektrostatisches Potential 116
Elementardipole 127
elliptisch 196
elliptische Drehfelder 25
Empfangscharakteristik 149
Energiepulsation 24
Entartung 59
Euler-Mascheronische Konstante 103
E-Welle 68, 118

Fernfeld 122, 127, 141
Fortpflanzungskonstante 168
Fourier-Integral 155, 158
Fourier-Reihe 153
Fourier-Transformierte 156
Fünf-Komponenten-Wellen 117
Funktion, meromorphe 180

Gaußscher Satz 147
Gaußsches Fehlerintegral 221, 226
Greensche Funktion 139
Grenzfrequenz 22
Grenzwellenlänge 46

Hankelsche Funktionen 69,94
Hauptsatz der Funktionentheorie 173

Hauptwellen 88
Heaviside Formel 197 ff
HE-Wellen 32
Hochfrequenzwiderstand 18, 219
Hohlleiter, rund 69 ff
Horizontaldiagramm 129 f, 134
H-Welle 68, 118
hybride Wellen 32
hyperelliptisch 196

Integralkosinus 135
Integralsatz von Cauchy 173
Integralsinus 162

koaxiale Leitung 94 ff
kreiszylindrisches Zweischichtenproblem 63
Kugelwellen 115 ff, 127

Längsschnittwellen 40 ff
Laplace Transformation 223
Latenzzeit 116
Laurent-Reihe 177 ff
Leistung 129
Leitfähigkeit 17, 95
Leitungsgleichungen 168
Leitungstheorie 101
Leitungswellenwiderstand 104, 168

magnetischer Kraftfluß 124
magnetischer Punktdipol 124
Maxwellsche Gleichungen 145
Mehrschichtenproblem 13 ff

Nahfeld 121
Nebenwellen 89
Nebenzipfel 144
nichtperiodische Funktionen 155

Oberflächenstromdichte 49
Oberflächenstromdichte, elektrische 136
Oberflächenstromdichte, magnetische 136
Oberflächenwellen 19 ff, 32, 82
Oberflächenwellen, rotationssymmetrische 84

periodische Funktionen 155
Phasengeschwindigkeit 19, 104
Phasenkonstante 77
Platte, dielektrische 19 ff
Power-Loss-Methode 49 ff, 54 ff, 59, 78 ff
Poyntingscher Satz 146 f
Poyntingscher Vektor 58

Rechteckhohlleiter, Dämpfung 60
Rechteckhohlleiters, Strahlungsdiagramm des offenen 140 ff
Rechteckimpuls 164
Residuensatz 180 ff
retardiertes Potential 115,117, 125
Reziprozitätstheorem 145 ff
Riemannsche Fläche 195

Schaltvorgang 206
Sendecharakteristik 149
Singularität 174
Skineffekt 29, 219
Sommerfeld-Draht 68,82 ff,112 ff
Spektralfunktion 156
Spektrum, diskretes 158
Spektrum, kontinuierliches 158
Sprungfunktion 159 ff,165
Stammfunktion 166 ff, 195
Stoßfunktion 159 ff, 165
Strahlungsdiagramm 129 f
Strahlungsfeld 126
Strahlungswiderstand 131
Stromelemente, strahlende 126
Stromverdrängung 106

Taylor-Reihe 72

totales Differential 172

Totalreflexion 25

Übertragungsfaktor 166

Vektorpotential 13, 42, 54, 57, 91, 125

Verlustleistung 49, 60 f

Verschiebungssatz 170

Vertikaldiagramm 129 f, 134

Verzweigungspunkte 195 ff

Verzweigungsschnitt 195 ff

Vierpol 149

Vierschichten-Problem, koaxial 90 ff

Wandimpedanz 49, 95 ff

Wellengleichung in Kugelkoordinaten, Lösung der 120

wesentlich singulär 180

Widerstandsmatrix 150

Zeitkonstante 205

Zweischichtenproblem, koaxial 81

Zylinderfunktionen 73

Die wissenschaftlichen Veröffentlichungen aus dem Bibliographischen Institut

B. I.-Hochschultaschenbücher, Einzelwerke und Reihen

Mathematik, Informatik, Physik, Astronomie, Philosophie, Chemie, Medizin, Ingenieurwissenschaften, Gesellschaft/Recht/Wirtschaft, Geowissenschaften

B·I

Wissenschaftsverlag
Bibliographisches Institut

Inhaltsverzeichnis

Sachgebiete

Mathematik 2
Reihen:
Jahrbuch Überblicke Mathematik 9
Methoden und Verfahren der mathematischen Physik 9
Informatik 10
Reihe: Informatik 11
Physik 12
Astronomie 15
Philosophie 15
Reihe: Grundlagen der exakten Naturwissenschaften 16
Chemie 16
Medizin 17
Ingenieurwissenschaften 17
Reihe: Theoretische und experimentelle Methoden der Regelungstechnik 19
Gesellschaft/Recht/Wirtschaft 19
Geographie, Geologie, Völkerkunde 20
B.I.-Hochschulatlanten 20

Zeichenerklärung
HTB = B.I.-Hochschultaschenbücher.
Wv = B.I.-Wissenschaftsverlag (Einzelwerke und Reihen).
M.F.O. = Mathematische Forschungsberichte Oberwolfach.
Stand: Mai 1981

Mathematik

Aitken, A. C.
Determinanten und Matrizen
142 S. mit Abb. 1969. (HTB 293)

Andrié, M./P. Meier
Lineare Algebra und analytische Geometrie. Eine anwendungsbezogene Einführung
243 S. 1977. (HTB 84)

Artmann, B./W. Peterhänsel/E. Sachs
Beispiele und Aufgaben zur linearen Algebra
150 S. 1978. (HTB 783)

Aumann, G.
Höhere Mathematik
Band I: Reelle Zahlen, Analytische Geometrie, Differential- und Integralrechnung. 243 S. mit Abb. 1970. (HTB 717)
Band II: Lineare Algebra, Funktionen mehrerer Veränderlicher. 170 S. mit Abb. 1970. (HTB 718)
Band III: Differentialgleichungen. 174 S. 1971. (HTB 761)

Bandelow, Ch.
Einführung in die Wahrscheinlichkeitstheorie
206 S. 1981. (HTB 798)

Barner, M./W. Schwarz (Hrsg.)
Zahlentheorie
235 S. 1971. (M. F. O. 5)

Behrens, E.-A.
Ringtheorie
405 S. 1975. Wv.

Böhmer, K./G. Meinardus/W. Schempp (Hrsg.)
Spline-Funktionen. Vorträge und Aufsätze
415 S. 1974. Wv.

Brandt, S.
Datenanalyse. Mit statistischen Methoden und Computerprogrammen
Etwa 450 S. 2., erw. Aufl. 1981. Wv.

Brauner, H.
Geometrie projektiver Räume
Band I: Projektive Ebenen, projektive Räume. 235 S. 1976. Wv.
Band II: Beziehungen zwischen projektiver Geometrie und linearer Algebra. 258 S. 1976. Wv.

Brosowski, B.
Nichtlineare Tschebyscheff-Approximation
153 S. 1968. (HTB 808)

Brosowski, B./R. Kreß
Einführung in die numerische Mathematik
Teil I: Gleichungssysteme, Approximationstheorie. 223 S. 1975. (HTB 202)
Teil II: Interpolation, numerische Integration, Optimierungsaufgaben. 124 S. 1976. (HTB 211)

Brunner, G.
Homologische Algebra
213 S. 1973. Wv.

Cartan, H.
Differentialformen
250 S. 1974. Wv.

Cartan, H.
Differentialrechnung
236 S. 1974. Wv.

Cartan, H.
Elementare Theorie der analytischen Funktionen einer oder mehrerer komplexen Veränderlichen
236 S. mit Abb. 1966. (HTB 112)

Cigler, J./H.-C. Reichel
Topologie. Eine Grundvorlesung
257 S. 1978. (HTB 121)

Degen, W./K. Böhmer
Gelöste Aufgaben zur Differential- und Integralrechnung
Band I: Eine reelle Veränderliche. 254 S. 1971. (HTB 762)

Dombrowski, P.
Differentialrechnung I und Abriß der linearen Algebra
271 S. mit Abb. 1970. (HTB 743)

Egle, K.
Graphen und Präordnungen
207 S. 2. Aufl. 1981. Wv.

Eisenack, G./C. Fenske
Fixpunkttheorie
258 S. 1978. Wv.

Elsgolc, L. E.
Variationsrechnung
157 S. mit Abb. 1970. (HTB 431)

Eltermann, H.
Grundlagen der praktischen Matrizenrechnung
128 S. mit Abb. 1969. (HTB 434)

Erwe, F.
Differential- und Integralrechnung
Band I: Differentialrechnung. 364 S. mit Abb. 1962. (HTB 30)
Band II: Integralrechnung. 197 S. mit 50 Abb. 1973. (HTB 31)

Erwe, F.
Gewöhnliche Differentialgleichungen
152 S. mit 11 Abb. 1964. (HTB 19)

Erwe, F.
Reelle Analysis
(Reihe: Mathematik für Physiker, Band 5)
360 S. 1978. Wv.

Erwe F./E. Peschl
Partielle Differentialgleichungen erster Ordnung
133 S. 1973. (HTB 87)

Felscher, W.
Naive Mengen und abstrakte Zahlen
Band I: Die Anfänge der Mengenlehre und die natürlichen Zahlen. 260 S. 1978. Wv.
Band II: Die Struktur der algebraischen und der reellen Zahlen. 222 S. 1978. Wv.
Band III: Transfinite Methoden. 272 S. 1979. Wv.

Fuchssteiner, B./D. Laugwitz
Funktionalanalysis
(Reihe: Mathematik für Physiker, Band 9)
219 S. 1974. Wv.

Gericke, H.
Geschichte des Zahlbegriffs
163 S. mit Abb. 1970. (HTB 172)

Goffman, C.
Reelle Funktionen
331 S. Aus dem Englischen. 1976. Wv.

Gröbner, W.
Algebraische Geometrie
Band I: Allgemeine Theorie der kommutativen Ringe und Körper.
193 S. 1968. (HTB 273)

Gröbner, W.
Differentialgleichungen I.
Gewöhnliche Differentialgleichungen
(Reihe: Mathematik für Physiker, Band 6)
188 S. 1977. Wv.

Gröbner, W.
Differentialgleichungen II.
Partielle Differentialgleichungen
(Reihe: Mathematik für Physiker, Band 7)
157 S. 1977. Wv.

Gröbner, W.
Matrizenrechnung
276 S. mit Abb. 1966. (HTB 103)

Gröbner, W./H. Knapp
Contributions to the Method of Lie Series
In englischer Sprache.
265 S. 1967. (HTB 802)

Grotemeyer, K. P./E. Letzner/ R. Reinhardt
Topologie
187 S. mit Abb. 1969. (HTB 836)

Hämmerlin, G.
Numerische Mathematik I
Band I: Approximation, Interpolation, Numerische Quadratur, Gleichungssysteme.
199 S. 2., überarbeitete Aufl. 1978. (HTB 498)

Hasse, H./P. Roquette (Hrsg.)
Algebraische Zahlentheorie
272 S. 1966. (M.F.O. 2)

Heidler, K./H. Hermes/ F.-K. Mahn
Rekursive Funktionen
248 S. 1977. Wv.

Heil, E.
Differentialformen
207 S. 1974. Wv.

Hein, O.
Graphentheorie für Anwender
141 S. 1977. (HTB 83)

Hein, O.
Statistische Verfahren der Ingenieurpraxis
197 S. Mit 5 Tabellen, 6 Diagrammen, 43 Beispielen. 1978. (HTB 119)

Hellwig, G.
Höhere Mathematik
Band I/1. Teil: Zahlen, Funktionen, Differential- und Integralrechnung einer unabhängigen Variablen.
284, IX S. 1971. (HTB 553)

Band I/2. Teil: Theorie der Konvergenz, Ergänzungen zur Integralrechnung, das Stieltjes-Integral.
137 S. 1972. (HTB 560)

Hengst, M.
Einführung in die mathematische Statistik und ihre Anwendung
259 S. mit Abb. 1967. (HTB 42)

Henze, E.
Einführung in die Maßtheorie
235 S. 1971. (HTB 505)

Heyer, H.
Einführung in die Theorie Markoffscher Prozesse
253 S. 1979. Wv.

Hirzebruch, F./W. Scharlau
Einführung in die Funktionalanalysis
178 S. 1971. (HTB 296)

Hlawka, E.
Theorie der Gleichverteilung
152 S. 1979. Wv.

Holmann, H./H. Rummler
Alternierende Differentialformen
257 S. 2., durchgesehene Aufl.
1981. Wv.

Horvath, H.
Rechenmethoden und ihre Anwendung in Physik und Chemie
142 S. 1977. (HTB 78)

Hoschek, J.
Liniengeometrie
VI, 263 S. mit Abb. 1971. (HTB 733)

Hoschek, J./G. Spreitzer
Aufgaben zur darstellenden Geometrie
229 S. mit Abb. 1974. Wv.

Ince, E. L.
Die Integration gewöhnlicher Differentialgleichungen
180 S. Aus dem Englischen. 1965.
(HTB 67)

Joachim, E.
Einführung in die Algebra
168 S. 2. Aufl. 1980. (HTB 138)

Jordan-Engeln, G./F. Reutter
Formelsammlung zur Numerischen Mathematik mit Fortran 77-Programmen
Etwa 380 S. 3., überarb. und erweiterte Aufl. 1981. (HTB 106)

Jordan-Engeln, G./F. Reutter
Numerische Mathematik für Ingenieure
XIV, 364 S. mit Abb. 2., überarbeitete Aufl. 1978. (HTB 104)

Kaiser, R./G. Gottschalk
Elementare Tests zur Beurteilung von Meßdaten
68 S. 1972. (HTB 774)

Kießwetter, K.
Reelle Analysis einer Veränderlichen. Ein Lern- und Übungsbuch
316 S. 1975. (HTB 269)

Kießwetter, K./R. Rosenkranz
Lösungshilfen für Aufgaben zur reellen Analysis einer Veränderlichen
231 S. 1976. (HTB 270)

Klingbeil, E.
Tensorrechnung für Ingenieure
197 S. mit Abb. 1966. (HTB 197)

Klingbeil, E.
Variationsrechnung
332 S. 1977. Wv.

Klingenberg, W. (Hrsg.)
Differentialgeometrie im Großen
351 S. 1971. (M.F.O. 4)

Klingenberg, W./P. Klein
Lineare Algebra und analytische Geometrie
Band I: Grundbegriffe, Vektorräume.
XII, 288 S. 1971. (HTB 748)
Band II: Determinanten, Matrizen, Euklidische und unitäre Vektorräume.
XVIII, 404 S. 1972. (HTB 749)

Klingenberg, W./P. Klein
Lineare Algebra und analytische Geometrie. Übungen zu Band I–II
VIII, 172 S. 1973. (HTB 750)

Laugwitz, D.
Infinitesimalkalkül. Kontinuum und Zahlen. Eine elementare Einführung in die Nichtstandard-Analysis
187 S. 1978. Wv.

Laugwitz, D.
Ingenieurmathematik
Band I: Zahlen, analytische Geometrie, Funktionen.
158 S. mit 43 Abb. 1964. (HTB 59)
Band II: Differential- und Integralrechnung.
152 S. mit 43 Abb. 1964. (HTB 60)
Band III: Gewöhnliche Differentialgleichungen.
141 S. 1964. (HTB 61)
Band IV: Fourier-Reihen, verallgemeinerte Funktionen, mehrfache Integrale, Vektoranalysis, Differentialgeometrie, Matrizen, Elemente der Funktionalanalysis.
196 S. mit Abb. 1967. (HTB 62)
Band V: Komplexe Veränderliche.
158 S. mit Abb. 1965. (HTB 93)

Laugwitz, D./C. Schmieden
Aufgaben zur Ingenieurmathematik
182 S. 1966. (HTB 95)

Lebedew, N. N.
Spezielle Funktionen und ihre Anwendung
372 S. mit Abb. Aus dem Russischen. 1973. Wv.

Lighthill, M. J.
Einführung in die Theorie der Fourieranalysis und der verallgemeinerten Funktionen
96 S. mit Abb. Aus dem Englischen. 1966. (HTB 139)

Lingenberg, R.
Grundlagen der Geometrie
224 S. mit Abb. 3., durchgesehene Aufl. 1978. Wv.

Lingenberg, R.
Lineare Algebra
161 S. 1969. (HTB 828)

Lorenzen, P.
Metamathematik
175 S. 2. Aufl. 1980. Wv.

Lüneburg, H.
Galoisfelder, Kreisteilungskörper und Schieberegisterfolgen
143 S. 1979. Wv.

Lutz, D.
Topologische Gruppen
175 S. 1976. Wv.

Mainzer, K.
Geschichte der Geometrie
232 S. 1980. Wv.

Marsal, D.
Die numerische Lösung partieller Differentialgleichungen in Wissenschaft und Technik
XXVIII, 574 S. mit Abb. 1976. Wv.

Martensen, E.
Analysis.
Für Mathematiker, Physiker, Ingenieure
Band I: Grundlagen der Infinitesimalrechnung.
IX, 200 S. 2. Aufl. 1976. (HTB 832)
Band II: Aufbau der Infinitesimalrechnung.
VIII, 176 S. 2., neu bearbeitete Aufl. 1978. (HTB 833)
Band III: Gewöhnliche Differentialgleichungen.
IX, 237 S. mit 52 Abb. 2., neu bearbeitete Aufl. 1980. (HTB 834)

Meinardus, G.
Approximation in Theorie und Praxis. Ein Symposiumsbericht
304 S. 1979. Wv.

Meinardus, G./G. Merz
Praktische Mathematik I.
Für Ingenieure, Mathematiker und Physiker
346 S. 1979. Wv.

Meschkowski, H.
Einführung in die moderne Mathematik
214 S. mit 44 Abb. 3., verbesserte Aufl. 1971. (HTB 75)

Meschkowski, H.
Elementare Wahrscheinlichkeitsrechnung und Statistik
(Reihe: Mathematik für Physiker, Band 3)
188 S. 1972. Wv.

Meschkowski, H.
Funktionen
(Reihe: Mathematik für Physiker, Band 2)
179 S. mit 66 Abb. 1970. Wv.

Meschkowski, H.
Grundlagen der Euklidischen Geometrie
231 S. mit 145 Abb. 2., verbesserte Aufl. 1974. Wv.

Meschkowski, H.
Mathematik und Realität. Vorträge und Aufsätze.
184 S. 1979. Wv.

Meschkowski, H.
Mathematiker-Lexikon
342 S. 3., überarbeitete und ergänzte Aufl. 1980. Wv.

Meschkowski, H.
Mathematisches Begriffswörterbuch
315 S. mit Abb. 4. Aufl. 1976. (HTB 99)

Meschkowski, H.
Mehrsprachenwörterbuch mathematischer Begriffe
135 S. 1972. Wv.

Meschkowski, H.
Problemgeschichte der Mathematik I
206 S. 1979. Wv.

Meschkowski, H.
Problemgeschichte der Mathematik II
235 S. 1981. Wv.

Meschkowski, H.
Problemgeschichte der neueren Mathematik (1800–1950)
314 S. mit Abb. 1978. Wv.

Meschkowski, H.
Richtigkeit und Wahrheit in der Mathematik
219 S. 2., durchgesehene Aufl. 1978. Wv.

Meschkowski, H.
Unendliche Reihen
Etwa 330 S. 2., verb. und erweiterte Aufl. 1981. Wv.

Meschkowski, H.
Ungelöste und unlösbare Probleme der Geometrie
204 S. 2., verb. und erweiterte Aufl. 1975. Wv.

Meschkowski, H.
Wahrscheinlichkeitsrechnung
233 S. mit Abb. 1968. (HTB 285)

Meschkowski, H.
Zahlen
(Reihe: Mathematik für Physiker, Band 1)
174 S. mit 37 Abb. 1970. Wv.

Meschkowski, H./I. Ahrens
Theorie der Punktmengen
183 S. mit Abb. 1974. Wv.

Niven, I./H. S. Zuckerman
Einführung in die Zahlentheorie
Band I: Teilbarkeit, Kongruenzen, quadratische Reziprozität u. a.
213 S. Aus dem Englischen. 1976. (HTB 46)
Band II: Kettenbrüche, algebraische Zahlen, die Partitionsfunktion u. a.
186 S. Aus dem Englischen. 1976. (HTB 47)

Noble, B.
Numerisches Rechnen
Band II: Differenzen, Integration und Differentialgleichungen.
246 S. Aus dem Englischen. 1973. (HTB 147)

Oberschelp, A.
Elementare Logik und Mengenlehre
Band I: Die formalen Sprachen, Logik.
254 S. 1974. (HTB 407)
Band II: Klassen, Relationen, Funktionen, Anfänge der Mengenlehre.
229 S. 1978. (HTB 408)

Peschl, E.
Differentialgeometrie
92 S. 1973. (HTB 80)

Peschl, E.
Funktionentheorie
Band I: 274 S. mit Abb. 1967. (HTB 131)

Poguntke, W./R. Wille
Testfragen zur Analysis I
117 S. 2. Aufl. 1980. (HTB 781)

Preuß, G.
Grundbegriffe der Kategorientheorie
105 S. 1975. (HTB 739)

Reiffen, H.-J./G. Scheja/U. Vetter
Algebra
272 S. mit Abb. 1969. (HTB 110)

Reiffen, H.-J./H. W. Trapp
Einführung in die Analysis
Band II: Theorie der analytischen und differenzierbaren Funktionen.
260 S. 1973. (HTB 786)

Rommelfanger, H.
Differenzen- und Differentialgleichungen
232 S. 1977. Wv.

Rottmann, K.
Mathematische Formelsammlung
176 S. mit 39 Abb. 1962. (HTB 13)

Rottmann, K.
Mathematische Funktionstafeln
208 S. 1959. (HTB 14)

Rottmann, K.
Siebenstellige dekadische Logarithmen
194 S. 1960. (HTB 17)

Rottmann, K.
Siebenstellige Logarithmen der trigonometrischen Funktionen
440 S. 1961. (HTB 26)

Rutsch, M.
Wahrscheinlichkeit I
350 S. mit Abb. 1974. Wv.

Rutsch, M./K.-H. Schriever
Wahrscheinlichkeit II
404 S. mit Abb. 1976. Wv.

Rutsch, M./K.-H. Schriever
Aufgaben zur Wahrscheinlichkeit
267 S. mit Abb. 1974. Wv.

Schick, K.
Lineare Optimierung
331 S. mit Abb. 1976. (HTB 64)

Schmidt, J.
Mengenlehre. Einführung in die axiomatische Mengenlehre
Band I: 245 S. mit Abb. 2., verb. und erweiterte Aufl. 1974. (HTB 56)

Schwabhäuser, W.
Modelltheorie
Band II: 123 S. 1972. (HTB 815)

Schwartz, L.
Mathematische Methoden der Physik
Band I: Summierbare Reihen, Lebesque-Integral, Distributionen, Faltung. 184 S. 1974. Wv.

Schwarz, W.
Einführung in die Siebmethoden der analytischen Zahlentheorie
215 S. 1974. Wv.

Spallek, K.
Kurven und Karten
272 S. 1980. Wv.

Tamaschke, O.
Permutationsstrukturen
276 S. 1969. (HTB 710)

Tamaschke, O.
Schur-Ringe
240 S. 1970. (HTB 735)

Teichmann, H.
Physikalische Anwendungen der Vektor- und Tensorrechnung
231 S. mit 64 Abb. 3. Aufl. 1975. (HTB 39)

Uhde, K.
Spezielle Funktionen der mathematischen Physik
Band I: Tafeln, Zylinderfunktionen. 267 S. 1964. (HTB 55)

Voigt, A./J. Wloka
Hilberträume und elliptische Differentialoperatoren
260 S. 1975. Wv.

Waerden, B. L. van der
Mathematik für Naturwissenschaftler
280 S. mit 167 Abb. 1975. (HTB 281)

Wagner, K.
Graphentheorie
220 S. mit Abb. 1970. (HTB 248)

Walter, R.
Differentialgeometrie
286 S. 1978. Wv.

Walter, W.
Einführung in die Theorie der Distributionen
VIII, 211 S. mit Abb. 1974. Wv.

Weizel, R./J. Weyland
Gewöhnliche Differentialgleichungen. Formelsammlung mit Lösungsmethoden und Lösungen
194 S. mit Abb. 1974. Wv.

Werner, H.
Einführung in die allgemeine Algebra
152 S. 1978. (HTB 120)

Werner, H. und I./P. Janßen/ H. Arndt
Probleme der praktischen Mathematik. Eine Einführung
Band I: mathematische Hilfsmittel, Fehlertheorie, Lösung von Gleichungssystemen u. a.
159 S. 2. Aufl. 1980. (HTB 134)
Band II: Interpolation, Approximation, numerische Differentiation und Integration, gewöhnliche Differentialgleichungen u. a.
169 S. 2. Aufl. 1980. (HTB 135)

Wollny, W.
Reguläre Parkettierung der euklidischen Ebene durch unbeschränkte Bereiche
316 S. mit Abb. 1970. (HTB 711)

Wunderlich, W.
Darstellende Geometrie
Band I: 187 S. mit Abb. 1966. (HTB 96)
Band II: 234 S. mit Abb. 1967. (HTB 133)

Reihe: Jahrbuch Überblicke Mathematik

Herausgegeben von Prof. Dr. S. D. Chatterji, Eidgen. Techn. Hochschule Lausanne, Prof. Dr. Benno Fuchssteiner, Gesamthochschule Paderborn, Prof. Dr. Ulrich Kulisch, Universität Karlsruhe, Prof. Dr. Detlef Laugwitz, Techn. Hochschule Darmstadt, Prof. Dr. Roman Liedl, Universität Innsbruck.

Jahrbuch Überblicke Mathematik 1975. 181 S. mit Abb. 1975. Wv.

Jahrbuch Überblicke Mathematik 1976. 204 S. mit Abb. 1976. Wv.

Jahrbuch Überblicke Mathematik 1978. 224 S. 1978. Wv.

Jahrbuch Überblicke Mathematik 1979. 206 S. 1979. Wv.

Jahrbuch Überblicke Mathematik 1980. 214 S. 1980. Wv.

Jahrbuch Überblicke Mathematik 1981. 264 S. 1981. Wv.

Reihe: Überblicke Mathematik

Herausgegeben von Prof. Dr. Detlef Laugwitz, Techn. Hochschule Darmstadt.

Band 1: 213 S. 1968. (HTB 161)
Band 2: 210 S. 1969. (HTB 232)
Band 3: 157 S. 1970. (HTB 247)
Band 4: 123 S. 1972. Wv.
Band 5: 186 S. 1972. Wv.
Band 6: 242 S. mit Abb. 1973. Wv.
Band 7: 265, II S. mit Abb. 1974. Wv.

Reihe: Methoden und Verfahren der mathematischen Physik

Herausgegeben von Prof. Dr. Bruno Brosowski, Universität Frankfurt, und Prof. Dr. Erich Martensen, Universität Karlsruhe.

Band 1: 183 S. 1969. (HTB 720)
Band 2: 179 S. 1970. (HTB 721)
Band 3: 176 S. 1970. (HTB 722)
Band 4: 177 S. 1971. (HTB 723)
Band 5: 199 S. 1971. (HTB 724)
Band 6: 163 S. 1972. (HTB 725)
Band 7: 176 S. 1972. (HTB 726)
Band 8: 222 S. mit Abb. 1973. Wv.
Band 9: 201 S. mit Abb. 1973. Wv.
Band 10: 184 S. 1973. Wv.
Band 11: 190 S. mit Abb. 1974. Wv.
Band 12: 214 S. mit Abb. 1975. Mathematical Geodesy, Part 1. Wv.

Band 13: 206 S. mit Abb. 1975.
Mathematical Geodesy, Part 2. Wv.
Band 14: 176 S. mit Abb. 1975.
Mathematical Geodesy, Part 3. Wv.
Band 15: 166 S. 1976. Wv.
Band 16: 180 S. 1976. Wv.

Informatik

Alefeld, G./J. Herzberger/ O. Mayer
Einführung in das Programmieren mit ALGOL 60
164 S. 1972. (HTB 777)

Bosse, W.
Einführung in das Programmieren mit ALGOL W
249 S. 1976. (HTB 784)

Breuer, H.
Algol-Fibel
120 S. mit Abb. 1973. (HTB 506)

Breuer, H.
Fortran-Fibel
85 S. mit Abb. 1969. (HTB 204)

Breuer, H.
PL/1-Fibel
106 S. 1973. (HTB 552)

Breuer, H.
Taschenwörterbuch der Programmiersprachen ALGOL, FORTRAN, PL/1
157 S. 1976. (HTB 181)

Bruderer, H. E.
Nichtnumerische Datenverarbeitung
267 S. mit 60 Abb. 2. Aufl. 1980. Wv.

Dotzauer, E.
Einführung in APL
248 S. 1978. (HTB 753)

Haase, V./W. Stucky
BASIC
Programmieren für Anfänger
230 S. 1977. (HTB 744)

Händler, W./G. Nees (Hrsg.)
Rechnergestützte Aktivitäten CAD
176 S. 1980. (Wv)

Hainer, K.
Numerische Algorithmen auf programmierbaren Taschenrechnern
263 S. 1980. (HTB 805)

Kaucher, E./R. Klatte/Ch. Ullrich
Programmiersprachen im Griff
Band 1: FORTRAN
310 S. 1980. (HTB 795)
Band 2: PASCAL
359 S. 1981. (HTB 796)

Mell, W.-D./P. Preus/P. Sandner
Einführung in die Progammiersprache PL/1
304 S. 1974. (HTB 785)

Mickel, K.-P.
Einführung in die Programmiersprache COBOL
219 S. 2., verbesserte Aufl. 1980. (HTB 745)

Müller, K. H./I. Streker
FORTRAN. Programmierungsanleitung
215 S. 2. Aufl. 1970. (HTB 804)

Rohlfing, H.
PASCAL. Eine Einführung
217 S. 1978. (HTB 756)

Rohlfing, H.
SIMULA
243 S. mit Abb. 1973. (HTB 747)

Schließmann, H.
Programmierung mit PL/1
206 S. 2., erweiterte Aufl. 1978. (HTB 740)

Weber, H./J. Grami
Numerische Verfahren für programmierbare Taschenrechner I
192 S. 1980. (HTB 803)

Zimmermann, G./J. Höffner
Elektrotechnische Grundlagen der Informatik II
Wechselstromlehre, Leitungen, analoge u. digitale Verarbeitung kontinuierlicher Signale.
194 S. mit Abb. 1974. (HTB 790)

Reihe: Informatik

Herausgegeben von Prof. Dr. Karl Heinz Böhling, Universität Bonn, Prof. Dr. Ulrich Kulisch, Universität Karlsruhe und Prof. Dr. Hermann Maurer, Technische Universität Graz.

Band 1:
Maurer, H.
Theoretische Grundlagen der Programmiersprachen. Theorie der Syntax
254 S. Unveränderter Neudruck 1977. Wv.

Band 2:
Heinhold, J./U. Kulisch
Analogrechnen
242 S. mit Abb. 1976. Wv.

Band 7:
Kameda, T./K. Weihrauch
Einführung in die Codierungstheorie
Teil I: 218 S. 1973. Wv.

Band 8:
Reusch, B.
Lineare Automaten
149 S. mit Abb. 1969. (HTB 708)

Band 9:
Henrici, P.
Elemente der numerischen Analysis
Teil I: 227 S. 1972. (HTB 551)

Band 10:
Böhling, K. H./G. Dittrich
Endliche stochastische Automaten
138 S. 1972. (HTB 766)

Band 11:
Seegmüller, G.
Einführung in die Systemprogrammierung
480 S. mit 83 Abb. 1974. Wv.

Band 12:
Alefeld, G./J. Herzberger
Einführung in die Intervallrechnung
XIII, 398 S. mit Abb. 1974. Wv.

Band 13:
Duske, J./H. Jürgensen
Codierungstheorie
235 S. 1977. Wv.

Band 14:
Böhling, K. H./B. v. Braunmühl
Komplexität bei Turingmaschinen
324 S. 1974. Wv.

Band 15:
Peters, F. E.
Einführung in mathematische Methoden der Informatik
348 S. 1974. Wv.

Band 16:
Wedekind, H.
Datenbanksysteme I
Etwa 240 S. 2., völlig neu bearb. Aufl. 1981. Wv.

Band 18:
Wedekind, H./T. Härder
Datenbanksysteme II
430 S. mit Abb. 1976. Wv.

Band 19:
Kulisch, U.
Grundlagen des numerischen Rechnens. Mathematische Begründung der Rechnerarithmetik
467 S. 1976. Wv.

Band 20:
Zima, H.
Betriebssysteme. Parallele Prozesse
325 S. 2. Aufl. 1980. Wv.

Band 21:
Mies, P./D. Schütt
Feldrechner
150 S. 1976. Wv.

Band 22:
Denert, E./R. Franck
Datenstrukturen
362 S. 1977. Wv.

Band 23:
Ecker, K.
Organisation von parallelen Prozessen. Theorie deterministischer Schedules
280 S. 1977. Wv.

Band 24:
Kaucher, E./R. Klatte/Ch. Ullrich
Höhere Programmiersprachen ALGOL, FORTRAN, PASCAL in einheitlicher und übersichtlicher Darstellung
258 S. 1978. Wv.

Band 25:
Motsch, W.
Halbleiterspeicher. Technik, Organisation und Anwendung
237 S. 1978. Wv.

Band 26:
Görke, W.
Mikrorechner. Eine Einführung in ihre Technik und Funktion
251 S. 2., überarbeitete und erweiterte Aufl. 1980. Wv.

Band 27:
Mayer, O.
Syntaxanalyse
432 S. 1978. Wv.

Band 28:
Schrack, G.
Grafische Datenverarbeitung. Eine Einführung
264 S. 1978. Wv.

Band 29:
Waller, H./P. Hilgers
Mikroprozessoren. Vom Bauteil zur Anwendung
332 S. mit Abb. 1980. Wv.

Band 30:
Reusch, P.
Informationssysteme, Dokumentationssprachen, Data Dictionaries. Eine Einführung
216 S. 1980. Wv.

Band 31:
Ershov, A. P.
Einführung in die Theoretische Programmierung. Gespräche über die Methode
Etwa 450 S. mit Abb. Aus dem Russischen. 1981. Wv.

Band 32:
Koch, G.
Maschinennahes Programmieren von Mikrocomputern
274 S. 1981. Wv.

Band 33:
Stetter, F.
Softwaretechnologie. Eine Einführung
303 S. 1981. Wv.

Band 34:
Balzert, H.
Die Entwicklung von Software-Systemen. Prinzipien, Methoden, Sprachen, Werkzeuge
Etwa 300 S. 1981. Wv.

Physik

Baltes, H. P./E. R. Hilf
Spectra of Finite Systems
116 S. In englischer Sprache. 1976. Wv.

Barut, A. O.
Die Theorie der Streumatrix für die Wechselwirkungen fundamentaler Teilchen
Band I: Gruppentheoretische Beschreibung der S-Matrix.
225 S. mit Abb. Aus dem Englischen. 1971. (HTB 438)
Band II: Grundlegende Teilchenprozesse.
212 S. mit Abb. Aus dem Englischen. 1971. (HTB 555)

Bethge, K.
Quantenphysik. Eine Einführung in die Atom- und Molekülphysik
271 S. 1978. Wv. Unter Mitarbeit von Dr. G. Gruber, Universität Frankfurt.

Bjorken, J. D./S. D. Drell
Relativistische Quantenmechanik
312 S. mit Abb. 1966. Aus dem Englischen. (HTB 98)

Bjorken, J. D./S. D. Drell
Relativistische Quantenfeldtheorie
409 S. Unveränderter Neudruck 1978. Aus dem Englischen. (HTB 101)

Bleuler, K./H. R. Petry/D. Schütte (Hrsg.)
Mesonic Effects in Nuclear Structure
181 S. mit Abb. In englischer Sprache. 1975. Wv.

Blum, P./K. Schuchardt/V. Gärtner
Die Hochatmosphäre. Eine Einführung
Etwa 250 S. mit zahlr. Abb. 1981. Wv.

Bodenstedt, E.
Experimente der Kernphysik und ihre Deutung
Band I: 290 S. mit Abb. 2., durchgesehene Aufl. 1979. Wv.
Band II: XIV, 293 S. mit Abb. 2., durchgesehene Aufl. 1978. Wv.
Band III: 303 S. mit Abb. 2., durchgesehene Aufl. 1979. Wv.

Borucki, H.
Einführung in die Akustik
236 S. 2., durchgesehene Aufl. 1980. Wv.

Donner, W.
Einführung in die Theorie der Kernspektren
Band II: Erweiterung des Schalenmodells, Riesenresonanzen. 107 S. mit Abb. 1971. (HTB 556)

Eder, G.
Quantenmechanik I
273 S. 2. Aufl. 1980. Wv.

Eder, G.
Atomphysik Quantenmechanik II
259 S. 1978. Wv.

Eder, G.
Elektrodynamik
273 S. 1967. (HTB 233)

Emendörfer, D./K. H. Höcker
Theorie der Kernreaktoren
Band 1: Der stationäre Reaktor. Etwa 380 S. mit Abb. 2., neu bearbeitete Aufl. 1981. Wv.

Fick, D.
Einführung in die Kernphysik mit polarisierten Teilchen
VI, 255 S. mit Abb. 1971. (HTB 755)

Gasiorowicz, S.
Elementarteilchenphysik
742 S. mit 119 Abb. 1975. Aus dem Englischen. Wv.

Groot, S. R. de
Thermodynamik irreversibler Prozesse
216 S. mit 4 Abb. 1960. Aus dem Englischen. (HTB 18)

Groot, S. R. de/P. Mazur
Anwendung der Thermodynamik irreversibler Prozesse
349 S. 1974. Aus dem Englischen. Wv.

Haken, H.
Licht und Materie I. Elemente der Quantenoptik
155 S. 1979. Wv.

Haken, H.
Licht und Materie II. Laser
Etwa 160 S. 1981. Wv.

Heisenberg, W.
Physikalische Prinzipien der Quantentheorie
117 S. mit 22 Abb. 1958. (HTB 1)

Henley, E. M./W. Thirring
Elementare Quantenfeldtheorie
336 S. mit Abb. 1975. Aus dem Englischen. Wv.

Hund, F.
Geschichte der physikalischen Begriffe
Teil I: Die Entstehung des mechanischen Naturbildes. 221 S. 2., neu bearbeitete Aufl. 1978. (HTB 543)
Teil II: Die Wege zum heutigen Naturbild. 233 S. 2., neu bearbeitete Aufl. 1978. (HTB 544)

Hund, F.
Geschichte der Quantentheorie
262 S. mit Abb. 2. Aufl. 1975. Wv.

Hund, F.
Grundbegriffe der Physik
Teil I: Makroskopische Vorgänge.
150 S. mit Abb. 2., neu bearbeitete Aufl. 1979. (HTB 449)
Teil II: Mikroskopischer Hintergrund.
151 S. mit Abb. 2., neu bearbeitete Aufl. 1979. (HTB 450)

Källén, G./J. Steinberger
Elementarteilchenphysik
687 S. mit Abb. 2., verbesserte Aufl. 1974. Aus dem Englischen. Wv.

Kippenhahn, R./C. Möllenhoff
Elementare Plasmaphysik
297 S. mit Abb. 1975. Wv.

Luchner, K.
Aufgaben und Lösungen zur Experimentalphysik
Band I: Mechanik, geometrische Optik, Wärme.
158 S. mit Abb. 1967. (HTB 155)
Band II: Elektromagnetische Vorgänge.
150 S. mit Abb. 1966. (HTB 156)
Band III: Grundlagen zur Atomphysik.
125 S. mit Abb. 1973. (HTB 157)

Lüscher, E.
Experimentalphysik
Band I: Mechanik, geometrische Optik, Wärme.
Band I/1. Teil: 260 S. mit Abb. 1967. (HTB 111)
Band I/2. Teil: 215 S. mit Abb. 1967. (HTB 114)
Band II: Elektromagnetische Vorgänge.
Etwa 330 S. 2., überarb. Aufl. 1981. (HTB 115)

Lüst, R.
Hydrodynamik
234 S. 1978. Wv.

Mitter, H.
Elektrodynamik
391 S. 1980. (HTB 707)

Mitter, H.
Quantentheorie
313 S. mit Abb. 2. Aufl. 1979. (HTB 701)

Møller, C.
Relativitätstheorie
316 S. 1977. Wv.

Neff, H.
Physikalische Meßtechnik
160 S. mit Abb. 1976. (HTB 66)

Neuert, H.
Experimentalphysik für Mediziner, Zahnmediziner, Pharmazeuten und Biologen
292 S. mit Abb. 1969. (HTB 712)

Neuert, H.
Physik für Naturwissenschaftler
Band I: Mechanik und Wärmelehre.
173 S. 1977. (HTB 727)
Band II: Elektrizität und Magnetismus, Optik. 198 S. 1977. (HTB 728)
Band III: Atomphysik, Kernphysik, chemische Analyseverfahren.
326 S. 1978. (HTB 729)

Nitsch, J./J. Pfarr/ E.-W. Stachow (Hrsg.)
Grundlagenprobleme der modernen Physik
Etwa 180 S. 1981. Wv.

Rollnik, H.
Physikalische und mathematische Grundlagen der Elektrodynamik
217 S. mit ca. 30 Abb. 1976. (HTB 297)

Rollnik, H.
Teilchenphysik
Band I: Grundlegende Eigenschaften von Elementarteilchen.
Etwa 188 S. 2. Aufl. 1981. (HTB 706)
Band II: Innere Symmetrien der Elementarteilchen.
158 S. mit Abb. z. T. farbig. 1971. (HTB 759)

Rose, M. E.
Relativistische Elektronentheorie
Band I: 193 S. mit Abb. 1971. Aus dem Englischen. (HTB 422)
Band II: 171 S. mit Abb. 1971. Aus dem Englischen. (HTB 554)

Scherrer, P./P. Stoll
Physikalische Übungsaufgaben
Band I: Mechanik und Akustik.
96 S. mit 44 Abb. 1962. (HTB 32)
Band II: Optik, Thermodynamik, Elektrostatik.
103 S. mit Abb. 1963. (HTB 33)
Band III: Elektrizitätslehre, Atomphysik.
103 S. mit Abb. 1964. (HTB 34)

Schütte, D./K. Holinde/ K. Bleuler (Hrsg.)
The Meson Theory of Nuclear Forces and Nuclear Matter
393 S. 1980. Wv.

Seiler, H.
Abbildungen von Oberflächen mit Elektronen, Ionen und Röntgenstrahlen
131 S. mit Abb. 1968. (HTB 428)

Sexl, R. U./H. K. Urbantke
Gravitation und Kosmologie. Eine Einführung in die Allgemeine Relativitätstheorie
335 S. mit Abb. 1975. Wv.

Teichmann, H.
Einführung in die Atomphysik
135 S. mit 47 Abb. 3. Auflage 1966. (HTB 12)

Teichmann, H.
Halbleiter
156 S. mit 55 Abb. 3. Auflage 1969. (HTB 21)

Wagner, C.
Methoden der naturwissenschaftlichen und technischen Forschung
219 S. mit Abb. 1974. Wv.

Wehefritz, V.
Physikalische Fachliteratur
171 S. 1969. (HTB 440)

Weizel, W.
Einführung in die Physik
Band III: Optik und Atomphysik. 194 S. mit 99 Abb. 5. Auflage 1963. (HTB 5)

Weizel, W.
Physikalische Formelsammlung
Band II: Optik, Thermodynamik, Relativitätstheorie.
148 S. 1964. (HTB 36)
Band III: Quantentheorie.
196 S. mit zweifarbigem Druck der Formeln. 1966. (HTB 37)

Zimmermann, P.
Eine Einführung in die Theorie der Atomspektren
91 S. mit Abb. 1976. (Wv)

Astronomie

Becker, F.
Geschichte der Astronomie
201 S. 4. Aufl. 1980. Wv.

Schaifers, K.
Atlas zur Himmelskunde
88 S. 1969. (HTB 308)

Scheffler, H./H. Elsässer
Physik der Sterne und der Sonne
535 S. mit Abb. 1974. Wv.

Schneider, M.
Himmelsmechanik
480 S. mit Abb. 2., verbesserte Aufl. 1981. Wv.

Schurig, R./P. Götz/K. Schaifers
Himmelsatlas (Tabuale caelestes)
44 S. 8. Aufl. 1960. Wv.

Voigt, H. H.
Abriß der Astronomie
558 S. mit Abb. 3., überarbeitete Aufl. 1980. Wv.

Philosophie

Enzyklopädie Philosophie und Wissenschaftstheorie in 3 Bänden
Herausgegeben von Jürgen Mittelstraß. Rund 4000 Stichwörter auf etwa 2400 Seiten. Wv.

Kamlah, W.
Philosophische Anthropologie. Sprachkritische Grundlegung und Ethik
192 S. 1973. (HTB 238)

Kamlah, W.
Von der Sprache zur Vernunft. Philosophie und Wissenschaft in der neuzeitlichen Profanität
230 S. 1975. Wv.

Kamlah, W./P. Lorenzen
Logische Propädeutik.
Vorschule des vernünftigen Redens
239 S. 2., verb. und erweiterte Aufl. 1973. (HTB 227)

Kanitscheider, B.
Vom absoluten Raum zur dynamischen Geometrie
139 S. 1976. Wv.

Leinfellner, W.
Einführung in die Erkenntnis- und Wissenschaftstheorie
227 S. 3. Aufl. 1980. (HTB 41)

Lorenzen, P.
Normative Logic and Ethics
89 S. 1969. In englischer Sprache. (HTB 236)

Lorenzen, P./O. Schwemmer
Konstruktive Logik, Ethik und Wissenschaftstheorie
331 S. mit Abb. 2., verbesserte Aufl. 1975. (HTB 700)

Mittelstaedt, P.
Philosophische Probleme der modernen Physik
227 S. mit 12 Abb. 5., überarbeitete Aufl. 1976. (HTB 50)

Mittelstaedt, P.
Die Sprache der Physik
139 S. 1972. Wv.

Reihe: Grundlagen der exakten Naturwissenschaften

Herausgegeben von Prof. Dr. Peter Mittelstaedt, Universität Köln.

Band 1:
Mittelstaedt, P./J. Pfarr (Hrsg.)
Grundlagen der Quantentheorie
159 S. 1980. Wv.

Band 2:
Strohmeyer, I.
Transzendentalphilosophische und physikalische Raum-Zeit-Lehre
184 S. 1980. Wv.

Band 3:
Mittelstaedt, P.
Der Zeitbegriff in der Physik
188 S. 2., verbesserte und erweiterte Aufl. 1980. Wv.

Band 4:
Pfarr, J. (Hrsg.)
Protophysik und Relativitätstheorie
240 S. 1981. Wv.

Band 5:
Neumann, H. (Hrsg.)
Interpretations and Foundations of Quantum Theory
144 S. 1981. In englischer Sprache. Wv.

Chemie

Grimmer, G.
Biochemie
376 S. mit Abb. 1969. (HTB 187)

Kaiser, R.
Chromatographie in der Gasphase
Band I: Gas-Chromatographie.
220 S. mit 81 Abb. 2. Aufl. 1973. (HTB 22)
Band IV/2. Teil: Quantitative Auswertung.
118 S. mit Abb. 2., erweiterte Aufl. 1969. (HTB 472)

Laidler, K. J.
Reaktionskinetik
Band I: Homogene Gasreaktionen.
216 S. mit Abb. 1970. Aus dem Englischen. (HTB 290)

Preuß, H.
Quantentheoretische Chemie
Band I: Die halbempirischen Regeln.
94 S. mit 19 Abb. 1963. (HTB 43)
Band II: Der Übergang zur Wellenmechanik, die allgemeinen Rechenverfahren.
238 S. mit 19 Abb. 1965. (HTB 44)
Band III: Wellenmechanische und methodische Ausgangspunkte.
222 S. mit Abb. 1967. (HTB 45)

Riedel, L.
Physikalische Chemie.
Eine Einführung für Ingenieure
406 S. mit Abb. 1974. Wv.

Schmidt, M.
Anorganische Chemie
Band I: Hauptgruppenelemente.
301 S. mit Abb. 1967. (HTB 86)
Band II: Übergangsmetalle.
221 S. mit Abb. 1969. (HTB 150)

Medizin

Forth, W./D. Henschler/
W. Rummel (Hrsg.)
Allgemeine und spezielle
Pharmakologie und Toxikologie
Für Studenten der Medizin, Veterinärmedizin, Pharmazie, Chemie, Biologie sowie für Ärzte und Apotheker
3., überarbeitete Aufl. 1980. 688 S. Über 400 meist zweifarbige Abb. sowie mehr als 280 Tabellen. Wv.

Haas, H.
Ursprung, Geschichte und Idee der Arzneimittelkunde
(Reihe: Pharmakologie und Toxikologie, Band 1)
178 S. 1981. Wv.

Ingenieurwissenschaften

Billet, R.
Grundlagen der thermischen Flüssigkeitszerlegung
150 S. mit 50 Abb. 1962. (HTB 29)

Billet, R.
Optimierung in der Rektifiziertechnik unter besonderer Berücksichtigung der Vakuumrektifikation
129 S. mit Abb. 1967. (HTB 261)

Billet, R.
Trennkolonnen für die Verfahrenstechnik
151 S. mit Abb. 1971. (HTB 548)

Böhm, H.
Einführung in die Metallkunde
236 S. mit Abb. 1968. (HTB 196)

Bosse, G.
Grundlagen der Elektrotechnik
Band I: Das elektrostatische Feld und der Gleichstrom. Unter Mitarbeit von W. Mecklenbräuker. 141 S. mit Abb. 1966. (HTB 182)
Band II: Das magnetische Feld und die elektromagnetische Induktion. Unter Mitarbeit von G. Wiesemann.
154 S. mit Abb. 2., überarbeitete Aufl. 1978. (HTB 183)
Band III: Wechselstromlehre, Vierpol- und Leitungstheorie. Unter Mitarbeit von A. Glaab.
135 S. 2., überarbeitete Aufl. 1978. (HTB 184)
Band IV: Drehstrom, Ausgleichsvorgänge in linearen Netzen. Unter Mitarbeit von J. Hagenauer.
164 S. mit Abb. 1973. (HTB 185)

Feldtkeller, E.
Dielektrische und magnetische Materialeigenschaften
Band I: Meßgrößen, Materialübersicht und statistische Eigenschaften.
242 S. mit Abb. 1973. (HTB 485)
Band II: Piezoelektrische/magnetostriktive und dynamische Eigenschaften.
188 S. mit Abb. 1974. (HTB 488)

Glaab, A./J. Hagenauer
Übungen in Grundlagen der Elektrotechnik III, IV
228 S. mit Abb. 1973. (HTB 780)

Gross, D./W. Schnell
Formel- und Aufgabensammlung zur Technischen Mechanik II. Elastostatik
180 S. mit Abb. 1980. (HTB 792)

Klein, W.
Vierpoltheorie
159 S. mit Abb. 1972. Wv.

Mahrenholtz, O.
Analogrechnen in Maschinenbau und Mechanik
208 S. mit Abb. 1968. (HTB 154)

Marguerre, K./H. Wölfel
Technische Schwingungslehre. Lineare Schwingungen vielgliedriger Gebilde
338 S. 1979. Wv.

Marguerre, K./H.-T. Woernle
Elastische Platten
242 S. mit 125 Abb. 1975. Wv.

Mesch, F.
Meßtechnisches Praktikum.
Für Maschinenbauer und Verfahrenstechniker.
217 S. mit Abb. 3., überarbeitete Aufl. 1981. (HTB 736)

Pestel, E.
Technische Mechanik
Band I: Statik.
Etwa 280 S. 2., neu bearb. und ergänzte Aufl. 1981. Wv.

Pestel, E./J. Wittenburg
Technische Mechanik
Band 2: Festigkeitslehre
Etwa 350 S. mit über 350 Abb. 1981. Wv.

Piefke, G.
Feldtheorie
Band I: Maxwellsche Gleichungen, Elektrostatik, Wellengleichung, verlustlose Leitungen.
264 S. Verbesserter Nachdruck 1977. (HTB 771)
Band II: Verlustbehaftete Leitungen, Grundlagen der Antennenabstrahlung, Einschwingvorgang.
231 S. mit Abb. 1973. (HTB 773)
Band III: Beugungs- und Streuprobleme, Wellenausbreitung in anisotropen Medien.
362 S. 1977. (HTB 782)

Sagirow, P.
Satellitendynamik
191 S. 1970. (HTB 719)

Schnell, W./D. Gross
Formel- und Aufgabensammlung zur Technischen Mechanik I. Statik
180 S. mit Abb. 1979. (HTB 791)

Schnell, W./D. Gross
Formel- und Aufgabensammlung zur Technischen Mechanik III. Kinetik
180 S. mit Abb. 1980. (HTB 793)

Schrader, K.-H.
Die Deformationsmethode als Grundlage einer problemorientierten Sprache
137 S. mit Abb. 1969. (HTB 830)

Stüwe, H. P.
Einführung in die Werkstoffkunde
197 S. mit Abb. 2., verbesserte Aufl. 1978. (HTB 467)

Stüwe, H. P./G. Vibrans
Feinstrukturuntersuchungen in der Werkstoffkunde
138 S. mit Abb. 1974. Wv.

Troost, A.
Einführung in die allgemeine Werkstoffkunde metallischer Werkstoffe I
507 S. mit Abb. 1980. Wv.

Waller, H./W. Krings
Matrizenmethoden in der Maschinen- und Bauwerksdynamik
377 S. mit 159 Abb. 1975. Wv.

Wasserrab, Th.
Gaselektronik
Band I: Atomtheorie.
223 S. mit Abb. 1971. (HTB 742)
Band II: Niederdruckentladungen, Technik der Gasentladungsventile.
230 S. mit Abb. 1972. (HTB 769)

Wiesemann, G.
Übungen in Grundlagen der Elektrotechnik II
202 S. mit Abb. 1976. (HTB 779)

Wiesemann, G./W. Mecklenbräuker
Übungen in Grundlagen der Elektrotechnik I
179 S. mit Abb. 1973. (HTB 778)

Wolff, I.
Grundlagen und Anwendungen der Maxwellschen Theorie
Band I: Mathematische Grundlagen, die Maxwellschen Gleichungen, Elektrostatik.
236 S. mit Abb. 1968. (HTB 818)
Band II: Strömungsfelder, Magnetfelder, quasistationäre Felder, Wellen.
263 S. mit Abb. 1970. (HTB 731)

Reihe: Theoretische und experimentelle Methoden der Regelungstechnik

Herausgegeben von Gerhard Preßler, Hartmann & Braun, Frankfurt.

Band 1:
Preßler, G.
Regelungstechnik
348 S. mit 235 Abb. 3., überarbeitete Aufl. 1967. (HTB 63)

Band 4:
Klefenz, G.
Die Regelung von Dampfkraftwerken
229 S. mit Abb. 2., verbesserte Aufl. 1975. Wv.

Band 8/9:
Starkermann, R.
Die harmonische Linearisierung
Band I: 201 S. mit Abb. 1970. (HTB 469)
Band II: 83 S. mit Abb. 1970. (HTB 470)

Band 10:
Starkermann, R.
Mehrgrößen-Regelsysteme
Band I: 173 S. mit Abb. 1974. Wv.

Band 12:
Schwarz, H.
Optimale Regelung linearer Systeme
242 S. mit Abb. 1976. Wv.

Band 13:
Latzel, W.
Regelung mit dem Prozeßrechner (DDC)
213 S. mit über 100 Abb. 1977. Wv.

Reihe: Gesellschaft, Recht, Wirtschaft

Herausgegeben von Prof. Dr. Eduard Gaugler, Dr. Wolfgang Goedecke, Prof. Dr. Heinz König, Prof. Dr. Günther Wiese, Prof. Dr. Rudolf Wildenmann, Universität Mannheim.

Band 1:
Albert, H./M. C. Kemp/ W. Krelle/G. Menges/ W. Meyer
Ökonometrische Modelle und sozialwissenschaftliche Erkenntnisprogramme
111 S. 1978. Wv.

Band 2:
Bogaert, R./P. C. Hartmann
Essays zur historischen Entwicklung des Bankensystems
48 S. 1980. Wv.

Band 3:
Nerlove, M./S. Heiler/ H.-J. Lenz/B. Schips/ H. Garbers
Problems of Time Series Analysis
104 S. 1980. Wv.

Band 4:
Aumann, R. J./J. C. Harsanyi/ W. Hildenbrand/M. Maschler/ M. A. Perles/J. Rosenmüller/ R. Selten/M. S. Shubik G. L. Thompson
Problems of Game Theory
200 S. 1981. In englischer Sprache. Wv.

Band 5:
Steinmann, H./G. Gäfgen/ W. Blomeyer
Die Kosten der Mitbestimmung
139 S. 1981. Wv.

Geographie/Geologie/ Völkerkunde

Ganssen, R.
Grundsätze der Bodenbildung
135 S. mit 19 Zeichnungen und einer mehrfarbigen Tafel. 1965. (HTB 327)

Gierloff-Emden, H.-G./
H. Schroeder-Lanz
Luftbildauswertung
Band I: Grundlagen.
154 S. mit Abb. 1970. (HTB 358)

Kertz, W.
Einführung in die Geophysik
Band I: Erdkörper.
232 S. mit Abb. 1969. (HTB 275)
Band II: Obere Atmosphäre und Magnetosphäre.
210 S. mit Abb. 1971. (HTB 535)

Möller, F.
Einführung in die Meteorologie
Band I: Meteorologische Elementarphänomene.
222 S. mit Abb. und 6 Farbtafeln. 1973. (HTB 276)
Band II: Komplexe meteorologische Phänomene.
223 S. mit Abb. 1973. (HTB 288)

Schwidetzky, I.
Grundlagen der Rassensystematik
180 S. mit Abb. 1974. Wv.

Wunderlich, H.-G.
Bau der Erde.
Geologie der Kontinente und Meere
Band II: Asien, Australien.
164 S., 16 S. farbige Abb. 1975. Wv.

Wunderlich, H.-G.
Einführung in die Geologie
Band I: Exogene Dynamik.
214 S. mit ca. 50 Abb. und 24 farbigen Bildern. 1968. (HTB 340)
Band II: Endogene Dynamik.
231 S. mit Abb. und farbigen Bildern. 1968. (HTB 341)

B.I.-Hochschulatlanten

Dietrich, G./J. Ulrich (Hrsg.)
Atlas zur Ozeanographie
76 S. 1968. (HTB 307)

Schaifers, K. (Hrsg.)
Atlas zur Himmelskunde
96 S. 1969. (HTB 308)

Schmithüsen, J. (Hrsg.)
Atlas zur Biogeographie
80 S. 1976. (HTB 303)

Wagner, K. (Hrsg.)
Atlas zur physischen Geographie (Orographie)
59 S. 1971. (HTB 304)